国家出版基金资助项目
"十三五"国家重点图书
材料研究与应用著作

新型马氏体时效不锈钢及其强韧性

THE NEW MARAGING STAINLESS STEEL AND ITS STRENGTH AND TOUGHNESS

姜 越 著

哈尔滨工业大学出版社
HARBIN INSTITUTE OF TECHNOLOGY PRESS

内容简介

本书是一本较全面、系统地介绍超高强度不锈钢——马氏体时效不锈钢显微组织结构与性能关系以及强韧化方法与机理研究成果的著作。书中融有作者多年来的科研成果及国内外研究的最新进展。本书从必不可少的金属学与热处理的基础理论知识开始，详细介绍了马氏体时效不锈钢的合金化特点、组织结构与发展趋势等；重点介绍了利用 Thermo-Calc 热力学计算软件优化马氏体时效不锈钢热处理工艺、循环相变细化晶粒工艺、分级时效热处理工艺以及马氏体时效不锈钢的强韧化机理；给出了新型高强高韧马氏体时效不锈钢不同热处理下的显微组织、性能及相互关系；详细介绍了一种利用模糊辨识方法对马氏体时效不锈钢的性能进行预测以及对马氏体时效不锈钢合金成分的优化设计方法，并给出了设计实例；最后对一种新型马氏体时效不锈钢的耐海水腐蚀性能进行了深入研究。

本书可供高等院校材料专业师生及相关专业科研、工程技术人员参考使用。

图书在版编目（CIP）数据

新型马氏体时效不锈钢及其强韧性/姜越著. —哈尔滨：哈尔滨工业大学出版社,2017.1
ISBN 978 - 7 - 5603 - 5907 - 6

Ⅰ.①新… Ⅱ.①姜… Ⅲ.①马氏体时效钢-不锈钢-韧性-性能分析 Ⅳ.①TG142.24

中国版本图书馆 CIP 数据核字（2016）第 057351 号

材料科学与工程
图书工作室

策划编辑	许雅莹　杨　桦
责任编辑	何波玲　李长波
封面设计	卞秉利
出版发行	哈尔滨工业大学出版社
社　　址	哈尔滨市南岗区复华四道街 10 号　邮编 150006
传　　真	0451 - 86414749
网　　址	http://hitpress.hit.edu.cn
印　　刷	哈尔滨市石桥印务有限公司
开　　本	660mm×980mm　1/16　印张 20　字数 350 千字
版　　次	2017 年 1 月第 1 版　2017 年 1 月第 1 次印刷
书　　号	ISBN 978 - 7 - 5603 - 5907 - 6
定　　价	98.00 元

（如因印装质量问题影响阅读,我社负责调换）

《材料研究与应用著作》

编 写 委 员 会

（按姓氏音序排列）

毕见强　曹传宝　程伟东　傅恒志

胡巧玲　黄龙男　贾宏葛　姜　越

兰天宇　李保强　刘爱国　刘仲武

钱春香　强亮生　单丽岩　苏彦庆

谭忆秋　王　铀　王超会　王雅珍

王振廷　王忠金　徐亦冬　杨玉林

叶　枫　于德湖　藏　雨　湛永钟

张东兴　张金升　赵九蓬　郑文忠

周　玉　朱　晶　祝英杰

前　言

　　马氏体时效不锈钢是由低碳马氏体相变强化和时效强化两种强化效应叠加强化的高强度不锈钢。它具有马氏体时效钢的全部优点，又具有马氏体时效钢所不具备的不锈性，同时还对沉淀硬化不锈钢的某些性能进行了改进。它是超高强度不锈钢最具有发展前途的钢种，现已广泛应用于航空航天、机械制造、原子能等重要领域。近年来随着海洋开发、宇宙开发等对不锈钢的使用可靠性要求日益严格，对马氏体时效不锈钢的力学性能、耐腐蚀性能提出了更高的要求。提高现有马氏体时效不锈钢的强度级别，改善马氏体时效不锈钢的耐蚀性，研究开发具有优异强韧性和耐蚀性相配合的新型马氏体时效不锈钢，是国际上高强度不锈钢领域的热点之一。

　　作者有幸置身于新型钢铁材料的研究当中，多年来一直从事马氏体时效不锈钢的研究。本书包含了作者近年来的最新研究成果，重点介绍了马氏体时效不锈钢热处理工艺优化方法和提高马氏体时效不锈钢强韧性的工艺方法；详细介绍了一种钢铁材料的成分优化设计方法，以及新型马氏体时效不锈钢的组织及性能。作者希望本书能够对我国高强度不锈钢领域在知识更新和开阔视野方面起到一点促进作用，也希望能够借助本书给初步涉及这个领域的读者提供一个方便的入门途径。本书可供高等院校材料专业师生及相关专业科研、工程技术人员参考使用。

　　为便于理解后面对马氏体时效不锈钢的研究成果，本书第 1 章阐述了必不可少的金属学基础理论，包括材料的结构、钢的热处理、钢的强韧化理论基础和金属腐蚀的基本原理。第 2 章介绍了国内外马氏体时效不锈钢的发展概况，内容包括马氏体时效不锈钢的成分与力学性能、合金化特点、组织结构、强韧化机理等。第 3 章利用 Thermo-Calc 热力学计算软件，对马氏体时效不锈钢高温析出相、时效析出相进行热力学计算，为马氏体时效不锈钢的热处理工艺优化提供了理论依据。第 4 章详细论述了新型高强高韧马氏体时效不锈钢的力学性能、显微组织结构及其相互关系。第 5 章介绍了两种提高马氏体时效不锈钢强韧性的方法，即循环相变细化晶粒工艺和分级时效热处理工艺；借助物理冶金原理，分析了马氏体时效不锈钢强化机理。第 6 章讲述了模糊辨识方法在马氏体时效不锈钢中的应用，基于模糊聚类方法建立了力学性能以及 M_s 温度预测的模糊模型，为新型不锈钢的设计提供了基础。书后附有详细的源程序，供读者参考。在此基础上，重点介绍了一种新的不锈钢设计方法，对马氏体时效不锈钢的成分进行优化设计，开发出一种新型马氏体时效不锈钢，并对其组织性能进行了详细研究。第 7 章对一种新型马氏体时效不锈钢的耐海水腐蚀性能进行了研究。

在本书的撰写和出版过程中，哈尔滨工业大学尹钟大、朱景川教授提供了支持和帮助，燕山大学刘福才教授在性能预测的模糊模型建立过程中给予具体指导，在此一并表示感谢。

鉴于作者在上述领域的理论与实践方面的局限性，书中疏漏和不当之处在所难免，欢迎广大读者指正。

作 者
2016 年 10 月

目　　录

第1章　金属学基础

随着海洋开发、石油化工以及航空航天工业的迅速发展,增加了对高强高韧、具有较高耐蚀性、易加工成型和焊接以及综合性能良好的高强度不锈钢的需求。

高强度不锈钢一般泛指强度高于通用奥氏体铬镍不锈钢,特别是高于双相不锈钢强度的不锈钢,一般包括沉淀硬化不锈钢、马氏体时效不锈钢和铁素体时效不锈钢三类。沉淀硬化不锈钢的强度高、耐蚀性一般不低于18Cr-8Ni 不锈钢,但韧性及冷成型性较差。马氏体时效不锈钢的冷热加工性、低温韧性以及强韧性配合均较好,但耐蚀性较差。铁素体时效不锈钢具有较高的耐蚀性,但强度一般不超过 1 000 MPa。因此,改善马氏体时效不锈钢的耐蚀性是发展高强度不锈钢的重要方向。

众所周知,材料的性能主要取决于其内部组织结构,而改变组织结构的有效方法是热处理。因此,原有钢种性能的改善或者新钢种的研究开发,有赖于对钢的成分、组织结构与性能关系规律的认识,有赖于对合金强韧化理论及物理本质的深刻理解。考虑到物理、化学专业毕业现从事钢铁材料研究的读者,在没有系统学习材料专业基础理论的情况下能够理解本书出现的基本概念和基本理论知识,同时为使本书具有一定的完整性、可读性,本章对金属学及热处理原理、合金强韧化原理和金属腐蚀原理的基础知识做扼要介绍。

1.1　材料的结构

不同的材料具有不同的性能,同一材料经不同加工工艺后也会有不同的性能,这些都归结于材料内部的结构。物质通常具有三种存在形态:气态、液态和固态,而在使用状态下的材料通常都是固态。所以,要研究材料结构与性能之间的关系,首先必须弄清楚材料在固态下的结合方式及结构特点。

1.1.1 材料在固态下的结合方式

1. 原子结合键

在固态下,当原子(离子或分子)聚集为晶体时,原子(离子或分子)之间产生较强的相互作用,这种相互作用力就称为结合键。材料的许多性能在很大程度上取决于这种结合键。结合键使固体具有强度和相应的电学和热学性能。

结合键可分为化学键和物理键两大类。化学键的结合力较强,包括离子键、共价键和金属键;物理键的结合力较弱,包括分子键和氢键。

(1)离子键

大部分盐类、碱类和金属氧化物主要以离子键的方式结合。这种结合的实质是金属原子将自己最外层的价电子给予非金属原子,使自己成为带正电的正离子,而非金属原子得到价电子后使自己成为带负电的负离子,这样,正负离子由于静电引力相互吸引,当它们充分接触时会产生排斥,引力和斥力相等时即形成稳定的离子键。

一般离子晶体中正负离子静电引力较强,结合牢固,因此,其熔点和硬度均较高,强度大,热膨胀系数小,但脆性大。另外,离子键中很难产生自由运动的电子,故离子晶体都是良好的绝缘体。

(2)共价键

共价键是由两个或多个电负性相差不大的原子间通过共用电子对而形成的化学键。

通常两个相邻原子只能共用一对电子。一个原子的共价键数,即与它共价结合的原子数,最多只能等于 $8N$(N 表示原子层外层的电子数),所以共价键具有明显的饱和性。另外,共价晶体中各个键之间都有确定的方位,最近邻原子数比较少。

共价键的结合力很大,所以共价晶体具有结构稳定、强度高、硬度高、脆性大、熔点高等特点。由于束缚在相邻原子间的"共用电子对"不能自由运动,因此共价结合形成的材料一般是绝缘体,其导电能力差。

(3)金属键

绝大多数金属均以金属键方式结合,它的基本特点是电子的"共有化"。金属原子的外层电子少,容易失去。当金属原子相互靠近时,这些外层电子就脱离原子,成为自由电子,为整个金属所共有,自由电子在金属内部运动,形成电子气。这种由金属中的自由电子与金属正离子相互作用所构成的结合键称为金属键。

金属键既无饱和性又无方向性。当金属发生弯曲等变形时,正离子之间改变相对位置并不会破坏电子与正离子间的结合力,因而金属具有良好的塑性;而且,由于自由电子的存在,金属一般都具有良好的导电性和导热性。

(4)分子键

有些物质,如塑料、陶瓷等,它们的分子或原子团往往具有极性,即分子中的一部分带正电,而另一部分带负电。一个分子带正电的部位,同另一分子带负电的部位之间就存在比较弱的静电吸引力,这种吸引力就称为范德瓦尔斯力。这种存在于中性原子或分子之间的结合力称为分子键,又称为范德瓦尔斯键。

分子键是最弱的一种结合键,没有方向性和饱和性,分子晶体熔点很低,硬度也很低。

(5)氢键

氢键的本质与范德瓦尔斯键一样,也是靠原子(或分子、原子团)的静电吸引力结合起来的,只是氢键中氢原子起了关键作用。氢原子很特殊,只有一个电子,C—H、O—H 或 N—H 键端部暴露的质子是没有电子屏蔽的。所以,这个正电荷可以吸引相邻分子的价电子,于是形成一种库仑型的键,称为氢键。氢键是所有范德瓦尔斯键中最强的。水或冰是典型的氢键结合,它们的分子 H_2O 具有稳定的电子结构,一个水分子中氢质子吸引相邻分子中氧的孤对电子,氢键使水成为所有低相对分子质量物质中沸点最高的物质。

氢键具有饱和性和方向性。氢键可以存在于分子内或分子间。氢键在高分子材料中特别重要,纤维素、尼龙和蛋白质等分子有很强的氢键,并显示出非常特殊的结晶结构和性能。

2. 材料的键性

原子间结合键的种类不同,其结合力的强弱差异较大。即使同一性质的结合键也存在强弱之别,如一些弱共价键结合的固体也会具有一定的导电性。

实际上,大多数材料往往是几种键的混合结合,其中以一种结合键为主,如果以离子键、共价键、金属键和分子键为顶点,作一个四面体,就可把材料的结合键范围示意在四面体上,如图1.1所示。

(1)金属材料

金属材料的结合键主要是金属键。由于自由电子的存在,当金属受到外加电场作用时,其内部的自由电子将沿电场方向做定向运动,形成电子

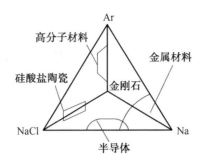

图 1.1 材料的键性

流,所以金属具有良好的导电性。金属除依靠正离子的振动传递热能外,自由电子的运动也能传递热能,所以金属的导热性好。随着金属温度的升高,正离子的热振动加剧,使自由电子的定向运动阻力增加,电阻升高,所以金属具有正的电阻温度系数。当金属的两部分发生相对位移时,金属的正离子仍然保持金属键,所以具有良好的变形能力。自由电子可以吸收光的能量,因而金属不透明;而所吸收的能量在电子回复到原来状态时产生辐射,使金属具有光泽。

金属中也有共价键(如灰锡等)和离子键(如金属间化合物 Mg_3Sb_2 等)。

(2)陶瓷材料

简单来说,陶瓷材料是包含金属和非金属元素的化合物,其结合键主要是离子键和共价键,大多数是离子键。离子键赋予陶瓷材料相当高的稳定性,所以陶瓷材料通常具有极高的熔点和硬度,但同时陶瓷材料的脆性也很大。

(3)高分子材料

高分子材料的结合键是共价键、氢键和分子键。其中,组成分子的结合键是共价键和氢键,而分子间的结合键是范德瓦尔斯键;尽管范德瓦尔斯键较弱,但由于高分子材料的分子很大,所以分子间的作用力也相应较大,这使得高分子材料具有很好的力学性能。

(4)复合材料

复合材料是由两种或两种以上材料结合在一起得到的材料,可以有两种或两种以上的键结合,具体取决于组成物的结合键。非均质多相复合材料一般具有高的比强度和比模量、良好的抗疲劳性能、优良的高温性能、减震性好、破断安全性好等特点。

1.1.2 金属及合金的结构

金属材料是指以金属键来表征其特性的材料,包括金属及合金。金属在固态下一般都是晶体,所以要研究金属及合金的结构就必须首先研究晶体结构。而晶体结构是指晶体中原子(或离子、分子)在三维空间的具体排列方式。材料的性质通常都与其晶体结构有关,因此研究和控制材料的晶体结构,对制造、使用和发展材料均具有重要意义。

1. 晶体结构的基本概念

晶体结构指晶体内部原子规则排列的方式。晶体结构不同(图1.2(a)),其性能往往相差很大。为了便于分析研究各种晶体中原子或分子的排列情况,通常把原子抽象为几何点,并用许多假想的直线连接起来,这样得到的三维空间几何格架称为晶格,如图1.2(b)所示;晶格中各连线的交点称为结点;组成晶格的最小几何单元称为晶胞,晶胞各边的尺寸 a,b,c 称为晶格常数,其大小通常以 nm 为计量单位(1 nm = 10^{-9} m),晶胞各边之间的相互夹角分别以 α,β,γ 表示。图1.2(c)所示的晶胞为简单立方晶胞,其 $\alpha=\beta=\gamma= 90°$。由于晶体中原子重复排列的规律性,因此晶胞可以表示晶格中原子排列的特征。在研究晶体结构时,通常以晶胞作为代表考查。为了描述晶格中原子排列的紧密程度,通常采用配位数和致密度(K)来表示。配位数是指晶格中与任一原子处于相等距离并相距最近的原子数目;致密度是指晶胞中原子本身所占的体积分数,即晶胞中所包含的原子体积与晶胞体积(V)的比值。

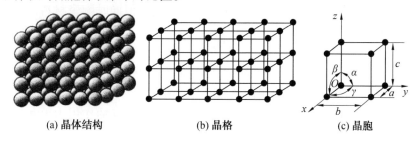

(a) 晶体结构　　　　(b) 晶格　　　　(c) 晶胞

图 1.2　简单立方晶体

2. 常见纯金属的晶格类型

金属晶体中的结合键是金属键,由于金属键没有方向性和饱和性,使大多数金属晶体都具有排列紧密、对称性高的简单晶体结构。最常见的典型金属通常具有体心立方(bcc)、面心立方(fcc)和密排六方(hcp)三种晶格类型。

（1）体心立方晶格

体心立方晶格的晶胞如图 1.3 所示。其晶胞呈立方体，晶格常数 $a=b=c$，所以只要一个常数 a 即可表示，其 $\alpha=\beta=\gamma=90°$。在体心立方晶胞中，原子位于立方体的 8 个顶角和中心。属于这类晶格的金属有 α-Fe，Cr，V，W，Mo，Nb，β-Ti 等。

从图 1.3（a）可以看出，在体心立方晶格的晶胞中，原子沿对角线紧密地接触着，所以从图 1.3（b）中可求出原子半径 $r=\dfrac{\sqrt{3}}{4}a$。

 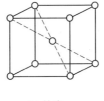 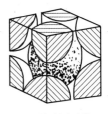

(a) 模型　　　　　　　(b) 晶胞　　　　　　(c) 晶胞原子数

图 1.3　体心立方晶格的晶胞

从图 1.3（c）可以看出，晶胞的每个角上的原子为与其相邻的 8 个晶胞所共有，故只有 1/8 个原子属于这个晶胞，而晶胞中心的原子则完全属于这个晶胞，所以体心立方晶胞中原子数为 8×1/8+1＝2，每个原子的最近邻原子数为 8，所以其配位数为 8。致密度的计算式如下：

$$K=\frac{2\times\pi r^{3}\times 4/3}{a^{3}}=0.68$$

（2）面心立方晶格

面心立方晶格的晶胞如图 1.4 所示。它的形状也是一个立方体。在面心立方晶胞中，每个角及每个面的中心各分布着一个原子，在各个面的对角线上各原子彼此相互接触，紧密排列。属于这类晶格的金属有 γ-Fe，Al，Cu，Ni，Au，Pt，β-Co 等。

从图 1.4 中可求出面心立方晶体的原子半径 $r=\dfrac{\sqrt{2}}{4}a$，每个面心位置的原子为两个晶胞所共有，故面心立方晶胞中原子数为 8×1/8+6×1/2＝4，配位数为 12，致密度为 0.74。此值表明，面心立方晶格金属中，有 74% 的体积被原子占据，其余 26% 的体积为空隙。

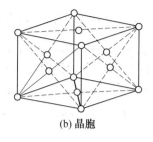

(a) 模型　　　　　　　　(b) 晶胞　　　　　　　(c) 晶胞原子数

图 1.4　面心立方晶格的晶胞

（3）密排六方晶格

密排六方晶格的晶胞如图 1.5 所示。它是一个正六面柱体,在晶胞的 12 个角上各有一个原子,上底面和下底面的中心各有一个原子,上、下底面的中间有三个原子。属于这类晶格的金属有 Mg,Zn,Be,Cd,α-Co,α-Ti 等。

其晶格常数用正六边形底面的边长 a 和晶胞的高度 c 来表示。两者的比值 $c/a = 1.633$;其原子半径 $r = \dfrac{1}{2}a$;密排六方晶格每个角上的原子为相邻的 6 个晶胞所共有,上、下底面中心的原子为两个晶胞所共有,晶胞内部三个原子为该晶胞独有。所以密排六方晶胞中原子数为 $12 \times 1/6 + 2 \times 1/2 + 3 = 6$,配位数为 12,致密度为 0.74。

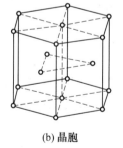
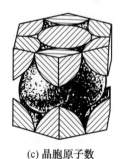

(a) 模型　　　　　　　　(b) 晶胞　　　　　　　(c) 晶胞原子数

图 1.5　密排六方晶格的晶胞

3. 实际金属的晶体结构

前面介绍的各种晶体结构是理想晶体结构,但在实际应用的金属材料中,原子的排列不可能这样规则和完整,总是不可避免地存在一些原子偏离规则排列的不完整性区域,这就是晶体缺陷。一般来说,金属中这些偏离其规定位置的原子数很少,即使在最严重的情况下,金属晶体中位置偏离很大的原子数目最多占原子总数的$\frac{1}{1\,000}$。因此,从总体来看,其结构还是接近完整的。尽管如此,这些晶体缺陷的产生和发展、运动与交互作用,以至于合并和消失,在晶体的强度和塑性、扩散以及其他的结构敏感性的问题上扮演了主要的角色,晶体的完整部分反而默默无闻地处于背景的地位。由此可见,研究晶体缺陷具有重要的实际意义。

(1)单晶体与多晶体

如果一块晶体材料,其晶格方位完全一致,就称为单晶体。由于原子排列具有规律性,在不同晶面、不同晶向上会造成原子排列的密度不同。由于不同晶面和不同晶向原子密度不同,所以单晶体力学性能产生"各向异性",即不同方向上表现出不同的性能。

通常使用的金属都是由许多小晶体组成的,这些小晶体内部的晶格位向是均匀一致的,而它们之间晶格位向却彼此不同,这些外形不规则的颗粒状小晶体称为晶粒。每个晶粒相当于一个单晶体。晶粒与晶粒之间的界面称为晶界。这种由许多晶粒组成的晶体称为多晶体。

多晶体的性能在各个方向上基本是一致的,这是由于多晶体中,虽然每个晶粒都是各向异性的,但它们的晶格位向彼此不同,晶体的性能在各个方向相互补充和抵消,再加上晶界的作用,因而表现出各向同性。

晶粒的尺寸很小,如钢铁材料一般为$10^{-1} \sim 10^{-3}$ mm,必须在显微镜下才能看见。在显微镜下观察到的金属中晶粒的种类、大小、形态和分布称为显微组织,简称组织。金属的组织对金属的力学性能有很大的影响。

(2)晶体缺陷

晶体缺陷是指实际晶体与理想的点阵结构发生偏离的区域。由于点阵结构具有周期性和对称性,所以凡使晶体中周期性势场发生畸变的因素均称为缺陷。使晶体中电子周期性势场发生畸变的称为电子缺陷;使原子排列发生周期性畸变的称为几何缺陷。传导电子、空穴、极化子、陷阱等为电子缺陷;杂质、空位、位错等为几何缺陷。几何缺陷又称为原子缺陷,实际上原子缺陷与电子缺陷有一定的联系,特别是在离子晶体等极性晶体中,正离子空位带负电,不同价的杂质(点缺陷)也带电。下面主要介绍原子缺陷。

根据原子缺陷的几何特征,可将它们分为以下四类:

①点缺陷。点缺陷又称为零维缺陷,是一种在三维空间各个方向上尺寸都很小,尺寸范围约为一个或几个原子间距的缺陷,包括空位、间隙原子、置换原子等。晶格上没有原子的结点称为空位,在晶格结点以外位置上的原子称为间隙原子,占据正常结点的异类原子称为置换原子。这三种

点缺陷的形态如图 1.6 所示。

由图 1.6 可知,在点缺陷附近,由于原子间作用力的平衡被破坏,使晶格发生扭曲,这种变化称为晶格畸变。点缺陷的存在,提高了材料的强度和硬度,降低了材料的塑性和韧性。

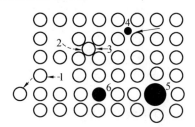

图 1.6　晶体中的点缺陷
1、2—空位;3、4—间隙原子;5、6—置换原子

②线缺陷。线缺陷是指在三维空间中二维方向的尺寸较小,在另一维方向的尺寸相对较大的缺陷,所以又称为一维缺陷。晶体中最普通的线缺陷就是位错。

位错是晶格中的某处有一列或若干列原子发生了某些有规律的错排现象。这种错排现象是晶体内部局部滑移造成的。根据局部滑移的方式不同可以形成不同类型的位错,最简单、最基本的类型有刃型位错和螺型位错两种(图 1.7),由它们组合可以构成混合位错和不全位错等线缺陷。

早在 20 世纪 20 年代中期,人们发现金属的强度比理论值少几个数量级,金属的范性形变处存在晶面间的滑移,这意味着金属中有某种线性缺陷。1934 年,泰勒已提出位错概念,直到 1956 年赫希等人在透射电镜下观察到位错及其运动,并拍摄成电影,位错的概念才逐渐被人们所认可。

在实际晶体中经常含有大量位错,通常把单位体积中所包含的位错线的总长度称为位错密度。一般退火态金属的位错密度为 $10^5 \sim 10^8$ cm/cm^3,冷变形后的金属可达 10^{12} cm/cm^3。

位错的存在,对金属材料的力学性能、扩散及相变等过程有着重要的影响。实验已经证明,位错运动是引起塑性变形的主要原因,所以,阻碍位错运动将提高金属的强度。工业纯铁中含有位错,易于塑性变形,所以强度很低。如果采用冷塑性变形等方法使金属中的位错密度大大提高,阻碍了位错的运动,则金属的强度也可以随之提高。

③面缺陷。晶体的面缺陷包括晶体的外界面和内界面两类。外界面包括表面或自由界面;内界面包括晶界、亚晶界、孪晶界、相界和堆垛层错

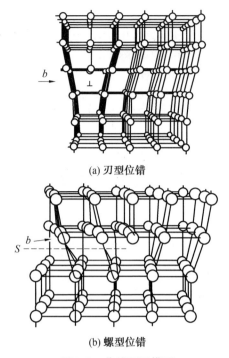

(a) 刃型位错

(b) 螺型位错

图 1.7　位错原子模型

等,其中晶界和亚晶界对金属性能影响较大。

多晶体由许多晶粒构成。晶体结构相同但位向不同的晶粒之间的界面称为晶粒间界,或简称晶界。由于晶界原子需要同时适应相邻两个晶粒的位向,就必须从一种晶粒位向逐步过渡到另一种晶粒位向,成为不同晶粒之间的过渡层,因而晶界上的原子多处于无规则状态或两种晶粒位向的折中位置上。

晶界存在一些重要特性,例如,常温下具有阻碍晶体相对滑动的作用,从而使晶粒小、晶界多的材料体现出高的硬度和强度性能;由于原子排列紊乱,并且原子处在较高能量状态,故在温度作用下晶界最容易引起新的变化,这里的原子也最容易扩散,而在常温下遇有腐蚀介质时,晶界最容易受到腐蚀等。

面缺陷能提高金属材料的强度和塑性。细化晶粒是改善金属力学性能的有效手段。

④体缺陷。体缺陷主要是指在晶体相中的一些粒状、片状、偏析物或沉淀物,如合金钢中析出的第二相、铝合金中析出的强化相等。

4.合金的相结构

虽然纯金属在工业上有着重要的用途,但由于其强度低等原因,目前工业上广泛使用的金属材料绝大多数是合金。

所谓合金,是指由两种或两种以上的金属,或金属与非金属经熔炼、烧结或其他方法组合而成并具有金属特性的物质。例如,应用最普遍的碳钢和铸铁就是主要由铁和碳所组成的合金,黄铜是由铜和锌所组成的合金,焊锡是由锡和铅所组成的合金等。

组成合金最基本的、独立的物质称为组元。一般来说,组元就是组成合金的元素,也可以是稳定的化合物。根据合金组元个数不同,把由两个组元组成的合金称为二元合金,由三个或三个以上组元组成的合金称为多元合金。

把不同的组元经熔炼或烧结组成合金时,这些组元间由于物理的或化学的相互作用,形成具有一定晶体结构和一定成分的相。相是指合金中结构相同、成分和性能均一并以界面相互分开的组成部分。由一种固相组成的合金称为单相合金,由几种不同相组成的合金称为多相合金。尽管合金中组成相多种多样,但根据合金组成元素及其原子相互作用的不同,固态下所形成的合金相基本上可分为固溶体和金属化合物两大类。

(1)固溶体

以合金中某一组元作为溶剂,其他组元为溶质,所形成的与溶剂有相同晶体结构、晶格常数稍有变化的固相称为固溶体。几乎所有的金属都能在固态下或多或少地溶解其他元素成为固溶体。固溶体一般用 α, β, γ 等表示。

固溶体晶体结构的最大特点是保持着原溶剂的晶体结构。根据溶质原子在溶剂晶格中所处的位置可将固溶体分为置换固溶体和间隙固溶体两类。

①置换固溶体。置换固溶体是指溶质原子占据溶剂晶格某些结点位置所形成的固溶体,其结构如图 1.8 所示。金属元素彼此之间一般都能形成置换固溶体,但溶解度视不同元素而异,有些能无限互溶,有些只能有限互溶。溶质原子溶入固溶体中的数量称为固溶体的浓度。在一定条件下的极限浓度称为溶解度。如果固溶体的溶解度有一定的限度,则称为有限固溶体,大部分固溶体属于这类;溶质能以任意比例溶入溶剂,固溶体的溶解度可达100%,这种固溶体就称为无限固溶体,无限固溶体只能是置换固溶体。

置换固溶体中溶质原子的分布通常是任意的,称为无序固溶体;在一

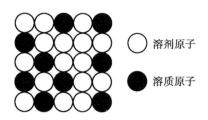

图1.8 置换固溶体示意图

定条件下,原子有规则排列,称为有序固溶体。这两者之间可以互相转化,称为有序化转变,这时,合金的某些性质将发生巨大变化。

②间隙固溶体。溶质原子进入溶剂晶格的间隙中而形成的固溶体称为间隙固溶体,其中的溶质原子不占据晶格的正常位置,其结构如图1.9所示。

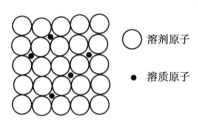

图1.9 间隙固溶体示意图

实践证明,只有当溶质与溶剂的原子半径比值小于0.59时,才有可能形成间隙固溶体。通常,间隙固溶体都是由原子直径很小的碳、氮、氢、硼、氧等非金属元素溶入过渡族金属元素的晶格间隙中而形成的。

在间隙固溶体中,由于溶质原子一般都比晶格间隙的尺寸大,所以当它们溶入后,都会引起溶剂晶格畸变,晶格常数变大,畸变能升高。因此,间隙固溶体都是有限固溶体,而且溶解度很小。

③固溶体的性能。在固溶体中,由于溶质原子的溶入使固溶体的强度、硬度提高,而塑性、韧性有所下降的现象称为固溶强化。溶质原子与溶剂原子的尺寸差别越大,所引起的晶格畸变也越大,对位错运动的阻碍作用也越强,强化效果越好。间隙溶质原子的强化效果一般要比置换溶质原子更显著,这是因为间隙原子造成的晶格畸变比置换原子大得多。固溶体的塑性和韧性,如伸长率、断面收缩率和冲击吸收功等,虽比组成它的纯金属的平均值低,但比一般的化合物高得多。因此,各种金属材料总是以固溶体为其基体相。

溶质原子的溶入还会引起固溶体某些物理性能发生变化,如随着溶质原子的增多,固溶体的电阻率升高,电阻温度系数下降。工程上一些高电阻材料(如 Fe-Cr-Al 和 Cr-Ni 电阻丝等)多为固溶体合金。

(2)金属化合物

金属化合物是合金组元间发生相互作用而形成的一种新相,又称为中间相,其晶格类型和性能均不同于任一组元,一般可用分子式大致表示其组成。在该化合物中,除了离子键、共价键外,金属键也参与作用,因而它具有一定的金属性质,所以称为金属化合物。金属化合物一般有较高的熔点和硬度以及较大的脆性。当合金中出现金属化合物时,可提高合金的强度、硬度、耐磨性及耐热性,但塑性、韧性有所下降。根据金属化合物的形成规律及结构特点,可将其分为三类:正常价化合物、电子化合物和间隙化合物。

①正常价化合物。正常价化合物是两组元间电负性差起主要作用而形成的化合物,它通常是由金属元素与周期表中第 Ⅳ,Ⅴ,Ⅵ 族元素所组成。这类化合物的成分符合原子价规律,成分固定,可用化学式表示,故称为正常价化合物,如 Mg_2Si,Mg_2Sn,Mg_2Pb,MgS,MnS,AlN,SiC 等。其中 Mg_2Si 是铝合金中常见的强化相,MnS 是钢铁材料中常见的夹杂物,SiC 是颗粒增强铝基复合材料中常用的增强粒子。

正常价化合物的稳定性与两组元的电负性差值大小有关。电负性差值越大,稳定性越高,越接近于盐类的离子化合物。电负性差值较小的一般具有金属键特征(如 Mg_2Pb);电负性差值较大的一般具有离子键或共价键特征(如具有离子键特征的 Mg_2Si,具有共价键特征的 SiC 和 Mg_2Sn,其中 Mg_2Sn 显示半导体性质);电负性差值更大的具有离子键特征(如 MgS)。正常价化合物通常具有较高的硬度和脆性。

②电子化合物。电子化合物是由第 Ⅰ 族或过渡金属元素与第 Ⅱ ~ Ⅴ 族金属元素形成的金属化合物,它不遵守原子价规律,而服从电子浓度规律。电子浓度用化合物中价电子数目与原子数目比值(e/a)来表示。电子化合物的结构取决于电子浓度,电子浓度不同,所形成的化合物的晶格类型也就不同。例如,当电子浓度为 3/2(21/14)时,晶体结构为体心立方晶格,称为 β 相;当电子浓度为 21/13 时,晶体结构为复杂立方晶格,称为 γ 相;当电子浓度为 7/4(21/12)时,晶体结构为密排六方晶格,称为 ε 相。合金中常见的电子化合物及其结构类型见表 1.1。

电子化合物原子之间为金属结合,因而具有明显的金属特性。它的熔点和硬度都很高,但塑性较低。与其他金属化合物一样,不适合做合金的基本相。在有色金属中,它是重要的组成相,起强化合金的作用。

表1.1 合金中常见的电子化合物及其结构类型

合金	电子浓度		
	$\frac{3}{2}\left(\frac{21}{14}\right)$ β 相	$\left(\frac{21}{13}\right)$ γ 相	$\frac{7}{4}\left(\frac{21}{12}\right)$ ε 相
	晶体结构		
	体心立方晶格	复杂立方晶格	密排六方晶格
Cu–Zn	CuZn	Cu_5Zn_8	$CuZn_3$
Cu–Sn	Cu_5Sn	$Cu_{31}Sn_8$	Cu_3Zn
Cu–Al	Cu_3Al	Cu_9Al_4	Cu_5Al_3
Cu–Si	Cu_5Si	$Cu_{31}Si_8$	Cu_3Si
Fe–Al	FeAl		
Ni–Al	NiAl		

③间隙化合物。间隙化合物是由过渡族金属元素与碳、氮、氢、硼等原子半径较小的非金属元素形成的金属化合物。根据组成元素原子半径比值及结构特征的不同,可将间隙化合物分为间隙相和具有复杂结构的间隙化合物。

a.间隙相。当非金属原子半径与金属原子半径的比值小于0.59时,形成具有简单结构的间隙化合物,称为简单间隙化合物(又称为间隙相)。在间隙相中,金属原子总是排成面心立方或密排六方点阵,少数情况下也可排列为体心立方和简单六方点阵,非金属原子则填充在间隙位置。间隙相可用简单化学分子式表示,并且一定化学分子式对应一定晶体结构,见表1.2。

表1.2 间隙相举例

间隙相的分子式	间隙相举例	金属原子排列类型
M_4X	Fe_4N,Mn_4N	面心立方
M_2X	$Ti_2H,Fe_2N,Cr_2N,V_2N,W_2N,Mo_2C,V_2C$	密排方
MX	$TaC,TiC,ZrC,VC,ZrN,VN,TiN,CrN,TiH$	面心立方
	TaH,NbH	体心立方
	WC,MoN	简单立方
MX_2	TiH_2,ThH_2,ZnH_2	面心立方

间隙相具有极高的熔点、硬度,而且十分稳定。虽然间隙相中非金属原子占的比例很高,但多数间隙相具有明显的金属特性,是高合金工具钢的重要组成相,也是硬质合金和高温金属陶瓷材料的重要组成相。

b.具有复杂结构的间隙化合物。当非金属原子半径与金属原子半径的比值大于0.59时,形成具有复杂结构的间隙化合物。通常过渡族金属元素Cr,Mn,Fe,Co,Ni与碳元素所形成的碳化物都是具有复杂结构的间隙化合物。合金钢中常见的这类间隙化合物有 M_3C 型(如 Fe_3C, Mn_3C)、M_7C_3 型(如 Cr_7C_3)、$M_{23}C_6$ 型(如 $Cr_{23}C_6$)和 M_6C 型(如 Fe_3W_3C, Fe_4W_2C)等,式中 M 可表示一种金属元素,也可以表示有几种金属元素固溶在内。Fe_3C 是钢铁材料中一种基本组成相,称为渗碳体,具有复杂的斜方晶格,其中铁原子可被 Mn, Cr, Mo, W 等原子所置换,形成以复杂间隙化合物为基的固溶体,如 $(FeMn)_3C$, $(FeCr)_3C$ 等,称为合金渗碳体。渗碳体的硬度为 950~1 050 HV 。

复杂间隙化合物中原子间结合键为共价键和金属键。其熔点和硬度均较高,但不如间隙相,加热时也易于分解。这类化合物是碳钢和合金钢中重要的组成相。

1.2 钢的热处理

热处理是将固态金属或合金在一定介质中加热、保温和冷却,以改变材料整体或表面组织,从而获得所需性能的工艺(图 1.10)。热处理可大幅度地改善金属材料的工艺性能和使用性能。如 T10 钢经球化处理后,切削性能大大改善;而经淬火处理后,其硬度可从处理前的 20 HRC 提高到 62~65 HRC。因此热处理是一种非常重要的加工方法,绝大部分机械零件必须经过热处理。

在钢的热处理加热、保温和冷却过程中,其组织结构会发生相应变化。钢中组织结构变化的规律是钢热处理的理论基础和依据。

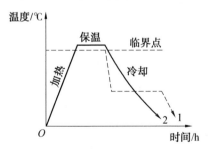

图 1.10 热处理工艺曲线示意图
1—等温处理;2—连续冷却

1.2.1 钢在加热时的转变

为了在热处理后获得所需性能,大多数工艺(如淬火、正火、退火等)

都要将钢加热到临界温度以上,获得全部或部分奥氏体组织,并使其成分均匀化,即进行奥氏体化。加热时形成的奥氏体的质量(成分均匀性及晶粒大小等)对冷却转变过程及组织、性能有极大的影响。因此,了解奥氏体形成的规律是掌握热处理工艺的基础。

1. 转变临界温度

根据 Fe-Fe$_3$C 相图,共析钢加热超过 PSK 线(A_1)时,完全转变为奥氏体;而亚共析钢和过共析钢必须加热到 GS 线(A_3)和 ES 线(A_{cm})以上才能全部获得奥氏体。实际热处理加热和冷却时的相变是在不完全平衡的条件下进行的,相变温度与平衡相变点之间有一定差异。加热时相变温度偏向高温,冷却时偏向低温,而且加热和冷却速度越大偏差越大。图 1.11 所示为加热和冷却速度(0.125 ℃/min 时)对临界点 A_1,A_3 和 A_{cm} 的影响。

通常将加热时的临界温度标为 A_{c1},A_{c3} 和 A_{ccm},冷却时标为 A_{r1},A_{r3} 和 A_{rcm}。

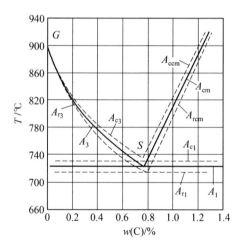

图 1.11　加热和冷却速度对临界点 A_1,A_3 和 A_{cm} 的影响

(加热和冷却速度为 0.125 ℃/min)

2. 奥氏体的形成

(1)奥氏体的形成过程

钢加热时奥氏体的形成过程遵循结晶过程的普遍规律,包括生核和长大两个基本过程。以共析钢为例,原始组织是珠光体,当加热到 A_{c1} 以上时,发生向奥氏体的转变。珠光体向奥氏体的转变,包括奥氏体晶核的形成、奥氏体晶核的长大、剩余渗碳体的溶解和奥氏体成分的均匀化等过程(图 1.12)。

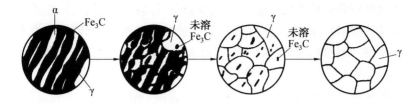

图 1.12 共析钢奥氏体形成过程示意图

①奥氏体晶核的形成。钢被加热到 A_{c1} 以上时,珠光体变得不稳定,铁素体和渗碳体的界面在成分和结构上处于最有利于转变的条件下,首先在这里形成奥氏体晶核。

②奥氏体晶核的长大。奥氏体晶核形成后,随即建立奥氏体与铁素体和奥氏体与渗碳体的平衡。根据图 1.13,在 T_1 时,与铁素体平衡的奥氏体的碳的质量分数为 C_1,与渗碳体平衡的奥氏体的碳的质量分数为 C_2。C_2 高于 C_1,在此浓度梯度的作用下,奥氏体内发生碳原子由渗碳体边界向铁素体边界的扩散,使其同渗碳体和铁素体两边界上的平衡碳浓度遭到破坏。为了维持碳浓度的平衡,渗碳体必须不断往奥氏体中溶解,且铁素体不断转变为奥氏体,这样,奥氏体晶核便向两边长大。

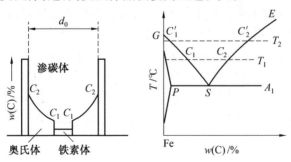

图 1.13 奥氏体形成时碳浓度分布示意图

③剩余渗碳体的溶解。在奥氏体晶核长大过程中,由于渗碳体溶解提供的碳原子远多于同体积铁素体转变为奥氏体的需要,所以铁素体比渗碳体先消失;而在奥氏体全部形成之后,还残存一定量的未溶渗碳体,它们只能在随后的保温过程中逐渐溶入奥氏体中,直至完全消失。

④奥氏体成分的均匀化。渗碳体完全溶解后,奥氏体中碳浓度的分布并不均匀,原先是渗碳体的地方碳浓度较高,原先是铁素体的地方碳浓度较低,必须继续保温,通过碳的扩散,使奥氏体成分均匀化。

亚共析钢和过共析钢的奥氏体形成过程与共析钢基本相同,但其完全奥氏体化的过程有所不同。亚共析钢加热到 A_{c1} 以上时还存在铁素体,这部分铁素体只有继续加热到 A_{c3} 以上时才能全部转变为奥氏体;过共析钢则只有在加热温度高于 A_{ccm} 时才能获得单一的奥氏体组织。

(2)影响奥氏体转变的因素

奥氏体的形成速度取决于加热温度和速度、钢的成分和原始组织,即一切影响碳扩散速度的因素。

①加热温度。随加热温度的提高,碳原子扩散速度增大;同时温度高时,GS 和 ES 线间的距离大,奥氏体中碳浓度梯度大(图 1.13),所以奥氏体化速度加快。

②加热速度。在实际热处理条件下,加热速度越快,过热度越大,发生转变的温度越高。转变的温度范围越宽,完成转变所需的时间就越短。

③钢中碳质量分数。碳质量分数增加时,渗碳体量增多,铁素体和渗碳体的相界面增大,因而奥氏体的核心增多,转变速度加快。

④合金元素。合金元素的加入,不改变奥氏体形成的基本过程,但显著影响奥氏体的形成速度。钴、镍等增大碳在奥氏体中的扩散速度,因而加快奥氏体化过程,铬、铂、钒等对碳的亲和力较大,能与碳形成较难溶解的碳化物,显著降低碳的扩散能力,所以减慢奥氏体化过程;硅、铝、锰等对碳的扩散速度影响不大,不影响奥氏体化过程。由于合金元素的扩散速度比碳慢得多,所以合金钢的热处理加热温度一般都高些,保温时间要长些。

⑤原始组织。原始珠光体中的渗碳体有片状和粒状两种形式。原始组织中渗碳体为片状时奥氏体形成速度快,因为它的相界面积较大,并且渗碳体片间距越小,相界面越大,同时奥氏体晶粒中碳浓度梯度也大,所以长大速度更快。

1.2.2 钢在冷却时的转变

热处理工艺中,钢在奥氏体化后,接着进行冷却。冷却的方式通常有等温处理和连续冷却。

(1)等温处理

将钢迅速冷却到临界点以下的给定温度,进行保温,使其在该温度下恒温转变,如图 1.10 中曲线 1 所示。

(2)连续冷却

将钢以某种速度连续冷却,使其在临界点以下变温连续转变,如图 1.10 中曲线 2 所示。

1. 过冷奥氏体的等温转变

从铁碳相图可知,当温度在 A_1 以上时,奥氏体是稳定的,能长期存在。当温度降到 A_1 以下后,奥氏体即处于过冷状态,这种奥氏体称为过冷奥氏体(过冷 A)。过冷奥氏体是不稳定的,它会转变为其他的组织。钢在冷却时的转变,实质上是过冷奥氏体的转变。

(1)共析钢过冷奥氏体的等温转变

共析钢过冷奥氏体的等温转变过程和转变产物可用其等温转变曲线(TTT 曲线)图来分析(图 1.14)。过冷奥氏体等温转变曲线表明转变所得组织和转变量与转变温度和时间的关系,根据曲线的形状,过冷奥氏体等温转变曲线一般也简称为 C 曲线。

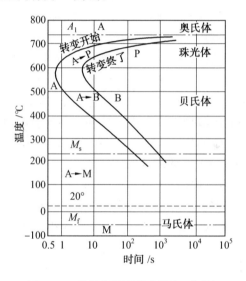

图 1.14　共析钢等温转变图(C 曲线)

在 C 曲线的下面还有两条水平线:M_s 线和 M_f 线,它们为过冷奥氏体发生马氏体转变(低温转变)的开始温度和终了温度。C 曲线表明,在 A_1 以上,奥氏体是稳定的,不发生转变,能长期存在;在 A_1 以下,奥氏体不稳定,要发生转变,转变之前处于过冷状态。奥氏体从过冷到转变开始这段时间称为孕育期,孕育期的长短反映了过冷奥氏体的稳定性大小。在曲线的"鼻尖"处(约 550 ℃)孕育期最短,过冷奥氏体的稳定性最小。"鼻尖"将曲线分成两部分,在鼻尖以上,随温度下降(即过冷度增大)孕育期变短,转变速度加快;在鼻尖以下,随温度下降孕育期增长,转变速度变慢。

共析钢过冷奥氏体等温转变 C 曲线包括以下三个转变区:

①高温转变。在$A_1 \sim 550$ ℃,转变产物为珠光体,此温区称为珠光体转变区。

珠光体是铁素体和渗碳体的机械混合物,渗碳体呈层片状分布在铁素体基体上。转变温度越低,层间距越小。按层片间距珠光体分为珠光体(P)、索氏体(S)和屈氏体(T)。它们并无本质区别,也没有严格界限,只是形态上不同。珠光体较粗,索氏体较细,屈氏体最细。

②中温转变。在550 ℃$\sim M_s$,过冷奥氏体的转变产物为贝氏体(B),此温区称为贝氏体转变区。贝氏体是碳化物(渗碳体)分布在碳过饱和的铁素体基体上的两相混合物。奥氏体向贝氏体的转变属于半扩散型转变,铁原子不扩散而碳原子有一定的扩散能力。转变温度不同,形成的贝氏体形态也明显不同。通常将在$550 \sim 350$ ℃形成的称为上贝氏体(上B);在350 ℃$\sim M_s$形成的称为下贝氏体(下B)。

③低温转变。温度低于M_s点(230 ℃),过冷奥氏体的转变产物为马氏体(M),因此低温转变区称为马氏体转变区。与珠光体和贝氏体转变不同,马氏体转变不是在恒温下发生的,而是在$M_s \sim M_f$的温度范围内连续冷却时完成的,属于非扩散型转变。因转变温度很低,铁和碳都不能进行扩散,马氏体成分与奥氏体相同,马氏体就是碳在α-Fe中的过饱和固溶体。

(2)非共析钢过冷奥氏体的等温转变

亚共析钢的过冷奥氏体等温转变曲线如图1.15所示(以45钢为例)。与共析钢C曲线不同的是,在其上方多了一条过冷奥氏体转变为铁素体的转变开始线。亚共析钢随着含碳量的减少,C曲线位置往左移,同时$M_s \sim M_f$线往上移。

亚共析钢的过冷奥氏体等温转变过程与共析钢的相类似。只是在高温转变区过冷奥氏体将先有一部分转变为铁素体,剩余的过冷奥氏体再转变为珠光体组织。如45钢过冷A在$650 \sim 600$ ℃等温转变后,其产物为F+S。

过共析钢过冷A的C曲线如图1.16所示(以T10钢为例)。C曲线的上部为过冷A中析出二次渗碳体(Fe_3C_{II})开始线。在一般热处理加热条件下,过共析钢随着含碳的增加,C曲线位置向左移,同时$M_s \sim M_f$线往下移。

过共析钢的过冷A在高温转变区,将先析出Fe_3C_{II},其余的过冷A再转变为珠光体组织。如T10钢过冷A在$A_1 \sim 650$ ℃等温转变后,将得到Fe_3C_{II}+P组织。

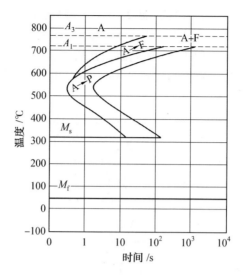

图 1.15　45 钢过冷 A 等温转变曲线

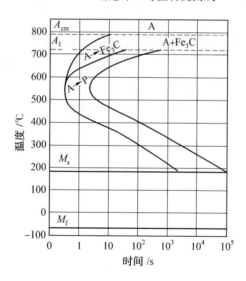

图 1.16　T10 钢过冷 A 的等温转变曲线

2. 过冷奥氏体的连续冷却转变

在实际生产中较多采用连续冷却,所以研究钢的过冷奥氏体的连续冷却转变过程更有实际意义。

(1)共析钢过冷奥氏体的连续冷却转变

将钢加热到奥氏体状态,以不同速度冷却,测出其奥氏体转变开始点和终了点的温度和时间,并标在温度–时间(对数)坐标系中,分别连接开始点和终了点,即可得到连续冷却转变曲线(CCT 曲线),如图 1.17 所示。图中 P_s 线为过冷奥氏体转变为珠光体的开始线,P_f 为转变终了线,两线之间为转变的过渡区。KK' 线为过冷 A 转变的中止线,当冷却到达此线时,过冷 A 中止转变。

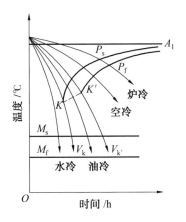

图 1.17 共析钢的连续冷却转变曲线(示意图)

由图 1.17 可知,共析钢以大于 V_k 的速度冷却时,由于遇不到珠光体转变线,得到的组织为马氏体,这个冷却速度称为上临界冷却速度。V_k 越小,钢越易得到马氏体。冷却速度小于 $V_{k'}$ 时,钢将全部转变为珠光体。$V_{k'}$ 称为下临界冷却速度。冷却速度处于 $V_k \sim V_{k'}$(例如油冷)时,在到达 KK' 线之前,奥氏体部分转变为珠光体。从 KK' 线到 M_s 点,剩余的奥氏体停止转变,直到 M_s 点以下时,才开始转变成马氏体,过 M_f 点后马氏体转变完成。

共析钢过冷 A 连续冷却转变曲线中没有奥氏体转变为贝氏体的部分,在连续冷却转变时得不到贝氏体组织。与共析钢 TTT 曲线相比,CCT 曲线稍靠右靠下一点(图 1.18),表明连续冷却时,奥氏体完成珠光体转变的温度要低一些,时间要长一些。由于连续转变曲线较难测定,因此一般用过冷 A 的等温转变曲线来分析连续转变的过程和产物。在分析时要注意 TTT 曲线和 CCT 曲线的上述一些差异。

现用共析钢的等温转变曲线来分析过冷 A 转变过程和产物。在缓慢冷却(V_1,炉冷)时,过冷 A 将转变为珠光体,其转变温度较高,珠光体呈粗片状,硬度为 170 ~ 220 HB。以稍快速度(V_2,空冷)冷却时,过冷 A 转变为索氏体,为细片状组织,硬度为 25 ~ 35 HRC。采用油冷(V_4)时,过冷 A 先有一部分转变为屈氏体,剩余的 A 在冷却到 M_s 以下后转变为马氏体(注意无贝氏体转变),冷却到室温时,还会有少量未转变的奥氏体保留下来,这种残留的奥氏体称为残余奥氏体。因此转变后得到的组织为屈氏体+马氏体+残余奥氏体,硬度为 45～55 HRC。当用很快的速度冷却(水冷)时,奥氏体将过冷到 M_s 点以下,发生马氏体转变,冷却到室温也会保留部分残余奥氏体,转变后得到的组织是马氏体+残余奥氏体,硬度为 55～65 HRC。

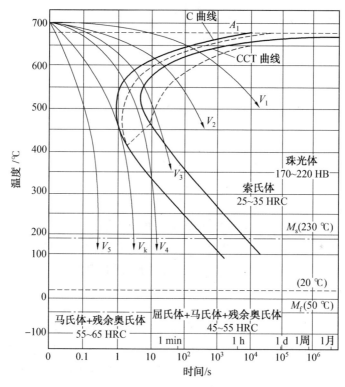

图 1.18　共析钢的等温转变曲线和连续冷却转变曲线的比较及转变组织

(2)非共析钢过冷奥氏体的连续冷却转变

图 1.19 表示亚共析钢过冷 A 连续冷却转变过程和产物。与共析钢不同,亚共析钢过冷 A 在高温时有一部分将转变为铁素体,亚共析钢过冷 A 在中温转变区会有少量贝氏体(上 B)产生。如油冷的产物为 F+T+上 B+M,但 F+上 B 转变量少,有时也可予以忽略。

过共析钢过冷 A 连续冷却转变过程和产物如图 1.20 所示。在高温区,过冷 A 将首先析出二次渗碳体,而后转变为其他组织组成物。由于奥氏体中含碳量高,所以油冷、水冷后的组织中应包括残余奥氏体。与共析钢一样,其冷却过程中无贝氏体转变。

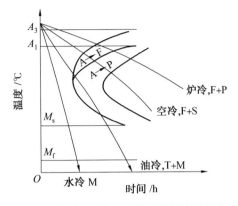

图 1.19　亚共析钢过冷 A 连续冷却转变过程和产物

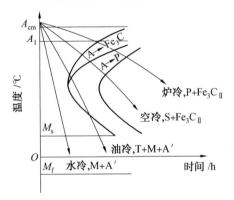

图 1.20　过共析钢过冷 A 连续冷却转变过程和产物

　　综上所述,钢在冷却时,过冷奥氏体的转变产物根据其转变温度的高低可分为高温转变产物珠光体、索氏体和屈氏体,中温转变产物上贝氏体和下贝氏体,低温转变产物马氏体等几种。

1.2.3　马氏体转变

　　当奥氏体的冷却速度大于上临界冷却速度时,便过冷到马氏体点 M_s 以下,发生马氏体转变,形成马氏体。马氏体是碳在 $\alpha-Fe$ 中的过饱和固溶体,具有很高的强度和硬度。钢在淬火时发生强化和硬化,就是由于形成了马氏体,所以马氏体转变是强化金属的重要途径之一。

　　马氏体转变发生在比较低的温度区内,而且是在连续冷却过程中进行的,所以在马氏体转变过程中,铁和碳原子都不能进行扩散,因而不发生浓度变化,马氏体和奥氏体具有同样的化学成分。在马氏体转变过程中只发生铁的晶格重构,由面心立方晶格变成体心正方晶格,是以非扩散机理进行的。所以,马氏体转变是典型的非扩散型相变,也称为切变型相变。

1. 马氏体的组织、结构和性能

(1)马氏体的晶体结构

马氏体是碳在α-Fe中的过饱和固溶体,具有体心正方晶格,如图1.21所示。其中c轴比其他两个a轴长一些,轴比c/a称为马氏体的正方度。

在平衡条件下,α-Fe的体心立方晶格中溶碳极微,在600 ℃时约溶0.005 7%(质量分数)C,在室温几乎不溶碳。而马氏体转变时,奥氏体的碳浓度将全部转移到马氏体中,而且这些过饱和固溶的碳原子择优分布在沿着c轴的扁八面体间隙中,因而使α-Fe的体心立方晶格发生正方畸变,c轴伸长,而其余两个a轴缩短。马氏体中的碳浓度越高,则晶格常数c越大,而a越小,因而正方度c/a越大。

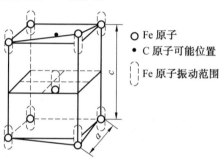

○ Fe原子
● C原子可能位置
〔 〕Fe原子振动范围

图1.21 马氏体的体心正方晶格

(2)马氏体的组织形态

马氏体的形态一般分为板条状和针状(或片状)两种,其形态取决于奥氏体的碳质量分数。图1.22表明,碳质量分数在0.6%以下时,基本上是板条马氏体;碳质量分数低于0.25%时,为典型的板条马氏体;碳质量分数大于1.0%时,则大多是针状马氏体;碳质量分数在0.6%~1.0%时,为板条和针状马氏体的混合组织。

在显微镜下,板条马氏体为一束束由许多尺寸大致相同并几乎平行排列的细板条组成,马氏体板条束之间则成较大角度,如图1.23(a)所示。在一个奥氏体晶粒内,可以形成不同位向的许多马氏体区(共格切变区),如图1.23(b)所示。用高倍透射电子显微镜观察表明,在板条马氏体内有大量位错缠结的亚结构,所以,低碳板条马氏体也称为位错马氏体。在光学显微镜下,针状马氏体呈竹叶状或凸透镜状,在空间形同铁饼。马氏体针之间互相成一定角度(60°或120°)。马氏体针多在奥氏体晶体内形成,

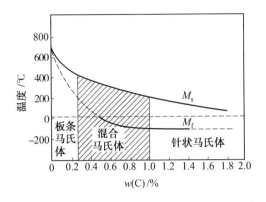

图 1.22　马氏体形态与碳质量分数的关系

并限制在奥氏体晶粒范围之内。最先形成的马氏体针较粗大,往往贯穿整个奥氏体晶粒,并将其分割,以后,马氏体则在被分割了的奥氏体中形成。因而马氏体针越来越细,如图 1.24(a)所示。先形成的马氏体容易被腐蚀,颜色较深。所以,完全转变后的马氏体为大小不同、分布不规则、颜色深浅不一的针状组织,如图 1.24(b)所示。用高倍透射电子显微镜分析表明,马氏体内有大量细孪晶带的亚结构,因此,高碳针状马氏体又称为孪晶马氏体。

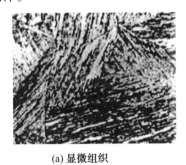

(a) 显微组织　　　　　　　　(b) 板条马氏体示意图

图 1.23　低碳马氏体的组织形态

(3)马氏体的性能

马氏体的强度与硬度主要取决于马氏体的碳质量分数,如图 1.25 所示。可见,在碳质量分数小于 0.5% 的范围内,马氏体的硬度随着碳质量分数升高而急剧增大。碳质量分数为 0.2% 的低碳马氏体便可达到 50 HRC 的硬度;碳质量分数提高到 0.4%,硬度就能达到 60 HRC 左右。研究指出,对于要求高硬度、耐磨损和耐疲劳的工件,淬火马氏体的碳质量分数为 0.5% ~0.6% 最为适宜,对于要求强韧性高的工件,马氏体碳质量

(a) 显微组织(1 500×)

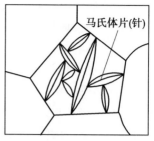
(b) 高碳马氏体示意图

图 1.24 高碳马氏体的组织形态

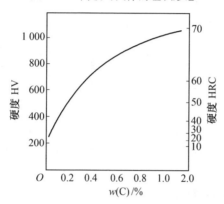

图 1.25 马氏体的硬度与其碳质量分数的关系

分数在 0.2% 左右为宜。

马氏体中的合金元素对于硬度影响不大,但可提高强度。所以,碳质量分数相同的碳素钢与合金钢淬火后,其硬度相差很小,但合金钢的强度显著高于碳素钢。导致马氏体强化主要有以下几方面的原因:

①碳对马氏体的固溶强化作用。由于碳造成晶格的正方畸变,阻碍位错的运动,因而造成强化与硬化。

②马氏体的亚结构对强化和硬化的作用。条状马氏体中的高密度位错网和片状马氏体中的微细孪晶,都会阻碍位错的运动,造成强化和硬化。

③马氏体形成后,碳及合金元素向位错和其他晶体缺陷处偏聚或析出,使位错难以运动,造成时效硬化。

④马氏体条或马氏体片的尺寸越小,则马氏体的强度越高,这实质上是由于相界面阻碍位错运动而造成的,属于界面结构强化。

马氏体的塑性和韧性主要取决于它的亚结构。片状马氏体中的微细孪晶不利于滑移,使脆性增大。条状马氏体中的高密度位错是不均匀分布的,存在低密度区,为位错运动提供了条件,所以仍有相当好的韧性。

此外,片状马氏体的碳质量分数高,晶格的正方畸变大,这也使塑性降低而脆性增大。同时,片状马氏体中存在许多显微裂纹,还存在较大的淬火内应力,这些也都使脆性增大。所以,片状马氏体的性能特点是硬而脆。

条状马氏体则不然,由于碳质量分数低,再加上自回火,所以晶格正方度很小或没有。淬火应力很小,而且不存在显微裂纹。这些都使得条状马氏体的韧性相当好。同时,其强度和硬度也足够高。所以,条状马氏体具有高的强韧性。

例如,碳质量分数为0.10%~0.25%的碳素钢及合金钢淬火形成的条状马氏体的性能大致如下:

$$\sigma_b = (100 \sim 150) \times 10^7 \text{ N/m}^2, \quad \sigma_{0.2} = (100 \sim 150) \times 10^7 \text{ N/m}^2, 35 \sim 50 \text{ HRC}$$

$$\delta = 9\% \sim 17\%, \quad \psi = 40\% \sim 65\%, \quad \alpha_k = (60 \sim 180) \text{ J/cm}^2$$

共析碳钢淬火形成的片状马氏体的性能为

$$\sigma_b = 230 \times 10^7 \text{ N/m}^2, \quad \sigma_{0.2} = 200 \times 10^7 \text{ N/m}^2, \quad 900 \text{ HV}$$

$$\delta = 1\%, \quad \psi = 30\%, \quad \alpha_k = 10 \text{ J/cm}^2$$

可见,高碳马氏体很硬很脆,而低碳马氏体又强又韧,两者性能大不相同。

2. 马氏体转变的特点

①奥氏体向马氏体的转变为非扩散型转变。因转变温度很低,铁和碳原子都不能进行扩散,铁原子沿奥氏体的一定晶面,集体地(不改变相互位置关系)做一定距离的移动(不超过一个原子间距),使面心立方晶格改组为体心正方晶格(图1.26),碳原子原地不动,过饱和地留在新形成的晶胞中,形成碳在α-Fe中的过饱和固溶体。

②马氏体的形成速度极快(小于10^{-7}s)。奥氏体冷却到M_s点以下后,无孕育期,瞬时转变为马氏体。马氏体是在$M_s \sim M_f$范围内连续降温的过程中不断形成的。降温停止,马氏体量的增长也停止。马氏体量的增长是新马氏体的形成,而不是已有马氏体长大的结果。由于形成速度快,新形成的马氏体要撞击原形成的马氏体,造成微裂纹,使马氏体变脆,特别是碳质量分数高时尤为严重。

③马氏体转变是不彻底的,总要残留少量奥氏体。残余奥氏体的质量分数与M_s,M_f的高低有关。奥氏体中的碳质量分数越高,M_s,M_f就越低,残余A质量分数就越高。通常在碳质量分数高于0.6%时,在转变产物中应标上残余A,少于0.6%时,残余A可忽略。

④马氏体形成时体积膨胀。这在钢中造成很大的内应力,严重时将使被处理零件开裂。另外,已生成的马氏体对未转变的奥氏体形成大的压应力,也使马氏体转变不能进行到底,而总要保留一部分不能转变的(残余)奥氏体。

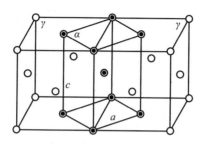

图1.26　马氏体晶胞与母相奥氏体的关系

1.2.4　钢的热处理工艺

按照应用特点,常用热处理工艺可大致分为下列几类:

①普通热处理,包括退火、正火、淬火和回火等。

②表面热处理和化学热处理,表面热处理包括感应加热淬火、火焰加热淬火和电接触加热淬火等,化学热处理包括渗碳、氮化、碳氮共渗、渗硼、渗硫、渗硅、渗铝、渗铬等。

③其他热处理,包括可控气氛热处理、真空热处理、形变热处理等。

这里只介绍普通热处理工艺。

1. 退火

将组织偏离平衡状态的钢加热到适当温度,保温一定时间,然后缓慢冷却(一般为随炉冷却),以获得接近平衡状态组织的热处理工艺称为退火。

根据处理的目的和要求不同,钢的退火可分为完全退火、等温退火、球化退火、扩散退火和去应力退火等。碳钢各种退火的加热温度范围和工艺曲线如图1.27所示。

(1)完全退火

完全退火又称为重结晶退火,是把钢加热至 A_{c3} 以上 $20 \sim 30 \ ℃$,保温一定时间后缓慢冷却(随炉冷却或埋入石灰和砂中冷却),以获得接近平衡组织的热处理工艺。亚共析钢经完全退火后得到的组织是 F+P。

完全退火的目的在于,通过完全重结晶,使热加工造成的粗大、不均匀的组织均匀化和细化,以提高性能;或使中碳以上的碳钢和合金钢得到接

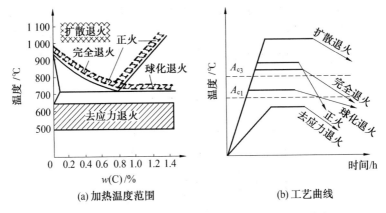

(a) 加热温度范围 (b) 工艺曲线

图 1.27 碳钢各种退火的加热温度范围和工艺曲线

近平衡状态的组织,以降低硬度,改善切削加工性能。由于冷却速度缓慢,还可消除内应力。

完全退火主要用于亚共析钢,过共析钢不宜采用,因为加热到 A_{ccm} 以上缓慢冷却时,二次渗碳体会以网状形式沿奥氏体晶界析出,使钢的韧性大大下降,并可能在以后的热处理中引起裂纹。

(2)等温退火

等温退火是将钢件或毛坯加热到高于 A_c(或 A_{c1})的温度,保温适当时间后,较快地冷却到珠光体区的某一温度,并保持等温,使奥氏体转变为珠光体组织,然后缓慢冷却的热处理工艺。

等温退火的目的与完全退火相同,但转变较易控制,能获得均匀的预期组织;对于奥氏体较稳定的合金钢,常可大大缩短退火时间。

(3)球化退火

球化退火为使钢中碳化物球状化的热处理工艺。

球化退火主要用于过共析钢,如工具钢、滚珠轴承钢等。其目的是使二次渗碳体及珠光体中的渗碳体球状化(退火前先正火将网状渗碳体破碎),以降低硬度,改善切削加工性能,并为以后的淬火做组织准备。

球化退火一般采用随炉加热,加热温度略高于 A_{c1},以便保留较多的未溶碳化物粒子或较大的奥氏体中的碳浓度分布的不均匀性,促进球状碳化物的形成。若加热温度过高,二次渗碳体易在慢冷时以网状的形式析出。球化退火需要较长的保温时间来保证二次渗碳体的自发球化。保温后随炉冷却,在通过 A_{r1} 温度范围时,应足够缓慢,以使奥氏体进行共析转变时以未溶渗碳体粒子为核心形成粒状的渗碳体。

（4）扩散退火

为减少钢锭、铸件或锻坯的化学成分和组织不均匀性，将其加热到略低于固相线的温度，长时间保温并进行缓慢冷却的热处理工艺，称为扩散退火或均匀化退火。

扩散退火的加热温度一般选定在钢的熔点以下 100 ~ 200 ℃，保温时间一般为 10 ~ 15 h。加热温度升高时，扩散时间可以缩短。

扩散退火后钢的晶粒很粗大，因此一般再进行完全退火或正火处理。

（5）去应力退火

为消除铸造、锻造、焊接和机加工、冷变形等冷热加工在工件中造成的残留内应力而进行的低温退火，称为去应力退火。去应力退火是将钢件加热至低于 A_{c1} 的某一温度（一般为 500 ~ 650 ℃）保温，然后随炉冷却，这种处理可以消除 50% ~ 80% 的内应力，不引起组织变化。

2. 正火

钢材或钢件加热到 A_{c3}（对于亚共析钢）和 A_{ccm}（对于过共析钢）以上 30 ~ 50 ℃，保温适当时间后，在自由流动的空气中均匀冷却的热处理工艺称为正火。正火后的组织：亚共析钢为 F+S，共析钢为 S，过共析钢为 S+Fe$_3$C$_{II}$。

正火与完全退火的主要差别在于冷却速度快些，目的是使钢的组织正常化处理，一般应用于以下几个方面。

（1）作为最终热处理

正火可以细化晶粒，使组织均匀化，减少亚共析钢中铁素体质量分数，使珠光体质量分数增大并细化，从而提高钢的强度、硬度和韧性。对于普通结构钢零件，机械性能要求不是很高时，正火可以作为最终热处理。

（2）作为预先热处理

截面较大的合金结构钢件，在淬火或调质处理（淬火加高温回火）前常进行正火，以消除魏氏组织和带状组织，并获得细小而均匀的组织。对于过共析钢可减少二次渗碳体量，并使其不形成连续网状，为球化退火做组织准备。

（3）改善切削加工性能

低碳钢或低碳合金钢退火后硬度太低，不便于切削加工，正火可提高其硬度，改善其切削加工性能。

3. 淬火

将钢加热到相变温度以上，保温一定时间，然后快速冷却以获得马氏体组织的热处理工艺称为淬火。淬火是钢的最重要的强化方法。

(1)淬火工艺

①淬火温度的选定。在一般情况下,亚共析钢的淬火加热温度为 A_{c3} 以上 30~50 ℃,共析钢和过共析钢的淬火加热温度为 A_{c1} 以上 30~50 ℃。

亚共析钢加热到 A_{c3} 以下时,淬火组织中会保留自由铁素体,使钢的硬度降低。过共析钢加热到 A_{c1} 以上时,组织中会保留少量二次渗碳体,有利于提高钢的硬度和耐磨性,并由于降低了奥氏体中的含碳量,可以改变马氏体的形态,从而降低马氏体的脆性。此外,还可减少淬火后残余奥氏体的量,若淬火温度太高,会形成粗大的马氏体,使机械性能恶化,同时也增大淬火应力,使变形和开裂倾向增大。

②加热时间的确定。加热时间包括升温和保温两个阶段的时间。通常以装炉后炉温达到淬火温度所需时间为升温阶段,并以此作为保温时间的开始。保温阶段是指钢件烧透并完成奥氏体化所需的时间。

③淬火冷却介质。常用的冷却介质是水和油。

水淬 650~550 ℃时冷却能力较大,在 300~200 ℃时也较大,因此易造成零件的变形和开裂,这是它的最大缺点。提高水温能降低 650~550 ℃时的冷却能力,但对 300~200 ℃的冷却能力几乎没有影响,而且不利于淬硬,也不能避免变形,所以淬火用水的温度常控制在 30 ℃以下。水在生产上主要用于形状简单、截面较大的碳钢零件的淬火。

淬火用油为各种矿物油(如锭子油、变压器油等),它的优点是在 300~200 ℃时冷却能力低,有利于减小工件的变形;缺点是在 650~550 ℃时冷却能力也低,不利于钢的淬硬,所以油一般用作合金钢的淬火介质。

(2)钢的淬透性

为了提高钢的强度和硬度,必须进行淬火,获得马氏体组织。实践表明,截面尺寸较大的钢件,淬火后沿着试样截面上各部位的冷却速度不同。试样表面冷却速度大,心部冷却速度小。试样表面冷却速度大于临界冷却速度,得到马氏体,为淬透层;心部冷却速度小于临界冷却速度,不能得到马氏体,而是屈氏体或索氏体的未淬透中心。

淬透性是指钢在淬火后获得淬硬层深度大小的能力,一般以圆柱形试样的淬透层深度或沿截面硬度分布曲线表示。淬透性的评定标准通常认为:除马氏体外,允许含有一定量的非马氏体组织。一般采用表面至半马氏体组织(即该层是由50%马氏体和50%非马氏体组织组成)的距离作为淬硬层深度,并用这个淬硬层深度作为评定淬透性标准。淬透层越深,表明钢的淬透性越高。

影响淬透性的因素是钢的临界冷却速度。临界冷却速度越小,即奥氏体越稳定,则钢的淬透性越好。因此,凡是影响奥氏体稳定性的因素,均影响钢的淬透性,主要有以下几个方面:

①碳质量分数。对于碳钢,碳质量分数影响钢的临界冷却速度。亚共析钢随碳质量分数减少,临界冷却速度增大,淬透性降低。过共析钢随碳质量分数增加,临界冷却速度增大,淬透性降低。在碳钢中,共析钢的临界冷却速度最小,其淬透性最好。

②合金元素。除钴以外,其余合金元素溶于奥氏体后,降低临界冷却速度,使 C 曲线右移,提高钢的淬透性,因此合金钢往往比碳钢的淬透性要好。

③奥氏体化温度。提高奥氏体化温度,将使奥氏体晶粒长大、成分均匀,可减少珠光体的生核率,降低钢的临界冷却速度,增加其淬透性。

④钢中未溶第二相。钢中未溶入奥氏体中的碳化物、氮化物及其他非金属夹杂物,可成为奥氏体分解的非自发核心,使临界冷却速度增大,降低淬透性。

1.3　钢的强韧化理论基础

钢的强韧化是以钢的强度和韧性等力学性能综合优化的一种技术,在预定的钢材条件下,通过工艺途径,使其组织形态、微观结构等产生有利变化,以达到提高强度和韧性等力学性能的目的。故研究找出微观组织结构与强韧性的内在关系,以及钢的强化和韧化的理论基础,从而相应地获得其普遍规律与数理模型,这也是合金钢研究的一个重要领域。

1.3.1　钢的强度与强化

1. 钢的强度

强度是材料抵抗变形与断裂的能力。作为结晶物质,金属材料的强度取决于构成晶体的原子、离子等(以下均简化通称为原子)之间的结合力。这种结合力随原子性质和结合键的性质而有差异。

晶体中相邻两原子间的作用能和作用力随原子间的距离而变化,如图1.28 所示。当原子间距离增大时,原子间的吸引力大于排斥力,原子间互相吸引而自动靠近,同时伴随着能量的降低。靠近到一定距离后,排斥力大于吸引力,又互相排斥而自动离开,同时伴随着能量的降低。只有当距

离为临界值 D_0 时,吸引力与排斥力相等,其综合作用力为零。此时原子间作用能 U_0 达到最低值,对应着原子作用能曲线的低谷,而处于平衡状态。此能谷越深,则原子间的结合力越大,原子结合越牢固。金属晶体中每个原子都被周围原子所包围而处于周围原子共同作用所形成的势能谷中,相邻的能谷之间被一个高能量的"势垒"所隔开。

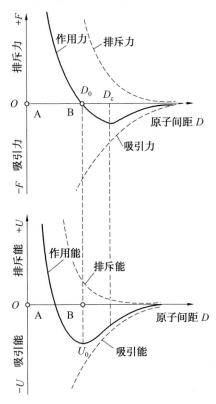

图 1.28 双原子作用模型

从图 1.28 看出,如在外力作用下,使原子远离平衡位置,则两原子间的吸引力逐渐增大。当 B 原子被拉到 D_c 位置时,吸引力达最大值。B 原子被拉过 D_c 点后,吸引力越来越小,故拉开 B 原子所需的力就越来越小。由此可知,原子间的最大结合力不是处于原子的平衡位置,而是处于 D_c 位置上。这个最大结合力就对应着金属的理论抗拉强度。

依上所述的原子间作用能和作用力的关系,可以推算金属晶体的强度和沿某一晶向的弹性模量。弗兰克尔从分析完整晶体中相邻上、下两排原子在切应力 τ 的作用下发生的刚性相对位移时原子势能的变化中,推导出晶体的理论剪切强度为 $\tau_m = \dfrac{G}{2\pi}$，其中 G 为切变模量。由实验测出的剪切强度与按此关系求出的理论剪切强度相差 4 个数量级。从表 1.3 列出的几个金属的典型数据中看出，实测值远比理论值低。

表 1.3　某些金属晶体的理论切应力与实测值的对比

金属	切变模量 G/MPa	理论切应力 τ_m/MPa	实际切应力/MPa
Al	24 400	3 830	0.786
Co	40 700	6 480	0.490
α-Fe	~68 950	~10 960	2.75

还可推知，金属的理论抗拉强度大致为其弹性模量的 1/10，而其实际抗拉强度同样也低于理论值的 3 ~ 4 个数量级。

金属的理论强度和实际强度之间的这种差异与金属晶体结构的完整性有关。金属的强度、弹性模量等力学性能均随原子间结合能而变。弹性模量大致等于 $(\mathrm{d}^2 U/\mathrm{d}D^2)/D_0$，即势能谷越深，则原子作用能曲线在 D_0 处的曲率越大，弹性模量也越大，强度也相应的较高。不同点在于弹性模量的高低不随晶体的完整性而变化，故称为"结构不敏感性能"。而金属的强度、塑性、韧性等力学性能除同结合键的强度有关之外，还与晶体结构的完整性有关。即也受晶粒、亚晶粒尺寸、第二相特征、晶体缺陷密度等结构因素的影响，故这些性能称为"结构敏感性能"。

金属实际强度都比理论强度低，就是由在实际金属材料中存在空位、位错等缺陷所造成的。例如，直径小到 2 μm，接近于完善晶体的 α-Fe 晶须的抗拉强度可达到理论强度值 8 240 MPa。但当晶须尺寸增大，晶体缺陷的密度增高时，强度相应下降。当晶须直径为 2 ~ 8 μm 时，强度下降到 550 MPa，而由一般方法制备的 Fe 单晶，强度仅为 41 MPa。

如上所述，金属强度除与键的强度有关外，还与晶体结构缺陷有关。这是金属材料强度与强化理论的重要依据。金属晶体内存在一定数量的空位、位错等缺陷，使晶体在外力作用下比完整晶体易于变形而强度相应地降低，如图 1.29 所示。当晶体内缺陷数目达到一定值 (ρ_m) 时，晶体强度达到最低值。但当晶体缺陷增大到一定密度之后，又由于这些缺陷（主要是位错）与金属组织之间以及本身相互之间的作用，使其运动受到阻碍，变形困难，从而使强度增大，并达到一定限度。

新型复合材料把晶须作为增强体，就是为了利用无缺陷晶体的高强度来大幅度提高复合材料的强度，依靠制备大体积的完整晶体以获得极高强度的金属材料在技术上还难于实现，故通常是通过有意识地增加材料中的

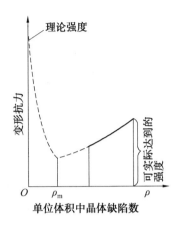

图 1.29　晶体强度与晶体缺陷之间的关系示意图

位错等晶体缺陷,利用位错等缺陷受第二相及其本身的相互干扰等作用,为位错运动和金属变形造成困难导致金属材料强度的提高。

根据热力学分析,在绝对零度以上的任何温度,晶体中总是存在一定数量的空位,空位的存在使周围晶格发生畸变,增大了位错在晶体中运动的阻力,使金属变形困难,强度相应地增大,或由于空位聚合而形成位错,使晶体中位错的密度增大,这也导致金属强度的增大。例如纯 Al 退火后快速冷却,虽然无形变发生,但其强度则远比退火后缓慢冷却者高。这就是由于在高温下其晶体中存在大量的空位,由于快速冷却而被保留下来。同样,通过中子辐照,使金属晶体(如纯 Cu)中产生大量空位以及与空位的数目相当的间隙原子,其强度也显著增大。

通过塑性变形,金属的位错密度增大,强度相应增大。晶体变形切应力与位错密度的平方根呈线性关系。

合金钢作为多晶体材料,其组织结构和晶体缺陷远较单晶体复杂。在缺陷方面,除点缺陷(原子空位、间隙原子、杂质原子)和线缺陷(位错)外,还有面缺陷(晶界、亚晶界、相界和层错等),这些也是与强化有关的重要因素。

2. 钢的强化

由以上分析可知,合金钢的强化取决于钢的晶体缺陷,主要是位错的密度、组态以及与此有关的运动的难易。而位错的这些特征,尤其是运动的难易,又取决于该钢具有的晶粒及亚晶粒尺寸、形态、第二相的性质、数量、分布特征等微观组织结构因素以及其间的相互作用,从而使其运动受到不同程度的阻碍。凡是使位错运动受到阻碍的因素,都导致钢的强化。

据此,钢的强化过程大致分为如下几种类型。

(1)固溶强化

合金元素以置换或间隙的形式溶入基体金属的晶格中,由于原子尺寸效应、弹性模量效应和固溶体有序化的作用而导致钢的强化,其强化效应随元素质量分数的增加而增大。图1.30所示为常用的合金元素对多晶体铁的固溶强化效应。

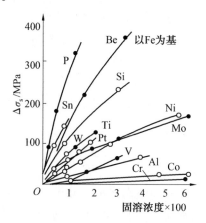

图1.30 纯铁屈服强度增加量 $\Delta\sigma_s$ 与固溶元素质量分数之间的关系

①弹性模量效应。如在形成固溶体时,溶质元素与基体金属的弹性模量不同,则会在溶质原子周围形成一个半径约2倍于溶质原子半径的区域。此区域的弹性模量 G_p 与基体金属的弹性模量 G 不同。在产生相同的应变时,此区域与基体金属所需要的外加应力将不相同,外力所做的功(能量)也因之而不同,从而二者之间存在一个能量差值。此能量差将对位错线产生一定的力,当 $G_p>G$ 时,此力为阻力,它将使通过溶质原子区域的位错运动受到阻碍;当 $G_p<G$ 时,此力为吸力,它将促使位错线向溶质原子区域运动。不论在哪种情况下都需要增大外力才能使位错脱开此区域的阻碍而继续向前运动,相应提高固溶合金的强度。这就是由弹性模量所造成的固溶强化。

②固溶体中有序化造成的强化。在无序固溶体中,常常会存在一些溶质原子呈有序排列的区域,当位错从这些有序化了的区域移动时,将使其有序度受到破坏,而使位错滑动面两侧的原来为 A-B 对的"原子对"变为 A-A 对和 B-B 对的"原子对",从而形成"反相畴界"。此界面的能量远较原界面的能量为高,故使位错的移动受到很大阻力。但如有两个位错成对地通过有序区,则可以使反相畴界达到的面积很小,从而减小了对位错的

阻力。

对于在本来就存在很多反相畴界的有序合金内,位错横切这些反相畴界时,又会产生一段新的反相畴界,相应地使位错移动受到附加的阻力。有序固溶体中反相畴界越多,即反相畴界区域越小,位错通过时所受到的阻力越大,固溶体合金的屈服应力也随之增大。

③原子尺寸效应。由于溶质原子和溶剂原子尺寸的差异,而在溶质原子周围晶体范围内造成晶格畸变,形成以溶质原子为中心的弹性应变场。它将同位错发生弹性相互作用,使位错运动受到阻碍。这种原子尺寸效应又通过摩擦阻力或钉扎阻力而导致钢的强化。

当位错运动到溶质原子附近时,由于上述的弹性应变场的作用而受到的阻碍称为"摩擦阻力"。为克服此种阻力,必须在更高的应力下才能继续运动。

设晶体中位于坐标系原点处有一刃型位错,在点(x,y)有一溶质原子置换了溶剂原子,溶剂原子和溶质原子的半径分别为r_0和$(1+\varepsilon)r_0$。由于半径差异,造成$\Delta V = 4\pi r_0^2 \varepsilon$的体积变化。由此推导出刃型位错与溶质原子间的相互作用能,可表示为

$$E_1 = \frac{4}{3}\left(\frac{1+\nu}{1-\nu}\right)Gbr_0^2\varepsilon\frac{y}{x^2+y^2} \tag{1.1}$$

式中,G,b和ν依次为弹性模量、柏氏矢量$\boldsymbol{b}$的模和泊松比。

从式(1.1)看出,刃型位错与位于(x,y)处的溶质原子之间的相互作用能的大小随刃型位错与溶质原子的相对位置而变。

当溶质原子距刃型位错的滑动平面的距离为y_0时,位错受的作用力F_x可由作用能E_1的偏导数求出:

$$F_x = -\frac{\partial E_1}{\partial x} = -\frac{4}{3}\left(\frac{1+\nu}{1-\nu}\right)Gbr_0^2\varepsilon\frac{2xy_0}{(x^2+y_0^2)^2} \tag{1.2}$$

并当$x = \dfrac{y_0}{\sqrt{3}}$时,位错受到的作用力$F_x$达到最大值$F_{x(\max)}$,即

$$F_{x(\max)} = \frac{\sqrt{3}(1+\nu)}{2(1-\nu)}Gbr_0^2\varepsilon\frac{1}{y_0^2} \tag{1.3}$$

为求得溶质原子浓度(w)与固溶体流变应力(τ)的作用关系,需分析位错与溶质原子的相互作用。当位错遇到溶质原子而受阻停滞,并且在不断增大的外力作用下使位错与溶质原子之间的位错线发生弓变时,设两个溶质原子间平均距离为L,则此线段所受之力为τbL,位错为了能克服阻力

而继续前进,则此力至少应等于 $F_{x(\max)}$。由此可得出固溶体合金形变所需的应力要比纯金属高。

$$\tau = \frac{F_{x(\max)}}{bL} = \frac{F_{x(\max)}}{b^2}\alpha w^{\frac{1}{2}} \qquad (1.4)$$

式中,w 为溶质浓度;$L = \dfrac{b}{\alpha\sqrt{w}}$,系数 α 的值取决于原子阻力的大小。

由此可知,溶质原子对位错运动造成的阻力相应地对形变应力的增大同溶质浓度 w 的平方根是线性关系。当碳溶进 α - Fe 时,由于原子尺寸效应导致 α - Fe 的强化,即屈服强度的增大,如图 1.31 所示,这与式(1.4)完全吻合。

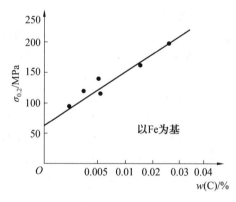

图 1.31 铁素体的强度 $\sigma_{0.2}$ 与碳质量分数 $w(C)$ 的关系

由原子尺寸效应引起的强化取决于溶质原子溶入造成的晶格畸变的程度。例如 C,N 等间隙性原子溶入 α - Fe 后,因晶格畸变值较大,产生的弹性应变场大,故其固溶强化效果显著。而置换型元素溶入 α - Fe 后,其晶格畸变小,故强化效果也较差。

关于位错运动受钉扎阻力的作用,可从对溶质原子与位错间作用能的关系式中得出。

为使固溶体系统的能量低,以达到稳定形态,对于造成应变量 $\varepsilon > 0$ 的溶质原子,为使位错与溶质原子间的相互作用能最小,而使系统处于最稳定的状态,溶质原子有向刃型位错线下方移动并在那里聚集的倾向。而能否实现这种聚集,又取决于溶质原子的扩散能力。一般来讲,间隙型溶质原子,如 α - Fe 中的 C,N 等原子,由于其扩散能力和扩散速度远较置换型溶质原子大,故能通过扩散在刃型位错下方聚集,而形成柯垂尔气团。这种气团能够钉扎住位错而使其难于移动。为使被柯垂尔气团钉扎着的位错启动,则需施加更大的应力,所需的应力大小可以从式(1.4)求得。

当这种被钉扎的位错在施加更大的外力作用下被解脱,并在脱开气团的钉扎之后,又可在较低的应力下运动。

(2)析出强化(沉淀强化)

二次硬化钢、沉淀硬化不锈钢和马氏体时效钢等以及铝合金、镍基高温合金等是由析出第二相导致合金强化的。

作为强化相的第二相质点可以从过饱和固溶体直接析出,或者从先发生同素异构转变后的过饱和固溶体中析出。低合金超高强度钢和马氏体时效钢等属于第二种类型。即先由奥氏体转变为马氏体,然后在回火或时效时从转变后的过饱和固溶体(马氏体)中析出第二相质点,通过第二相质点对位错运动的阻碍作用,而导致钢的强化。

①质点与位错的相互作用。位错运动中遇到析出质点而受阻碍,位错线需要在外力作用下以不同的方式越过障碍,一是切割并越过质点,二是绕过质点而继续运动。究竟采取何种方式,则取决于质点的性质、尺寸、存在状态等而使位错线所受阻力的大小而定。

位错线遇到质点群时,最邻近质点的线段受阻力而停顿,但在质点两侧的线段则继续前进,从而使位错线发生弯曲。因而位错线具有弹力(F),受质点阻碍部分的位错线段上将受到弯曲部分施加给它的一个作用力$2F\sin\theta$,如图1.32所示。此力在位错弯曲到半圆形时达到最大值$2F$。由于质点对位错线所造成的阻力F_p不同,位错即采取不同的方式越过障碍。

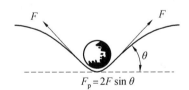

图1.32 质点阻碍使位错所受的力

$F_p \geqslant 2F$时,位错的作用力不足以切割质点,致使临近质点的线段受限而停止运动,而在质点之间的空隙地带,位错在切应力下发生弓弯,直至弯曲的位错线段相互接触、融合并留下一个围绕质点的位错环而后继续前进。图1.33所示为位错绕过质点机制,当继之而来的位错线遇到此质点时,以同样的方式留下围绕质点的第二个位错环而继续前进。这种位错绕过质点的机制为奥罗万机制。

设l为质点之间的平均距离,G为弹性模量,F为位错弹力,b为柏氏矢

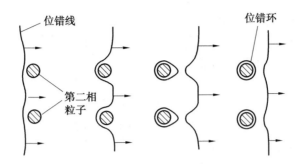

图 1.33 位错绕过质点机制

量 b 的模,则可求出位错线以绕过方式通过质点所需的应力为

$$\tau = \frac{Gb}{l} \qquad (1.5)$$

在滑移系较多的面心、体心晶体中,无法横切质点的位错线,通常以交叉滑移的方式绕过障碍而前进,即被质点挡住的位错线段的螺型位错部分在应力作用下发生滑移而绕过质点,在质点旁留下一个矩形位错环。

位错线以奥罗万或交叉滑移方式绕过质点所留下的围绕质点的位错环,对继之而来的位错将施加以附加的阻力,必须在更高的应力下位错方能越过此障碍。

当 $F_p < 2F$,即位错受到的阻力较小时,在位错弯曲未达到半圆形时它所产生的力已超过质点对它造成的阻力 F_p,从而使质点变形,位错切割质点而通过,如图 1.34 所示。

设位错切割质点所需的阻力为 τ,则 $\tau lb = F_p$,由此得出

$$\tau = \frac{F_p}{lb} \qquad (1.6)$$

从式(1.5)和式(1.6)看出,位错通过障碍的方式与质点的性质、形状和质点间的距离有关,一般尺寸很小($\leqslant (1.5 \sim 2.0) \times 10^{-6}$ cm)并与母相共格的质点,常被位错切割;而尺寸很大($\geqslant 1~\mu m$),且相互距离较远($\lambda_p \geqslant 10^{-5}$ cm)的非共格质点,位错线则采用奥罗万机制或交叉滑移方式通过障碍。

② 位错通过障碍的方式与合金的强化效应。对合金的强化效应随位错与析出相质点间的相互作用,即与位错通过障碍的方式(而通过障碍的方式则又与质点的性质、尺寸、质点间的间距等因素有关)有关。

位错以切割质点方式通过障碍对合金的强化效应较低,故合金的加工硬化率($d\sigma/d\varepsilon$)也较低。而位错以绕过质点方式通过障碍时,合金的强

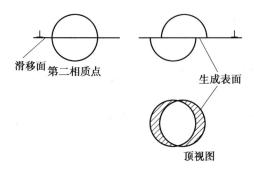

滑移面 第二相质点

生成表面

顶视图

图 1.34 位错切割质点示意图

化效果好。由于位错运动留下围绕质点的位错环越来越多,必须克服它们产生的逆向应力才能使变形得以实现,故合金的加工硬化率较高。位错通过障碍的两种方式对合金加工硬化率的影响如图 1.35 所示。

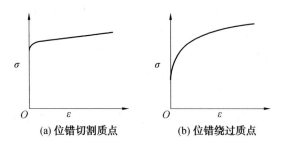

(a) 位错切割质点   (b) 位错绕过质点

图 1.35 合金加工硬化率 $\mathrm{d}\sigma/\mathrm{d}\varepsilon$ 与位错通过障碍方式的关系

如何使位错通过质点的方式由切割转换为绕过以提高合金的强化效率呢?已知位错线绕过障碍所需的应力为 $\tau_0 = Gb/l$,而位错切割质点所需的应力为

$$\tau_c = \frac{\pi}{2} \cdot \frac{r\gamma}{lb} \tag{1.7}$$

式中,r 为质点半径;γ 为被切割质点的界面能。可以看出 τ_c 随质点半径 r 增大而增大,而 τ_0 只与质点间的距离有关。当 $\tau_c > \tau_0$ 时,位错将切割质点;当 $\tau_c = \tau_0$ 时,对应于位错能切过的最大尺寸,此时质点的半径为

$$r_c = \frac{2Gb^2}{\pi\gamma} \tag{1.8}$$

由式(1.8) 可知,位错可以切割质点的尺寸大小(r_c),取决于质点界面能 γ 的高低,γ 高则能切割的质点 τ_c 小,从而 γ 代表着质点对位错运动的阻力。而 γ 的大小则与第二相质点与基体金属在化学成分、结晶结构上

的差异以及是否共格有关。

对于共格、半共格而不含位错等晶体缺陷的第二相质点,如具有有序结构,则其 γ 高,位错线能切割的质点尺寸很小,如质点是完全有序的,则能切割的质点尺寸更小。例如,完全有序的共格、半共格质点的 γ 值为 10^{-5} J/cm^2,位错能切割的质点直径仅为 2×10^{-6} cm,对于较大的质点,只能取绕过方式。

如果质点弹性模量比基体金属高得多,而本身不含位错等晶体缺陷的金属间化合物、氧化物等物质,则位错能切割的质点尺寸极小。如果质点与基体金属的弹性模量接近或质点含有位错等晶体缺陷,则位错可切割的质点尺寸就较大。

如果质点为中间相、平衡相或弥散强化合金中的金属间化合物、氧化物等,它们产生的阻力常常大于位错弹力 F 的两倍,从而位错将取绕过方式通过障碍。

在位错以切割方式通过障碍时,合金的屈服强度与切割质点的应力有关,并随所切割质点尺寸的增大而增大。而在位错绕过质点时,合金的屈服强度主要由质点间的距离 l 所决定。在质点的体积分数一定时,它将随质点尺寸的增大而减小。

基于对位错以绕过方式运动所受的阻力,可推知钢中碳化物或其他析出相的弥散强化效应对合金钢屈服强度 σ_{ys} 的贡献由奥罗万关系表示:

$$\sigma_{ys} = \sigma_s + 4\alpha Gbl^{-1} \tag{1.9}$$

式中,σ_s 是不存在析出相质点时基体金属的屈服强度;G 为切变模量;b 为柏氏矢量 b 的模;l 是析出相颗粒间的距离。系数 α 可以由下式求得:

$$\alpha = \frac{1}{4\pi} \cdot \frac{1}{2}\left(1 + \frac{1}{1 - \nu}\right) \ln\left(\frac{1}{2b}\right) \tag{1.10}$$

式中,ν 为泊松比。

（3）界面强化

界面是位错运动的障碍之一,随钢的晶粒细化,晶界增加,钢的屈服强度增大,并同晶粒直径的平方根呈线性变化。霍尔 - 派兹(Hall-Petoh)曾根据位错理论推导出二者之间的定量关系。

作为多晶体材料,钢的塑性变形是通过多个滑移系进行的,而由于位错在滑移面上的运动受到阻碍(包括夹杂、第二相颗粒、晶界等),必须施加更大的应力才能使其越过障碍,这相应地使屈服强度增大而导致钢的强化。

一般来讲,在达到宏观屈服极限之前,多晶体已在取向最优的一些晶粒的个别晶面上开始发生滑移。当位错滑移遇到晶界时,由于它不能越过晶界,受到阻碍而在晶面处塞积,因此造成应力集中。设在直径为 d 的晶粒中有一位错源,作用于滑移面上的外加分应力为 τ_d,如图 1.36 所示,则沿着这个滑移面在晶界中塞积的位错数目 n 为

$$n = \frac{K\pi\tau_d d}{2Gb} \tag{1.11}$$

式中,系数 K 由位错类型决定,对螺型位错,$K = 1$,对刃型位错,$K = 1 - \nu$。

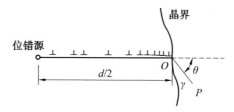

图 1.36　位错在晶界处塞积

由式(1.11)可知,晶粒直径越大,则在晶界处塞积的位错数目越多,应力集中效应越强。以 τ_i 表示不存在晶界障碍时位错运动所受到的阻力(也称为摩擦力),并把位错滑移和塞积的滑移面看作一个裂纹,则可依据有关公式求出作用在相邻晶粒内距位错塞积的晶粒附近 O 点(图 1.36)为 r 处的应力值为

$$\tau_d = (\tau_a - \tau_i)\left(\frac{d}{r}\right)^{\frac{1}{2}} \tag{1.12}$$

当 τ_d 达到触发相邻晶粒的滑移(即位错源开动)所需的应力 τ_c 时,应变将可继续,并这样一个一个晶粒地传递下去,即发生多晶体的屈服,此时的外加应力 τ 即为 τ_s。

$$\tau_c = (\tau_s - \tau_i)\left(\frac{d}{r}\right)^{\frac{1}{2}}$$

或

$$\tau_s = \tau_i + \tau_c\left(\frac{r}{d}\right)^{\frac{1}{2}} \tag{1.13}$$

按拉伸应力 $\sigma = 2\tau$,则拉伸时的屈服应力为

$$\sigma_s = \sigma_i + \sigma_c\left(\frac{r}{d}\right)^{\frac{1}{2}} = \sigma_i + Kd^{-\frac{1}{2}} \tag{1.14}$$

式(1.14)即为霍尔 – 派兹方程,其中 σ_i 是位错在晶粒内移动的摩擦阻力,而 $K = \sigma_c r^{\frac{1}{2}}$ 是与晶界对滑移传播的阻碍有关的常数。从式中看出,

钢的屈服强度与奥氏体晶粒直径 d 的 $-\frac{1}{2}$ 次方成比例。

兰福德(Landford)等人进一步研究指出,对具有回火马氏体的结构钢,其强度除受原始奥氏体晶粒尺寸影响外,还受马氏体形态和亚结构单元尺寸的影响。应用兰福德-科因(Landford-Cohen)关系式更能确切衡量结构特征和相界面等与强度之间的关系:

$$\sigma_{ys} = \sigma_0 + Kd^{-1} \qquad (1.15)$$

式中,d 为马氏体板条宽度等亚结构单元尺寸而不是原始奥氏体(A)晶粒尺寸。

式(1.15)表明,同奥氏体晶界类似,相界面也能阻碍位错运动,从而对钢起强化作用。

(4)加工硬化

金属加工硬化效应可通过其应力与应变曲线表现出来。金属单晶体的典型切应力与切应变曲线如图 1.37 所示,当切应力达到晶体的临界分切应力时变形即开始,并经历三个阶段。第 Ⅰ 阶段接近于直线,加工硬化率或称加工硬化系数 θ_1(即 $d\tau/d\gamma$ 或 $d\sigma/d\varepsilon$)很小,一般为切变模量 G 的万分之一,称为易滑移阶段。第 Ⅱ 阶段应力急剧升高,θ_{II} 很大,几乎恒定地达到约 $G/300$,加工硬化效应显著,称为线性硬化阶段。第 Ⅲ 阶段加工硬化率 θ_{III} 随应变的增加而下降,曲线呈抛物线状,故称为抛物线型硬化阶段。

金属加工硬化效应是由位错在变形过程中的增强以及位错间复杂的相互作用所造成的。位错间的这些相互作用尽管其性质和形式有所不同,但都增大位错在晶体中移动的阻力,提高晶体变形的流变应力,导致金属的硬化。

当切应力增大,使滑移系上的应力达到临界切应力,实际上是达到了使滑移面上的一定量的位错移动所需克服的阻力,即 P-N(派-纳,Peierls-Nabarro)力以及约束位错的其他附加应力时,位错开始滑动,变形开始,变形即进入第 Ⅰ 阶段。此阶段通过 F-R(弗兰克-瑞德,Frank-Read)源等机制使足够数量的位错增殖,此阶段的位错密度可达 $\rho = 10^6\ \mathrm{cm}^{-2}$,从而造成较大的应变量。但此阶段大部分为主滑移系上位错运动,故这种增殖和运动所受阻力较小,滑移线较长,从而应力升高不多,加工硬化率 θ_1 较小。

第 Ⅱ 阶段将在主滑移系和二次滑移系上发生双重滑移,位错运动被交截,使位错间发生复杂的相互作用,位错的增殖率也远比第 Ⅰ 阶段高。

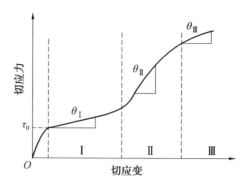

图 1.37　金属单晶体的典型切应力与切应变曲线

晶粒中出现胞状结构,位错集中于胞壁而形成位错缠结,同时形成不动的"面角位错",许多位错被钉扎,使后继位错移动困难。位错密度可达 $\rho = 10^6\ cm^{-2}$,而胞壁处位错密度可达平均密度的 5 倍,这些作用使加工硬化率迅速提高。

　　第 Ⅲ 阶段由于流变应力增大,滑移面上的位错可借交叉滑移而绕过障碍,以避免与其发生相互作用,异号的螺位错在交叉滑移中相遇而抵消,使硬化效应部分地消除,从而使加工硬化率降低。

　　在变形过程中,位错间的相互作用及其对流变应力的影响比较复杂。现仅以下述几种情况为例做简要说明。

　　① 平行滑移面上位错间的弹性作用力。在主滑移系中两个平行滑移面上存在柏氏矢量相互平行的两个平行位错,由于位错间的弹性应力场的相互作用而在此两条位错间产生作用力,并称"远程作用力"。当其中一根位错线从另一位错线附近越过而滑动时,为克服阻力所需的最大切应力为

$$\tau_{max} = \frac{Gb}{4\pi Kh} \tag{1.16}$$

式中,h 为平行的两个位错面间的距离;K 为常数,对螺型位错 $K = 1$,对刃型位错 $K = 2(1 - \nu)$。

　　② 相交滑移面上两位错间的相互作用力。在相交滑移面上位错间可发生几个方面的作用:一是当两位错在两个滑移面交线上相会,在该处产生洛莫–柯垂尔(Lomer-Cottrell)反应而形成不能滑动的"不动位错",从而增大后继位错运动的阻力,提高继续变形的流变应力。二是两位错的"相吸"与"相斥"作用。即如果位于相交平面上的柏氏矢量的模分别为 b_1 和 b_2 的两个位错,沿两平面的交线发生反应并形成新的位错线段时,

则新的位错线段的柏氏矢量的模 $b = b_1 + b_2$。但能否发生这种反应,则取决于 b_1 与 b_2 间的夹角或 b^2 和 $b_1^2 + b_2^2$ 间的差值。当夹角为钝角,而 $b^2 < b_1^2 + b_2^2$ 时,则两位错"相吸"而发生反应,形成新位错。为使原位错继续运动,就必须施加额外的应力,以使新位错分解。当夹角为锐角时,$b^2 > b_1^2 + b_2^2$,二者"相斥"不发生反应,但也使位错运动受到一定的阻力。三是当一根位错线在沿某一滑移面运动过程中,遇到位于其他滑移面上的位错林,即众多位错时,则发生"相吸"或"相斥"型的相互作用,所受到的阻应力为

$$\tau = \alpha_a \frac{Gb}{x} \tag{1.17}$$

式中,x 为位错林之间的平均间隔;α_a 为常数,对相吸型 $\alpha_a = 0.2 \sim 0.3$,对相斥型 $\alpha_a = 0.11$。

③ 割阶形成和运动的应力。在位错与位错林的反应和交截过程中还会形成"割阶"。割阶形成所需的应力为

$$\tau = \alpha_j \frac{Gb}{x}$$

式中,x 为位错林之间的平均间隔;α_j 一般为 0.1。当割阶发生"非保守运动"而形成空位时,$\alpha_j = 0.2 \sim 0.3$。

除上述的位错间相互作用力外,尚有启动 F-R 位错源所需的应力。设位错在金属中呈网状分布,网的平均长度为 l,则当位于滑移面上长度为 l 的一段位错线作为 F-R 源而对其启动时所需的应力将为

$$\tau = \alpha \frac{Gb}{l} \tag{1.18}$$

式中,$\alpha = 0.5 \sim 1.0$。

从以上分析看出,位错间各类相互作用对位错运动的阻力均与位错间的平均距离 x 或 l 成反比。而滑移系中的位错密度 ρ_p 越大,则位错间的距离 r 越小。已被证明 $\bar{r} = \rho^{\frac{1}{2}}$,以此推知,为克服位错相互作用造成的阻力而继续变形所需附加的应力为

$$\Delta\tau \propto \frac{Gb}{l} = Gb\rho^{\frac{1}{2}}$$

而变形中流变应力 τ 与 $\rho^{\frac{1}{2}}$ 的关系式为

$$\tau = \tau_0 + \alpha Gb\rho^{\frac{1}{2}} \tag{1.19}$$

式中,τ_0 为原来的流变应力,即无加工硬化时所需的切应力;α 为常数,与材料有关,为 $0.3 \sim 0.5$,一般取 0.3。

式(1.19)已为大量实验所证实,尤其是第 Ⅱ 阶段随塑性变形增大,由于位错密度 ρ 迅速增大,胞状结构的尺寸不断减小,使继续变形的流变应力显著升高,因此加工硬化系数 $\theta_{\text{Ⅱ}}$ 很大。

综合本节分析可知:

① 由于缺陷的存在,钢的实际强度远低于无晶体缺陷的理论强度。

② 钢中缺陷降低了钢的强度,但当缺陷密度增大时又提高了钢的强度。因此,人们是靠增加钢中缺陷以提高钢的强度达到钢的强化的。

③ 钢的强化机制有固溶强化、析出强化、晶界强化和加工强化。

1.3.2　钢的韧性与韧化

1. 钢的韧性

韧性是材料断裂过程中吸收能量的能力。以材料单向拉伸为例,其应力-应变曲线所覆盖的面积即为材料从变形到断裂过程吸收的能量。它代表了钢的韧性,并可定义为:"材料从变形到断裂全过程所吸收能量的总和"。由图 1.38 所示的曲线可知,低碳结构钢的强度(σ'_{f})虽低,但应变量(ε'_{f})大,故其韧性要比强度(σ_{f})高而应变量(ε_{f})小的高碳弹簧钢高。所以韧性取决于强度和塑性这两个因素,是强度和塑性综合作用的表现。

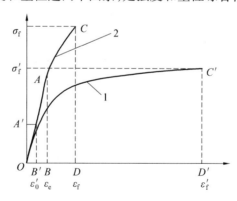

图 1.38　两种钢的应力-应变曲线

1— 低碳结构钢;2— 高碳弹簧钢

由于所用试样规格及加工精度、缺口形式、根部锐度和应力集中程度、加载速度及能否满足平面应变条件等测试条件的不同,同一材料可获得不同规格的韧性值。韧性可分为缺口冲击韧性和裂纹断裂韧性两类。前者包括裂纹形成功和裂纹扩展功,后者因试样上有预制裂纹,故只标志着裂纹扩展功。

（1）缺口冲击韧性

缺口冲击韧性是以 10 mm × 10 mm × 55 mm 带有不同形状和尺寸的缺口的试样在冲击载荷作用下从变形到断裂全过程所吸收（消耗）的能量。依缺口形状、深度（d）和根部锐度（以根部半径 ρ 表示）的不同，可分为梅氏（Mesnager）U 形缺口（$d = 2$ mm，$\rho = 2$ mm）、夏氏（Charpy）钥形缺口（$d = 5$ mm，$\rho = 0.75$ mm）和夏氏 V 形缺口（$d = 2$ mm，$\rho = 0.25$ mm）等冲击韧性试样。其中冲断 U 形缺口试样和夏氏钥形缺口试样所吸收的总能量以 A_k 表示，称为冲击功，而用缺口下部断面积除以 A_k 所得的数值以 a_k 表示，称为冲击韧性值。冲断夏氏 V 形缺口试样所得到的冲击功以 CV 或 CVN 表示。冲击功的单位为 J（焦耳），冲击韧性值的单位为 J/cm²。

利用传统的冲击实验机仅能测出一次冲断缺口韧性试样所得到的总能量，而无法知道在冲击载荷作用下从变形到断裂过程各阶段的力学特征。自从采用示波冲击等方法能把一次冲击功分解为裂纹形成功和裂纹扩展功以来，才得以对试样在冲击载荷作用下的变形和断裂过程进行深入的分析研究，并赋予冲击功比较明确的物理意义。

示波冲击方法是通过安装在冲击实验机上的高速自功采集系统和与之相联结的微机处理系统，将试样在冲击载荷作用下，从变形到断裂过程的载荷与应变关系以载荷-时间（p-t）曲线或载荷-挠度（p-f）曲线的形式，由示波器荧光屏显示并打印记录下来，如图 1.39 所示。在冲击载荷作用下试样的宏观断口形貌如图 1.40 所示。可将载荷-应变关系曲线与断口形貌相对应地进行分析研究。

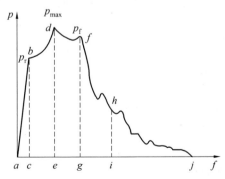

图 1.39　载荷 – 挠度（p – f）曲线

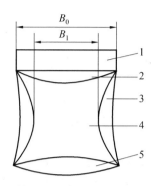

图 1.40　冲击载荷作用下试样的宏观断口形貌

1— 试样缺口;2— 裂纹源区;3— 剪切唇区;4— 放射区;5— 瞬断区

从图 1.39 看出,在冲击载荷的作用下,试样的断裂大致经历弹性变形(ab 段)、塑性变形(bd 段)、裂纹稳定扩展(df 段)和裂纹失稳扩展(fhj 段)等过程。与此对应,冲击试样断裂所吸收的总能量(A_k 或 CVN)可依次分解为弹性变形能 E_e、塑性变形能 E_s、裂纹稳定扩展能 E_{p1} 和裂纹失稳扩展能 E_{p2},并依次由各段曲线所覆盖的面积 abc,$bdec$,$dfge$ 和 $fhjig$ 来表示,也可把冲击功分为裂纹形成功 A_i(包括 E_e 和 E_s 两部分,并由面积 $abdea$ 表示)和裂纹扩展功(包括 E_{p1} 和 E_{p2})两部分,由面积 $dfhjige$ 表示。

与 $p-f$ 曲线相对应,从图 1.40 所示的冲击试样宏观断口结构可以看出,在冲击载荷作用下,试样从缺口根部开始发生弹性变形和塑性变形,当达到最大载荷 p_{max} 时,裂纹已经形成,并开始稳定扩展,载荷随之下降,达到 p_f 时,已形成宏观断口上"指甲"状裂纹源区。此时试样从缺口处发生侧向收缩,这表示裂纹形成与缺口处一定范围的塑性变形有关。当载荷超过 p_f 时,裂纹失稳扩展,形成放射区平断口以及相应的侧面剪切唇区和最后瞬断区。依上述分析,可以把载荷达到 p_f 时所形成的"指甲"状裂纹源区的宽度视为临界裂纹长度。

根据上述分析可知,冲击功是裂纹形成和裂纹扩展两阶段所消耗能量的总和。二者的大小分别由材料抗变形能力和阻止裂纹扩展的能力所决定,这又取决于钢的强度、弹性模量等力学性能和微观组织、结构特征。

（2）裂纹断裂韧性

裂纹断裂韧性通称为断裂韧性,它是指以带有预制裂纹的试样在静态(K_{IC})或动态(K_{ID})载荷作用下测出的材料抗裂纹失稳扩展的能力。同缺口冲击韧性相比,断裂韧性除加载速度、缺口锐度和裂纹前沿应力集中程度等因素不同外,其根本区别是冲击韧性标志着材料从变形、裂纹形成、裂纹扩展到断裂过程总的吸收能量的能力,即包括裂纹形成功和裂纹扩展功。而断裂韧性则只包括裂纹扩展到断裂过程所吸收的能量。断裂韧性可以有能量、应力和应变判据。

线弹性断裂力学是以材料本身就存在着原始裂纹作为出发点,并以应力场分析方法和能量分析方法为手段对裂纹失稳扩展的临界状态分别推导出含裂纹体材料抗失稳扩展能力的判据,即材料的断裂韧性是 K_{IC} 和 G_{IC}。

基于材料本身存在裂纹,在应力存在时,裂纹的存在使裂纹前沿区域内应力分布不均,尤其造成裂纹尖端附近高度的应力集中,通过对裂纹前端应力场状态分析得出,可由应力场强度因子 K_I 表示含裂纹体材料在裂纹前端区域的应力场强弱。分析表明,K_I 同外加应力 σ、裂纹半长 a 以及与裂纹形状、加载方式及试样几何因素有关的参量 Y 之间具有如下关系:

$$K_I = Y\sigma\sqrt{a} \tag{1.20}$$

含裂纹体的试样或构件随应力 σ 增大或随裂纹逐渐伸展长度 a 增大,裂纹前端的应力场强度因子 K_I 亦将相应增大,当 K_I 达到一个临界值时,裂纹将发生失稳扩展而导致试样或构件断裂。K_I 的这一临界值称为临界应力场强度因子。如裂纹前端处于三向拉应力的平面应变状态,则此临界值为 K_{IC},这就是材料的平面应变断裂韧性。因此,材料的断裂韧性,就是材料抗裂纹失稳扩展的能力。

当外加应力 σ 达到临界值 σ_c,或裂纹半长 a 达到临界值 a_c 时,裂纹将发生失稳扩展而达到临界状态,其应力场强度因子 K_I 在数值上等于材料的平面应变断裂韧性 K_{IC},即

$$\begin{cases} K_{IC} = Y\sigma_c\sqrt{a} \\ K_{IC} = Y\sigma\sqrt{a_c} \end{cases} \tag{1.21}$$

可以看出,应力场强度因子是用于描述裂纹前端应力场强弱的力学参量,它取决于构件和裂纹形状、尺寸以及外加应力的大小,而断裂韧性 K_{IC} 则是材料本身的性能,是用于评定材料抗裂纹失稳扩展能力的一个力学性能指标,是衡量材料韧性的标准之一,它主要取决于材料的化学成分和微观组织结构形态,而不受外加应力状态等因素的影响。

与 K_{IC} 对应,平面应力状态下的断裂韧性为 K_c,它们的单位均为 $MPa \cdot m^{1/2}$。

按能量准则,常把裂纹扩展单位面积需系统提供的弹性应变能称为裂纹扩展力或裂纹扩展时的能量释放率 G,它与外加应力 σ、裂纹(总)长度 a

和试样尺寸有关,可由格里菲斯理论推导得出。

按热力学定律,凡是使能量降低的过程必将自发进行,凡使能量升高的过程必将停止。裂纹发生自动(失稳)扩展,作为自发过程,也必须使系统自身的能量降低,可依此观点推导裂纹自发扩展的临界条件和所需的应力值及裂纹形成时材料要释放出的弹性应变能 U_e。裂纹扩展单位面积时,系统提供的弹性应变能 $\dfrac{\partial U_e}{\partial A}$ 是推动裂纹伸展的动力,依弹性理论计算,$U_e = -\dfrac{\pi\sigma^2 a^2}{4E}$。而裂纹扩展时新增加的表面能 U_s 是裂纹扩展的阻力,其值为 $2a\gamma$。这两种能量以及二者之和 $U = U_e + U_s$ 随裂纹长度 a 变化,如图 1.41(a)所示。取试样厚度 $B = 1$,则长度为 a 的裂纹面积的变化 $\mathrm{d}A$ 与裂纹长度的变化 $\mathrm{d}a$ 在数值上相等。故裂纹扩展单位面积时,系统释放的弹性应变能和新增加的表面能可由下式表示,其绝对值随裂纹长度 a 变化,如图 1.41(b)所示。

$$\frac{\partial U_e}{\partial A} = \frac{\partial U_e}{\partial a} = -\frac{\pi\sigma^2 a}{2E} \tag{1.22}$$

$$\frac{\partial U_s}{\partial A} = \frac{\partial U_s}{\partial a} = 2\gamma \tag{1.23}$$

其中 $G \simeq -\dfrac{\partial U_s}{\partial a}$ 即为前述的裂纹扩展单位面积时由系统释放的弹性应变能,称为裂纹扩展的能量释放率或能量释放率,也称为裂纹伸展力,是在单位厚度下,裂纹扩展单位长度所需的力。

由图 1.41 所示曲线看出,当裂纹长度 $a < a^*$ 时,作为 U_e 和 U_s 代数和的总能量 U 随裂纹长度 a 的增大而升高,故裂纹不能自发(失稳)扩展。当 $a > a^*$ 时,总能量随裂纹增大而降低,裂纹将自发扩展。当 $a = a^*$ 时,裂纹伸展的动力与阻力相等而处于临界状态,故 a^* 就是外力为 σ 时的临界裂纹尺寸。与此相对应,图 1.41(b)中两种能量的绝对值应在 $a = a^*$ 处相交而达到平衡状态,其交点所对应的 a^* 就是应力为 σ 时的临界裂纹尺寸 a_c,在临界状态下裂纹扩展单位面积的能量释放率为

$$G_c = \frac{\sigma^2(\pi a_c)}{E} = 2\gamma \tag{1.24}$$

上式表明,临界状态下,裂纹扩展时的能量释放率 G_c 等于临界裂纹扩展阻力的 2 倍。G_c 越大,材料抗裂纹失稳扩展的能力越大,故 G_c 是材料抗裂纹失稳扩展能力的度量,称为材料在平面应力状态下的断裂韧性。G_{IC}

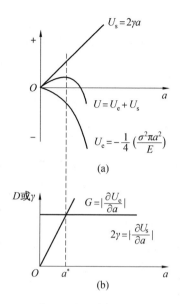

图 1.41 能量和能量率随裂纹长度的变化

为平面应变状态下的断裂韧性。与 G_{IC} 和 G_c 对应,在弹性范围内裂纹扩展单位面积所需的能量分别为 J_{IC} 和 J_c。裂纹断裂韧性 G_{IC} 与缺口冲击韧性 a_k 的量纲相同(或同为 J/cm^2)。

考虑到金属材料中断裂扩展时,裂纹前端总会产生一定范围的塑性变形(屈服),此塑性变形所需的能量 U_p 也需要由裂纹扩展时释放的弹性能来提供,故 U_p 和表面能 γ 一样也是裂纹扩展的阻力。依此,式(1.24)应改为

$$G_c = 2(\gamma + U_p) \qquad (1.25)$$

从能量分析方法导出的平面应变和平面应力状态下的 G_{IC} 和 G_c 同从应力场分析导出的 K_{IC} 和 K_c 之间分别具有如下关系:

$$\begin{cases} G_{IC} = \dfrac{(1-\nu^2)}{E}K_{IC}^2 & (\text{平面应变}) \\ G_c = \dfrac{1}{2}K_c^2 & (\text{平面应力}) \end{cases} \qquad (1.26)$$

裂纹的表面能 γ 和失稳扩展时所消耗的塑性变形能 U_p 都是材料的常数,而与裂纹大小、形状及外加载荷情况无关,因此,与 K_{IC} 相同,是给定的材料本身固有的性能。

2. 钢的韧化

如前所述,韧性是在外力作用下,材料从变形到断裂过程吸收能量的

能力。从冲击试样在外加载荷作用下由变形到断裂过程的载荷 – 挠度 $(p-f)$ 曲线看出 (图 1.39)：总冲击功是由裂纹形成功和裂纹扩展功两部分所组成；所消耗的总能量又由弹性变形、塑性变形、裂纹扩展等各阶段所消耗的能量所组成。由此看出，裂纹形成功和扩展功大小，即裂纹形成的难易和裂纹扩展的难易，决定着韧性的高低。钢的强度、塑性、弹性模量等一般力学性能也是影响韧性高低的因素。

钢的组织结构既是影响裂纹形成和裂纹扩展难易的直接影响因素，也是影响与韧性有关的强度、塑性等一般力学性能指标的因素。由此，通过分析裂纹形成和裂纹扩展过程的驱动力和阻力与组织结构因素及一般力学性能指标间的关系，即可找出改善钢的韧性这个结构敏感性性能的技术途径。

下面以裂纹形成难易和裂纹扩展难易与钢的组织结构和一般力学性能之间的关系的分析研究为例予以说明。

（1）裂纹形成难易与钢的韧性

格里菲斯曾从能量观点阐明了超高强度钢等含裂纹体脆性材料的实际强度远较理论强度低的原因，而对于本来不含裂纹的材料其实际强度也低于理论强度则无法解释，这就需要弄清裂纹是怎样形成的。从对这一问题的分析中导出了由位错运动导致裂纹形成的理论，也相应地找出了影响裂纹形成难易的组织结构因素及其与一般力学性能指标的关系。

由实验观察知，显微裂纹大都在局部塑性变形处产生，这显然与塑性变形过程位错的运动有关。依此，一些学者从对塑性变形中位错运动的分析中提出了相应的裂纹形成的位错理论和模型，包括位错塞积理论、位错反应理论、裂纹在夹杂边界形成理论等。这些理论的基本思路是在切应力作用下，促使位错在滑移面上运动。位错运动中又难免遇到不同的障碍而受到阻碍，造成位错塞积，形成大位错。这种大位错的弹性应力场可能产生大的正应力而促使材料开裂。位错一般都在晶界、相界、孪晶界、夹杂或第二相与基体界面处塞积，从而裂纹也常在这些边界处产生。

科垂尔（Cottrell）采用能量观点确立了裂纹形成的条件，他提出柏氏矢量的模为 b 的几个位错在晶界处塞积而形成长度为 $2c$ 的裂纹模型，并将其看作是具有柏氏矢量的模为 nb 的大位错进行分析推导，得出形成微裂纹的条件为

$$\sigma nb \geqslant 2\gamma \tag{1.27}$$

式中，σ 为外加应力；γ 为表面能；nb 为晶体的滑移量；σnb 则为产生此滑移时所做的功。

另从图 1.42 所示的简单模型也可以推导出产生裂纹的上述条件。如图 1.42 所示,裂纹向前扩展就相当于塞积的位错向前攀移。外力对位错列所做的功应等于或大于裂纹形成时表面能的增加,亦即 $\sigma nb > 2\gamma$。

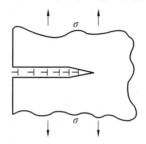

图 1.42 裂纹位错示意图

依据推动滑移的有效切应力为 $(\tau_s - \tau_i)$,对应的切应变为 $(\tau_s - \tau_i)/G$,滑移带的长度等于晶粒直径 d,则可求出裂纹位错的总柏氏矢量模 nb 的表达式:

$$nb = \left(\frac{\tau_s - \tau_i}{G}\right) d \tag{1.28}$$

式中,τ_s 为屈服时的切应力,它等于形成裂纹的切应力;τ_i 是位错滑移时的摩擦切应力;G 为切变模量。而 τ_s 与 d 之间又存在如下的经验关系:

$$\tau_s = \tau_i + K'_y d^{-\frac{1}{2}} \tag{1.29}$$

将上述二式与前述的霍尔 - 派兹方程 $\sigma_s = \sigma_i + K'_y d^{-\frac{1}{2}}$ 合并处理可求出形成裂纹的条件为

$$(\sigma_i d^{\frac{1}{2}} + K_y)K'_y \geqslant 2G\gamma \tag{1.30}$$

为提高材料的韧性,应使裂纹不易形成。依式(1.30),为使裂纹不易形成,则需公式左方的数值小于 $2G\gamma$。故提高韧性的途径是:

① 增大钢的表面能 γ 和切变模量 G。

② 减小 K'_y、K_y、位错滑移时的摩擦切应力 τ_i 以及晶粒直径 d。

当温度升高时,τ_i 减小,相应地使韧性升高,这与实际情况是一致的。

如将 τ_i 忽略不计而对式(1.28)进行处理,还可求出单向拉伸时形成裂纹所需的拉应力 σ_f 为

$$\sigma_f \approx \sqrt{\frac{4G\gamma}{d}} \tag{1.31}$$

即形成裂纹时所需的拉应力与晶粒直径 $d^{\frac{1}{2}}$ 成反比,这与式(1.30)的关系一致。

从以上推导分析可以看出,细化晶粒尺寸 d 可提高钢中裂纹形成的难度,相应提高钢的韧性,这是影响韧性的最为有效的组织结构因素。

钢中硬而脆的第二相颗粒的存在会影响裂纹的性质,例如,碳化物颗粒粗大会促进解理断裂,而所含第二相颗粒细小的钢则具有较好的塑性。依此,史密斯通过分析晶界碳化物的影响,提出了如图 1.43 所示的解理断裂的模型。

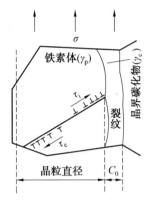

图 1.43　晶界碳化物形成裂纹的解理断裂模型

设铁素体边界上有厚为 l_0 的碳化物,由于外力的作用,碳化物前的铁素体中将形成位错塞积群。设 τ 为外加应力在滑移面上的切应力分量,则推动位错运动的有效切应力为 $\tau_e = \tau - \tau_i$,位错塞积前端造成拉应力集中,当应力达到临界状态时,将导致碳化物开裂,此时 $\tau = \tau_c$。

$$\tau_e = (\tau_c - \tau_i) \geqslant \left[\frac{4E\gamma_c}{\pi(1 - \nu^2)d}\right]^{\frac{1}{2}} \tag{1.32}$$

式中,ν 为泊松比;γ_c 为碳化物的比表面能。

裂纹要伸展到相邻的铁素体晶粒,还需克服铁素体的比表面能。令 γ_p 表示二者之和的有效比表面能,则上式应为

$$\tau_e = (\tau'_c - \tau_i) \geqslant \left[\frac{4E\gamma_p}{\pi(1 - \nu^2)d}\right]^{\frac{1}{2}} \tag{1.33}$$

式(1.33)为裂纹形核所控制的断裂,当材料达到屈服时,已发生断裂,亦即裂纹一旦形成就立即扩展而至断裂。而式(1.32)是一种裂纹扩展所控制的断裂,即当应力在 τ_c 与 τ'_c 之间时,碳化物中形成裂纹之后,尚需经过裂纹扩展阶段才能通过晶粒。依此,可进一步推导出裂纹扩展所控制的断裂判据为

$$\sigma_{\mathrm{f}} \geqslant \left[\frac{4E\gamma_{\mathrm{p}}}{\pi(1-\nu^2)C_0} \right]^{\frac{1}{2}} \tag{1.34}$$

式中,C_0 如图 1.43 所示。

从裂纹形成条件的两个模型看出,晶粒尺寸和第二相粒子片层厚度是影响裂纹形成的重要结构因素。细化晶粒和细化第二相粒子尺寸将使裂纹难于形成,相应使钢的韧性增大。同时看出,具有较高的弹性模量和组成相表面能的钢,其裂纹形成也较困难,从而具有较高的韧性。

(2) 裂纹扩展难易与钢的韧性

裂纹形成后,如已达到临界裂纹长度 a_c 时,则由失稳扩展而导致材料脆性断裂。如裂纹形成后尚未达到临界裂纹尺寸,则将逐步扩展到临界裂纹长度时才发生失稳扩展。

裂纹从形成到扩展至临界裂纹尺寸这个亚稳扩展阶段的长短除取决于应力状态、大小和环境、介质等外界条件外,主要受材料本身的一般力学性能(强度和塑性)和组织结构参量的影响。例如,裂纹形成后的扩展过程中由于遇到晶界、相界和韧性相等不同阻碍而使裂纹扩展缓慢。实验观察发现,多晶体金属材料在不同热处理状态下的断裂具有不同的特点和机制,有些属于韧性断裂,其宏观和微观断口分别为纤维状和韧窝,并相应具有较高的韧性;另一些则属于解理断裂或沿晶断裂机制的脆性断裂,后者具有穿晶小平面河流状准解理断口,相应的韧性较低。韧性断裂中的微孔聚合型断裂要经过韧窝的形成和克服第二相的障碍而缓慢长大的裂纹扩展阶段。

基于以上情况和思路,一些学者分别提出韧性断裂的应变判据和解理断裂的临界应力判据,相应建立了两种类型断裂与钢的一般力学性能和组织结构之间关系的模型。

① 韧性断裂的应变判据。

韧性断裂大致经历基体塑性变形、在基体和第二相界面或第二相本身开裂而形成微孔,微孔长大以及微孔间金属撕裂使微孔聚合,从而使裂纹扩展等几个阶段。基于这一研究结果,一些学者分别采用临界应变(n 或 ε_{f})作为判据,提出了断裂韧性 K_{IC} 与强度参量和组织结构参量之间关系的模型。首先克雷福特(Crafft)提出了如图 1.44 所示的微孔聚合型韧性断裂模型。

图中的 d_{T} 为第二相粒子间的平均距离,它构成韧带,即裂纹前端的屈服区,此屈服区的应变为 ε,当 ε 达到临界值时,屈服区开裂。采用屈服区

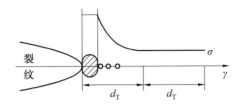

图 1.44 微孔聚合型韧性断裂模型

缩颈时的应变量 ε 的临界值,则此临界值恰等于材料的应变强化指数 n,并利用弹性应变公式 $\varepsilon = \dfrac{\sigma}{E}$,相应推导出 K_{IC} 间强度参量 E、塑性参量 n 和组织结构参量 d_T 之间的关系表达式:

$$K_{IC} = nE\sqrt{2\pi d_T} \tag{1.35}$$

由于在推导中把弹性变形公式外延到大量变形的塑性变形区边界,故应以有效弹性模量 E_p 取代 E 为宜。哈恩 - 罗森菲尔德(Hahn-Rosenfield)根据金相浸蚀法测出的裂纹前沿的塑性区宽度采用临界应变判据 $\varepsilon_c \approx \dfrac{1}{3}\varepsilon_f$ 导出了类似的关系式:

$$K_{IC} \approx 5n\sqrt{\frac{2}{3}E\sigma_s\varepsilon_f} \tag{1.36}$$

式中,ε_c 为裂纹前沿张应力应变峰值;σ_s,ε_f 分别为屈服强度和单向拉伸时的真实断裂应变。与克雷福特模型相比,H - R 模型只是以 $\sqrt{E\sigma_s}$ 取代了 E,以 $\sqrt{\varepsilon_f}$ 取代了 $\sqrt{d_T}$。而一般来说,d_T 越大,则 ε_f 越大,故两个模型是一致的。

这两个模型在随后还有所发展,例如,为说明温加工对 K_{IC} 的影响而提出的奥斯本 - 埃姆伯格(Osborne-Embury)模型;应用应变规律,并考虑加工硬化的影响而提出的施瓦波(Schwarbe)模型:

$$K_{IC} = \left[\frac{2}{3(1-\nu^2)}\sigma_b E\varepsilon_f d_T \ln\left(\frac{2}{3}\frac{\varepsilon_f}{\varepsilon_s}\right)\right]^{\frac{1}{2}} \quad \text{(O-E 模型)} \tag{1.37}$$

$$K_{IC} = \frac{\sigma_s}{1-2\nu}\sqrt{\pi(1+n)d_T\left(\frac{E\varepsilon_i}{\varepsilon_s}\right)^{1-n}} \quad \text{(施瓦波模型)} \tag{1.38}$$

式中,σ_b,σ_s 分别为抗拉强度和屈服强度;ε_s,ε_i 分别为屈服时的应变和缩颈时的应变。

从克雷福特模型及从其中演变出的类似模型看出:

a. K_{IC} 随第二相颗粒间的平均间距 d_T 以及真实断裂应变 ε_f 的增大而

增大,而 d_T 和 ε_f 的大小是一致的。

  b. 在韧性断裂的情况下,K_{IC} 随 n 的增大而增大,但对于沿晶断裂等脆性断裂,需采用后述的应力判据,那时 n 增大,K_{IC} 反而减小,故克雷福特模型仅适用于韧性断裂机制。

  ② 解理断裂的应力判据。对于解理断裂或沿晶断裂等类型的脆性断裂,一些学者则采用临界应力判据建立起相应的关系。哈恩－罗森菲尔德提出,当裂纹前沿由于塑性约束使张应力达到临界解理应力 σ^* 时,即发生断裂。他们采用这种临界解理应力判据,对实验数据进行处理,先后得出 K_{IC} 与强度性能之间的关系式:

$$\frac{\sigma^*}{\sigma_s} = 1 + 2.0\left(\frac{K_{IC}}{\sigma_s}\right) \tag{1.39}$$

$$K_{IC}\sigma_s^2 = \left(\frac{\sigma^*}{2.35}\right)^3 \tag{1.40}$$

式中,σ^* 为发生断裂时的临界解理应力;σ_s 为屈服点应力。可以看出 K_{IC} 随临界解理应力的增大而增大。

  杜斯内普(Dewsnap)等人对低强度钢热轧板的成型性研究中发现,材料的成形性与夹杂含量有关。当夹杂含量小于 0.1%(质量分数)时,反映成形性优劣的杯突值 H 与应变强化系数 n 成正比,当夹杂含量较高时,成形性 H 值随夹杂含量增大而变坏,即

$$H \propto \frac{1}{\sigma_f\sqrt{N}} \tag{1.41}$$

式中,N 为夹杂含量(颗粒数 $/\text{mm}^2$)。从上式看出,N 越大,则 H 越低。而 H 和 K_{IC} 的测试具有相似性,通过对高强度钢的实际研究,他们建立了 K_{IC} 与夹杂含量之间的关系:

$$K_{IC} \propto \frac{\sigma^* - \sigma_s}{4\sqrt{N}} \tag{1.42}$$

  由于夹杂颗粒间平均距离 d_T 与夹杂含量之间存在 $d_T \propto \dfrac{1}{\sqrt{N}}$ 关系,故可得出

$$K_{IC} \propto (\sigma^* - \sigma_s)\sqrt{d_T} \tag{1.43}$$

  可把 σ^* 看作极限应力,即若 $\sigma^* \propto \sigma_b$,则 $(\sigma_b - \sigma_s)$ 差值越大,即屈强比 σ_s/σ_b 越低,则材料越不易脆断,即钢的韧性越高。由此可知增大 $(\sigma^* - \sigma_s)$ 和减少夹杂含量均有利于韧性的提高。

1.4　金属腐蚀的基本原理

1.4.1　金属腐蚀的基本概念与分类

1. 金属腐蚀的基本概念

金属材料在现代工农业生产中占有极其重要的地位。不仅在机械制造、交通运输、国防与科学技术等各个部门都需要大量金属材料,而且在人们日常生活用品中也离不开金属材料。金属材料不仅具有优良的使用性能(包括材料的物理、化学和力学性能),而且还具有良好的工艺性能(包括铸造性能、压力加工性能、焊接性能、热处理性能、切削加工性能)。由此可见,金属材料是现代最重要的工程材料。但随着使用时间的推移,金属材料制品都有一个可使用寿命,在使用过程中,金属将受到程度不同的直接和间接的损坏。通常将常见金属损坏的形式归纳为腐蚀、断裂和磨损。

腐蚀的定义有各种说法:①因材料与环境反应而引起的材料的破坏和变质;②除了单纯机械破坏以外的材料的一切破坏;③冶金的逆过程。

定义 ① 是将腐蚀的定义扩大到所有材料。随着非金属材料的迅速发展和使用,所引起的非金属材料的破坏现象日益增多和严重。因此,将金属腐蚀与非金属腐蚀统一在一个定义之内。该定义可使用于塑料、混凝土、橡胶、木材和涂料等的老化和损坏。

定义 ② 用意在于区别单纯机械破坏。如机械断裂与应力腐蚀破裂、磨损和腐蚀。前者属机械破坏,后者属腐蚀破坏。

定义 ③ 是指在自然界金属通常以矿石形式存在,如多数铁矿石含有铁的氧化物。冶金过程则是将矿石中氧化物还原为金属并将金属冶炼或合金化成为金属材料。当钢铁腐蚀时,生成铁锈,其主要成分是水和氧化铁。可见,钢铁的腐蚀过程就是将金属氧化为矿石或化合物,是冶炼的逆过程,即回到它的自然存在状态。

通常把金属腐蚀定义为:金属与周围环境介质之间发生化学和电化学作用而引起的变质和破坏。碳钢在大气中生锈,在海水中钢质船壳的锈蚀,在土壤中地下输油钢质管线的穿孔,热力发电站中锅炉的损坏以及轧钢过程中氧化铁皮的生成,金属机械和装置与强腐蚀性介质(酸、碱和盐)接触而导致损坏等都是最常见的腐蚀现象。显而易见,金属要发生腐蚀需要外部环境,在金属表面或界面上发生化学或电化学多相反应,使金属转化为氧化(离子)状态。

2. 金属腐蚀的分类

由于金属腐蚀的领域广、机理比较复杂,其分类方法也是多样的。常见的金属腐蚀的分类有按照腐蚀过程的历程分类、按照腐蚀的形式分类和按照腐蚀的环境分类。

(1)按照腐蚀过程的历程分类

根据腐蚀过程的特点,可以将金属腐蚀分为化学腐蚀、电化学腐蚀和物理腐蚀三类。

① 化学腐蚀。化学腐蚀是指金属表面与非电解质发生纯化学反应而引起的损坏。通常在一些干燥气体及非电解质溶液中进行。其反应历程的特点是金属表面的原子与非电解质中的氧化剂直接发生氧化还原反应而形成腐蚀产物。在腐蚀过程中,电子的传递是在金属与氧化剂之间直接进行,故腐蚀时不产生电流。

② 电化学腐蚀。电化学腐蚀是指金属表面与电解质溶液发生电化学反应而产生的破坏,反应过程中有电流产生。通常按电化学机理进行的腐蚀反应至少有一个阳极反应和阴极反应,并以流过金属内部的电子流和介质中的离子流构成回路。阳极反应是氧化过程,即金属失去电子而成为离子状态进入溶液;阴极反应是还原过程,即金属内的剩余电子在金属表面/溶液界面上被氧化剂吸收。电化学腐蚀是最普遍、最常见的腐蚀。金属在大气、海水、土壤及酸、碱、盐等介质中所发生的腐蚀皆属此类。

电化学作用也可以和机械、力学、生物作用共同导致金属的破坏。当金属同时受到电化学和拉应力作用时,将发生应力腐蚀破裂。当电化学和交变应力共同作用时,金属会发生腐蚀疲劳。若金属同时受到电化学和机械磨损的作用,则可发生磨损腐蚀。微生物的新陈代谢产物能为电化学腐蚀创造必要的条件,促进金属的腐蚀,称为微生物腐蚀。

③ 物理腐蚀。物理腐蚀是指金属由于单纯的物理溶解作用所引起的损坏。液态金属中可发生物理腐蚀。这种腐蚀不是由化学或电化学反应所致,而是由物理溶解所致。如用来盛放熔融锌的钢容器,由于铁被液态金属锌所溶解而损坏。

(2)按照腐蚀的形式分类

根据腐蚀的形式,可将腐蚀分为全面腐蚀和局部腐蚀两大类,图 1.45 中的破坏类型(a)、(b)属于全面腐蚀,(c)~(i)属于局部腐蚀。

① 全面腐蚀。腐蚀分布在整个金属表面上,它可以是均匀的,也可以是不均匀的。碳钢在强酸、强碱中发生的腐蚀属于均匀腐蚀。

②局部腐蚀。局部腐蚀主要发生在金属表面某一区域,而表面的其他

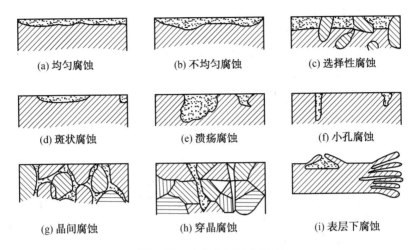

图1.45　金属腐蚀破坏形式

部分则几乎未被破坏。

局部腐蚀有很多类型,主要包括:

a. 小孔腐蚀(点蚀)。这种破坏主要集中在某些活性点上,并向金属内部深处发展。通常其腐蚀深度大于其孔径。严重时可使设备穿孔。不锈钢和铝合金在含有氯离子的溶液中常呈现这种破坏形式。

b. 缝隙腐蚀。金属在腐蚀性介质中其表面或因铆接、焊接、螺纹连接,与非金属连接,或因表面落有灰尘、砂粒、垢层、浮着沉积物等固体物质时,由于接触面间的缝隙内存在电解质溶液而产生的腐蚀现象。缝隙腐蚀在各类电解液中都会发生。钝化金属如不锈钢、铝合金、钛等对缝隙腐蚀的敏感性最大。

c. 电偶腐蚀。凡具有不同电极电位的金属相互接触,并在一定的介质中所发生的电化学腐蚀即属电偶腐蚀。例如热交换器中的不锈钢管和碳钢花板连接处,碳钢在水中作为阳极而被加速腐蚀。

d. 晶间腐蚀。这种腐蚀首先在晶粒边界上发生,并沿着晶界向纵深处发展,这时,虽然从金属外观看不出有明显的变化,但其力学性能却已明显降低了。通常晶间腐蚀出现于奥氏体、铁素体不锈钢和铝合金的构件。

e. 应力腐蚀破裂。金属在拉应力和腐蚀介质共同作用下,使金属材料发生腐蚀性破裂。根据腐蚀介质性质和应力状态的不同,在金相显微镜下,显微裂纹呈穿晶、沿晶和或两者混合形式。应力腐蚀破裂是局部腐蚀中危害最大的,因为它们发生后用肉眼在金属表面不易察觉,一般也没有预兆,具有突然破坏的性质。

f. 氢脆。在某些介质中,因腐蚀或其他原因而产生的氢原子可渗入金属内部,使金属变脆,并在应力的作用下发生脆裂。例如含硫化氢的油、气输送管线及炼油厂设备常发生这种腐蚀。

g. 腐蚀疲劳。金属材料在交变应力和腐蚀介质共同作用下的一种腐蚀。

h. 选择性腐蚀。合金中的某一组分由于优先地溶解到电解质溶液中去,从而造成另一组分富集于金属表面上。例如黄铜的脱锌现象即属于这类腐蚀。

此外,还有磨损腐蚀、浓差腐蚀等也属于局部腐蚀之列。

（3）按照腐蚀的环境分类

按照腐蚀的环境,可将腐蚀分为干腐蚀和湿腐蚀两类。干腐蚀是指金属在干的环境中的腐蚀,例如金属在干燥气体中的腐蚀。湿腐蚀是指金属在湿的环境中的腐蚀。湿腐蚀又可分为:

① 自然环境下的腐蚀:大气腐蚀、土壤腐蚀、海水腐蚀、微生物腐蚀。

② 工业环境中的腐蚀:酸、碱、盐介质的腐蚀,工业水中的腐蚀。

1.4.2　电化学腐蚀基本知识

金属材料与电解质溶液相互接触时,在界面上将发生有自由电子参加的广义氧化和还原反应,导致接触面处的金属变为离子、络离子而溶解,或者生成氢氧化物、氧化物等稳定化合物,从而破坏了金属材料的特性,这个过程称为电化学腐蚀,是以金属为阳极的腐蚀原电池过程。

1. 腐蚀电池

（1）金属腐蚀的电化学现象

金属在电解质溶液中的腐蚀是一种电化学腐蚀过程,既然是一种电化学过程,它必然表现出某些电化学现象。例如,它必定是一个有电子得失的氧化还原反应。工业用金属一般都是含有杂质的,当其浸在电解质溶液中时,发生电化学腐蚀的实质就是在金属表面上形成了许多以金属为阳极,以杂质为阴极的腐蚀电池。在绝大多数情况下,这种电池是短路的原电池。为了进一步阐明这种腐蚀电池的工作原理,现举例如下:

将锌片和铜片浸入稀硫酸溶液中,稳定一段时间后,再用导线把它们连接起来,如图 1.46 所示,这样就构成了一个工作状态下的电池。这时,由于锌电极的电位较低,铜电极的电位较高,它们各自在电极／溶液界面上建立起的电极过程的平衡状态受到破坏,并在两个电极上分别进行以下的电极反应。

在锌电极上发生氧化反应：

$$Zn \longrightarrow Zn^{2+} + 2e$$

在铜电极上发生还原反应：

$$2H^+ + 2e \longrightarrow H_2$$

电池反应：

$$Zn + 2H^+ \longrightarrow Zn^{2+} + H_2 \uparrow$$

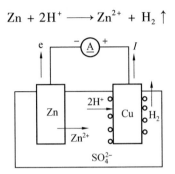

图1.46　锌与铜在稀硫酸溶液中构成的腐蚀电池

可见，铜－锌电池接通以后，由于锌片的溶解，电子沿导线流向铜片，而电流的方向则由铜片流向锌片。如果把铜和锌两块金属板直接接触，并浸入稀硫酸溶液中，同样也会观察到在锌块表面被逐渐溶解的同时，在铜块表面有大量的氢气析出，只不过此时两电极间的电流无法测得。类似这样的电池称为腐蚀原电池或腐蚀电池，它的工作特点是只能导致金属材料的破坏而不能对外做有用电功。

由于工业用金属中杂质的电位一般都比其金属的电位高，因此当这种金属浸在某种电解质溶液中时，其表面将会形成许多微小的短路原电池或腐蚀微电池。除了杂质外，金属表面加工程度、金相组织或受力情况的差异以及晶界、位错缺陷的存在，甚至金属原子的不同能量状态都有可能产生电化学的不均匀性，即产生微阳极区和微阴极区而构成腐蚀微电池。

（2）腐蚀电池的工作原理

再以铁－铜腐蚀电池为例，来较详细地说明其工作原理，如图1.47所示。25 ℃时，铁与铜在中性的3%（质量分数）氯化钠溶液中组成电池，它们的电极电位分别为－0.5 V和＋0.05 V，因为此时氧的平衡电极电位为＋0.815 V，所以就形成了如下的电池反应。

铁为阳极，发生氧化反应：

$$Fe \longrightarrow Fe^{2+} + 2e$$

铜为阴极，氧在其上发生还原反应：

$$\frac{1}{2}O_2 + H_2O + 2e \longrightarrow 2OH^-$$

电池反应：

$$Fe + \frac{1}{2}O_2 + H_2O \longrightarrow Fe^{2+} + 2OH^-$$

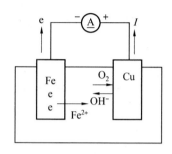

图 1.47　Fe-Cu 电池的工作原理

只要溶液中的氧不断地到达阴极并进行还原,铁的溶解就可以一直进行下去。

由此可见,一个腐蚀电池必须包括阳极、阴极、电解质溶液和外电路四个部分,缺一不可。由这四个组成部分构成腐蚀电池工作的三个必需的环节。

①阳极过程。金属进行阳极溶解,以金属离子或水化离子形式转入溶液,同时将等量电子留在金属上。

②阴极过程。从阳极通过外电路流过来的电子被来自电解质溶液且吸附于阴极表面能够接受电子的物质,即氧化性物质所吸收。在金属腐蚀中将溶液中的电子接受体称为阴极去极化剂。

③电流的流动。电流的流动在金属中是依靠电子从阳极经导线流向阴极,在电解质溶液中则是依靠离子的迁移。

腐蚀电池的三个环节既相互独立又彼此紧密联系和相互依存,只要其中一个环节受阻而停止工作,则整个腐蚀过程也就停止。

此外,在阳极过程和阴极过程中的产物还会因扩散作用使其在相遇处有可能导致腐蚀次生反应的发生,形成难溶性产物。如图 1.47 中的腐蚀电池,就会产生氢氧化铁的沉淀物。

$$Fe^{2+} + 2OH^- \longrightarrow Fe(OH)_2 \quad （当 pH > 5.5 时）$$

一般情况下,腐蚀产物在从阳极区扩散来的金属离子和从阴极区迁移来的氢氧根离子相遇的地方形成。这种腐蚀二次产物的沉积膜在一定程度上可阻止腐蚀过程的进行,但它的保护性因其疏松性要比金属与氧直接发生化学作用所生成的氧化膜差得多。

（3）腐蚀电池的类型

依据组成腐蚀电池电极的大小，和促使形成腐蚀电池的主要影响因素及金属腐蚀的表现形式，可以将腐蚀电池分为两大类，即宏观腐蚀电池和微观腐蚀电池。

① 宏观腐蚀电池。这种腐蚀电池通常是指由肉眼可见的电极构成，一般会引起金属或金属构件的局部宏观浸蚀破坏。宏观腐蚀电池有如下几种构成方式。

a. 异种金属接触电池。当两种不同的金属或合金相互接触（或用导线连接起来）并处于某种电解质溶液中，由于其电极电位不同，故电极电位较负的金属将不断遭受腐蚀而溶解，而电极电位较正的金属却得到了保护，这种腐蚀称为接触腐蚀或电偶腐蚀。两种金属的电极电位相差越大，电偶腐蚀越严重。另外，电池中阴、阳极的面积比和电解质的电导率等因素也对电偶腐蚀有一定影响。

b. 浓差电池。浓差电池的形成是由于同一种金属的不同部位所接触的介质的浓度不同。

最常见的浓差电池有两种：

一种是溶液浓差电池。例如，一长铜棒的一端与稀的硫酸铜溶液（a_1）接触，另一端与浓的硫酸铜溶液（a_2）接触即构成溶液浓差电池，即

$$Cu \mid CuSO_4(a_1) \mid\mid CuSO_4(a_2) \mid Cu$$

阳极反应：　　　　　$Cu \longrightarrow Cu^{2+}(a_1) + 2e$

阴极反应：　　　　　$Cu^{2+}(a_1) + 2e \longrightarrow Cu$

电池反应：　　　　　$Cu^{2+}(a_2) \longrightarrow Cu^{2+}(a_1)$

所以，电池反应是 Cu^{2+} 的浓差迁移过程。由能斯特公式可知电池的电动势为

$$E = E_+ - E_- = \frac{RT}{F}\ln\frac{a_2}{a_1} \tag{1.44}$$

这说明，这种浓差电池，其标准电池电动势 E^θ 总是等于零；还可说明处在稀溶液中的金属是阳极，被腐蚀溶解。

另一种是氧浓差电池，这是由于金属与含氧量不同的溶液接触而形成的，又称为充气不匀电池。例如，铁桩插入土壤中，下部容易腐蚀。这是因为土壤上部含氧量高，下部含氧量低，形成了一个氧浓差电池。含氧量高的上部电极电位高，是阴极；含氧量低的下部电极电位低，是阳极，此处金

属遭受腐蚀。又如,铁生锈形成的缝隙,以及由于某种结构而造成的金属缝隙也往往会形成氧浓差电池,使金属遭受腐蚀破坏。

c. 温差电池。它是由于金属处于电解质溶液中的温度不同形成的。高温区是阳极,低温区是阴极。温差电池腐蚀常发生在换热器、浸式加热器及其他类似的设备中。

对于温差形成的腐蚀电池,其两个电极的电位属于非平衡电位,故不能简单地套用能斯特公式说明其极性。

上述的宏观腐蚀电池在实际中并不如此单一,往往是几种(包括下面将介绍的微观电池)类型的腐蚀电池共同作用的结果。

② 微观腐蚀电池。处在电解质溶液中的金属表面上由于存在许多极微小的电极而形成的电池称为微观电池,简称微电池。微电池是因金属表面的电化学不均匀性所引起的。不均匀性的原因是多方面的,较重要的有如下几种:

a. 金属化学成分的不均匀性。众所周知,绝对纯的金属是没有的,尤其是工业上使用的金属常含有许多杂质。因此,当金属与电解质溶液接触时,这些杂质则以微电极的形式与基体金属构成众多的短路微电池体系。倘若杂质作为微阴极存在,它将加速基体金属的腐蚀;反之则基体金属会受到某种程度的保护而减缓其腐蚀。碳钢和铸铁是制造工业设备最常见的材料,由于它们都含有杂质 Fe_3C 和石墨、硫等杂质,在与电解质溶液接触时,这些杂质的电位比铁的正,成为无数个微阴极,从而加速了基体金属铁的腐蚀。

b. 组织结构的不均匀性。组织结构在这里是指组成合金的粒子种类、含量和它们的排列方式的统称。在同一金属或合金内部一般都存在不同结构区域,因而有不同的电极电位值。例如,金属中的晶界是原子排列较为疏松而紊乱的区域,在这个区域容易富集杂质原子,产生晶界吸附和晶界沉淀。这种化学不均匀性,一般会导致晶界比晶粒内更为活泼,具有更负的电极电位值。实验表明,工业纯铝其晶粒内的电位为 + 0.585 V,晶界的电位为 + 0.494 V。所以,晶界成为微电池的阳极,腐蚀首先从晶界开始。

c. 物理状态的不均匀性。在机械加工过程中常会造成金属某些部位的变形量不同和应力状态的不均匀性。一般情况是变形较大和应力集中的部位成为阳极,腐蚀即首先从这些部位开始。如机械弯曲的弯管处易发生腐蚀破坏即属于这种原因。

d. 金属表面膜的不完整性。这里讲的表面膜是初生膜。如果这种膜不完整即不致密,有孔隙或破损,则孔隙下或破损处的金属相对于完整表面来说,具有较负的电极电位,成为微电池的阳极而遭受腐蚀。

在生产实践中,要想使整个金属的表面及金属组织的各个部位的物理和化学性质等都完全相同,使金属表面各点电位完全相等是不可能的。这种由各种因素使金属表面的物理和化学性质存在的差异统称为电化学不均匀性,是形成腐蚀电池的基本原因。

综上所述,腐蚀电池的工作原理与一般原电池并无本质的区别。但腐蚀电池又有自己的特征,即一般情况下它是一种短路了的电池。因此,虽然当它工作时也产生电流,但其电能不能被利用,而是以热的形式散失掉了。

2. 电极和电极电位

在腐蚀电池的讨论中离不开电极,所谓电极,因不同的场合有两种不同的含义:第一种含义一般是指电子导体(金属)和离子导体(电解质溶液或熔融盐)组成的体系,称为电极(并且是可逆的),以金属/溶液(a)表示,例如,$Cu/CuSO_4(a)$ 称为铜电极。第二种含义是仅指电子导体而言,因此,铜电极仅指金属铜;此外,如铂电极、石墨电极等也都是这种含义。本章涉及的内容一般是指电极的第一种含义,其可能又有下列三种情况:

①当金属与电解质溶液接触后,在金属表面上的正离子由于极性水分子的作用将发生水化。如果水化的力量能克服金属晶格中金属正离子与电子之间的引力,则金属表面的一些金属正离子就会脱离金属,进入溶液而成为水化离子。由于金属正离子进入溶液,金属表面积累了过剩的电子,使金属表面带负电。与此同时,已被水化的金属离子由于静电吸附或热运动等作用,也有解脱水化而重新沉积到金属晶格中的趋势。当金属离子的溶解与溶液中的离子沉积到金属上这两种过程达到动态平衡时,结果就形成了金属表面带负电,紧靠金属表面的液层带正电的双电层,如图 1.48(a)所示。很多负电性的金属,如锌、镁、铁等在酸、碱及盐类溶液中形成这种类型的双电层。

②当金属与电解质溶液接触后,如果水化的力量不能克服金属晶格中金属正离子和电子之间的引力时,溶液中的一部分已水化的金属离子将解脱水化作用向金属表面沉积,使金属表面带正电。与此同时,由于水化等作用,已沉积到金属表面的金属离子亦可重新脱离金属表面返回到溶液中去。当上述两种过程达到动态平衡时,结果就形成金属表面带正电,紧靠金属表面的液层带负电的双电层,如图 1.48(b)所示。很多正电性的金属在含有正电性金属离子的溶液中常会形成这种类型的双电层,如铜在铜盐

溶液中,汞在汞盐溶液中,铂在金、银或铂盐溶液中。

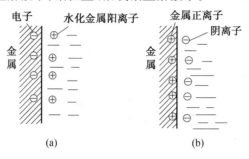

图 1.48　金属在溶液中形成的双电层

③ 某些正电性金属(如铂)或导电的非金属(如石墨)在电解质溶液中,它们不能被水化而进入溶液,若溶液中也没有金属离子沉积上去,这时将出现又一种类型的双电层,双电层符号与图 1.48(b) 中的一样。这时,正电性的金属铂上能吸附一层氧分子,氧化性的氧分子在铂上夺取电子并和水作用生成氢氧离子。其电化学反应为

$$O_2 + 2H_2O + 4e \longrightarrow 4OH^-$$

这种电极称为氧电极,类似的还有氢电极。二者也常统称为气体电极。气体电极的特点是作为电极的固体金属或非金属材料本身并不参与电极反应,只起导电的作用。

金属浸在电解质溶液中会建立起双电层,使金属与溶液之间产生电位差。这种电位差称为该金属／溶液体系的绝对电极电位。绝对电极电位目前尚无法测得。为了实际的需要,根据国际惯例,一般采用相对电极电位。所用的参考电极为某温度下的标准氢电极,并视其电位为零,由此而测得的各种电极电位称为氢标电位(SHE)。在生产和科学研究中,为了方便,还常选用甘汞电极、银－氯化银电极、铜－硫酸铜电极等作为参考电极。参考电极本身必须是可逆的。

3. 平衡电极电位与非平衡电极电位

(1) 平衡电极电位

当电极上发生的电极反应处于热力学平衡状态时,电极所具有的电位称为平衡电极电位。例如,金属失去电子进入溶液的阳极过程和溶液中的水化金属离子从金属获得电子的阴极过程速度相等,且这两个过程都是可逆的,则产生一个平衡电极电位,以 E_e 表示。很多金属在自身离子的溶液中,能产生平衡电极电位,如 Zn,Cu,Hg,Ag 等,但 Fe,Al,Mg 等则不能。

金属的平衡电极电位与溶液中金属离子的活度、温度之间的关系可用

能斯特公式表示,即

$$E = E^{\theta} + \frac{RT}{nF}\ln a_{M}^{n+} \qquad (1.45)$$

式中,E 为金属的平衡电极电位,V;E^{θ} 为金属的标准电极电位,V;R 为气体常数,为 8.314 J/K;T 为绝对温度,K;n 为电子转移数;F 为法拉第常数,近似值为 96 500 C/mol;a_{M}^{n+} 为金属离子 M^{n+} 的活度,mol/L。

从能斯特公式可以看出,溶液的温度高或金属离子的活度大,则金属的平衡电极电位就高。

(2) 非平衡电极电位

如果改变处于平衡状态下的电极反应的阳极过程或阴极过程的速度,使二者不相等,则此时电极所具有的电位为非平衡电极电位。非平衡电极电位还有另外一种情况。此时,在电极上失去电子的阳极过程是某一电极过程,而得到电子的阴极过程是另一电极过程,二者是化学反应不可逆的,达到动力学稳态后建立起的电极电位称为非平衡电极电位。例如将铁浸在酸溶液中,发生如下反应:

阳极过程:　　　　　　$Fe \longrightarrow Fe^{2+} + 2e$

阴极过程:　　　　　　$2H^{+} + 2e \longrightarrow H_2$

在这种情况下,即使阴、阳极过程反应速度相等,达到电荷的平衡,但由于两个过程不是化学反应可逆的,所以建立起的电极电位是非平衡电极电位。非平衡电极电位可以是稳定的,也可以是不稳定的。稳定的非平衡电极电位常以 E_s 表示。

在生产实际中,与金属接触的溶液大部分不是金属本身离子的溶液,其具有的电位大都是非平衡电极电位。非平衡电极电位在研究腐蚀问题时有着重要的意义。非平衡电极电位不服从能斯特公式,它只能用实验的方法测得。

4. 极化现象与极化曲线

(1) 电极的极化现象

电流通过电极时,电极电位 E_i 偏离平衡电位 E_e 的现象,称为电极的极化现象,简称极化,其差值称为极化值。在此,我们用另一术语 —— 过电位,符号为 η 且取正值来表示电极极化的程度,则

阳极极化:　　　　　　$\eta_A = \Delta E = E_i - E_e \qquad (1.46(a))$

阴极极化:　　　　　　$\eta_C = -\Delta E = E_e - E_i \qquad (1.46(b))$

对不可逆电极存在一个稳态的电位 E_s,也使用电极极化一词。极化值的大小用类似于式(1.46)的方程式表示。

$$\eta = |\Delta E| = |E_i - E_e| \tag{1.47}$$

极化的结果是,阴极极化使电极电位负移,阳极极化使电极电位正移。

对于可逆电极和不可逆电极,除极化现象的定义表示稍有不同外,电化学上所遵循的有关极化现象的动力学规律基本相同,所以在讨论中一般不加区分。

当电流通过电极时,电极上不仅发生极化作用,使电极电位发生偏离,与此同时,电极上也存在与极化作用相对应的过程,即力图消除这种偏离过程。以阴极为例,如氢离子或金属离子在阴极上还原,就是从阴极上夺取电子,使电极电位不负移。这种与电极极化作用相对立的作用,称为去极化作用。由此可见,电极过程就是这样一种极化与去极化对应统一的过程。在实际中,如果没有去极化作用,那么从外电源流入阴极的电子就只能在阴极上积累,使电极电位不断负移,这样的电极称为理想电极。一般情况下,由于电子的运动速度大于电极的反应速度,因此极化作用往往大于去极化作用,致使电极电位偏离,出现极化现象。与理想极化电极对应的是理想不极化电极,这种电极的极化作用和去极化作用相等,这种电极的电位很稳定,当有小电流通过时,其电位一般不发生变化。这种电极常用来作为电极电位测量时的参考电极。

(2)极化曲线

电流通过电极时,使电极电位发生偏离,通过电流越大,电极电位偏离的程度也越大。为了准确地描述和了解电极电位随通过的电流强度或电流密度的变化而变化的情况,人们经常利用电位－电流图或电位－电流密度图表示。这种表示电极电位与极化电流或极化电流密度之间关系的曲线称为极化曲线。图1.49所示为利用电流阶跌法测定的在硫酸铜和硫酸溶液中的铜电极的极化曲线。

5. 腐蚀电池的混合电位

典型的宏观腐蚀电池的极化曲线如图1.50中实线所示。图中线段 DF 对应的电位差值代表由于电池的总欧姆降。I_1 为此腐蚀电池的腐蚀电流。

现在用一可变电阻(R)代替电池的总欧姆电阻做如下实验。将可变电阻由大逐次减小,每减小一次测定两电极的电位和电池的电流,结果如虚线所示。电流随电阻的减小而增大,同时电流的增大引起电极的极化,使阳极电位变正,阴极电位变负,从而使两极间的电位差变小。当可变电

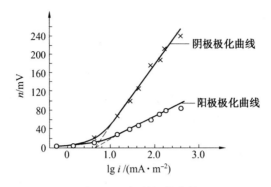

图 1.49　铜的极化曲线

(0.075 mol/L CuSO₄ + 0.075 mol/L H₂SO₄;30 ℃)

阻值趋近于零时,电流达到最大值 I_{max} ,此时两电极极化曲线交于一点 (S)。说明 $\Delta E = IR = 0$,即阴、阳极电位相等。实际测定时得不到 S 点,因为即使通过短路的办法来消除外电路电阻,也不可能完全消除像电解质溶液等整个回路中的电阻,所以只能得到接近于 I_{max} 值的 I_i 。

　　简化的腐蚀电池的极化曲线如图 1.51 所示。它是由英国腐蚀科学家 U. R. Evans 及其学生们于 1929 年提出来的,故称为 Evans 图。图中 $E_{e,c}$ 和 $E_{e,a}$ 分别代表开路状态时阴、阳极的平衡电极电位。若完全忽略电池的回路电阻,则两电极的极化曲线便交于 S 点。 S 点所对应的电位因处在 $E_{e,c}$ 和 $E_{e,a}$ 之间,故称其为混合电位 E_{mix} 。由于处于 E_{mix} 电位下腐蚀过程是不断发生的,因此混合电位就是金属的自腐蚀电位,简称为腐蚀电位 E_{corr} ,相对应的电流称为腐蚀电流 I_{corr} 。

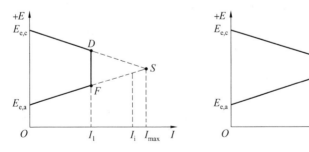

图 1.50　腐蚀电池的极化曲线图　图 1.51　简化的腐蚀电池的极化曲线图

　　腐蚀电位 E_{corr} 随时间的变化不大,可以是稳定的,但这种稳定绝不是一种平衡态,因为处在此电位下发生的阴、阳极反应是不可逆的,如处在质量分数为 3% NaCl 溶液中 Fe 的电位是 − 0. 5 V,在这个电位下发生的阳极

反应是

$$Fe \longrightarrow Fe^{2+} + 2e$$

而阴极反应则是

$$O_2 + 2H_2O + 4e \longrightarrow 4OH^-$$

因为同时进行着两个不同的电极反应,所以腐蚀将一直进行下去。一般情况下,腐蚀电池中阴、阳极面积是不相等的,但稳态下流过两极的电流强度是相等的,故用 $E-i$ 图较为方便,对于均匀腐蚀和局部腐蚀都适用。在均匀腐蚀条件下,整个表面既是阳极又是阴极,故可采用 $E-i$ 图。当阴、阳极反应均由电化学极化控制且离 E_{corr} 电位较远的,利用 $E-\lg i$ 图更为确切,因为此时 $E-\lg i$ 呈线性关系。

上面讨论的是在一个孤立的腐蚀电池同时进行着两个不同的电极反应建立起的混合电位情况。对于多于两种金属组成的腐蚀电池系统,称为多电极腐蚀系统。可以想象,多电极腐蚀系统的总电位,即混合电位必定是处于最高电极电位与最低电极电位之间,这样低于总电位的金属相是阳极相,而高于总电位的金属相是阴极相。

1.4.3 金属的钝化

1. 钝化的基本概念

钝化的概念最初来自对活泼金属铁在硝酸溶液中行为的观察,在稀硝酸溶液中,铁的腐蚀速度随酸含量的增加而增大。当 $w(HNO_3)$ 增加到 30% ~ 40% 时,腐蚀的速度达到最大。若继续增加硝酸含量,可以观察到铁的腐蚀速度竟突然下降,直至腐蚀反应接近停止。此时铁变得很稳定,即使再放回到稀硝酸溶液中也能保持一段时间不发生腐蚀溶解,这一异常现象称为钝化。能使金属钝化的物质称为钝化剂。除铁外,金属铝在浓硝酸中也能发生这种钝化现象。另外,如金属铬、镍、钴、钼、钽、铌、钨、钛等同样具有这种钝化现象,除浓硝酸外,其他强氧化剂如硝酸钾、重铬酸钾、高锰酸钾、硝酸银、氯酸钾等也能引起一些金属的钝化;甚至非氧化性介质也能使某些金属钝化,如镁在氢氟酸中,钼和铝在盐酸中。大气和溶液中的氧也是一种钝化剂。值得注意的是,钝化的发生并不仅仅取决于钝化剂氧化能力的强弱。如过氧化氢或高锰酸钾溶液的氧化 - 还原电位比重铬酸钾溶液的氧化还原电位要正,这说明它们是更强的氧化剂,但实际上它们对铁的钝化作用却比重铬酸钾差。再如,过硫酸盐的氧化 - 还原电位也比重铬酸钾的正,但却不能使铁钝化。这是因为阴离子的特性对钝化过程有影响。

法拉第认为,铁的钝态是通过亚微观厚度的金属氧化膜起作用的,无论在什么样的情况下,金属表面原子的价电子键合力都为结合氧所饱和。钝化的铁、铬、镍以及这些金属互相形成的合金,它们具有与贵金属相似的行为,对这种行为的解释至今仍然采用法拉第的这种看法。金属由活化态转入钝态时,腐蚀速度将减少 10^4 ~ 10^6 数量级。金属表面形成的钝化膜的厚度一般为 1 ~ 10 nm,随金属和钝化条件而异。经同样浓度的浓硝酸处理的碳钢、铁和不锈钢表面上的钝化膜厚度分别为 10 nm,3 nm 和 1 nm。不锈钢的钝化膜虽然最薄,但却最致密,保护作用最佳。

金属由原来的活性状态转变为钝化状态后,金属表面的双电层结构也将改变,从而使电极的电位发生相应的变化。结果是钝化能使金属的电位朝正方向移动 0.5 ~ 2.0 V。例如,铁钝化后电位由原来的 - 0.5 ~ + 0.2 V 正移至 + 0.5 ~ + 1.0 V;铬钝化后电位由原来的 - 0.6 ~ + 0.4 V 正移至 + 0.8 ~ 1.0 V。金属钝化后的电极电位正移很多,这是金属转变为钝态时出现的一个普遍现象。钝化金属的电位接近贵金属的电位。因此有人对钝化下了如下的定义:当活泼金属的电位变得接近于惰性的贵金属(如铂、金)的电位时,活泼的金属就钝化了。

在发生钝化的金属中,有的很容易钝化,有的则较难钝化,因此,可根据钝化的难易程度和钝化的过程将金属的钝化分类。

2.金属的阳极钝化

如上所述,由某些钝化剂所引起的钝化现象通常称为“化学钝化”。一种金属的钝态不仅可以经过相应的钝化剂的作用来达到,用阳极极化的方法也能达到。某些金属在一定的介质中(通常不含有 Cl^-),当外加阳极电流超过某一定数值后,可使金属由活化状态转变为钝态,称为阳极钝化或电化学钝化。例如,18 - 8 型不锈钢在 30%(质量分数)的硫酸溶液中会发生溶解。但用外加电流法使其阳极极化达到 - 0.1 V(SCE)之后,不锈钢的溶解速度将迅速降低至原来的数万分之一,且在 - 0.1 ~ 1.2 V(SCE)范围内一直保持着很高的稳定性。铁、镍、铬、钼等金属在稀硫酸中均可因阳极极化而引起钝化。这种现象在阳极电位对电流密度的恒电位极化曲线上是极易看到的。

“阳极钝化”和“化学钝化”之间没有本质上的区别,因为两种方法得到的结果都使溶解着的金属表面发生了某种突变。这种突变使金属的阳极溶解过程不再服从塔菲尔规律,其溶解速度随之急剧下降。图 1.52 所示为一种典型的可钝化金属或合金的恒电位阳极极化曲线。它揭示了金属活化、钝化的各特性点和特性区。由图 1.52 可知,从金属或合金的稳态

电位 E_0 开始,随着电位变正,电流密度迅速增大,在 B 点达到最大值。此后,若继续升高电位,电流密度却开始大幅度下降,到达 C 点后,电流密度降为一个很小的数值。而且这一数值在一定的电位范围内,几乎不随电位而变化,如 CD 段所示。超过 D 点后,电流密度又随电位的升高而增大。下面将此阳极极化曲线划分几个不同的区段做进一步的讨论。

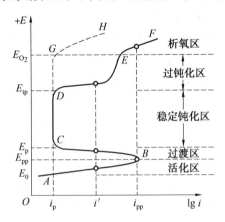

图 1.52　可钝化金属的典型阳极极化曲线示意图

AB 段:在此区间金属进行正常的阳极溶解,是金属的活性溶解区,并以低价的形式溶解为离子。

$$M \longrightarrow M^{n+} + ne$$

其溶解速度受活化极化控制。曲线中的直线部分为塔菲尔直线。

BC 段:B 点对应的电位称为初始钝化电位 E_{pp},也称为致钝电位。B 点对应的电流称为临界电流密度或致钝电流密度,以 i_{pp} 表示。当电流密度一旦超过 i_{pp},电位大于 E_{pp},金属就开始钝化,电流密度急剧降低。因为在此电位区间,金属的表面状态是一种发生急剧变化的不稳定状态,所以称 BC 段为活化 – 钝化过渡区。在金属表面上可能生成二到三价的过渡氧化物。

$$3M + 4H_2O \longrightarrow M_3O_4 + 8H^+ + 8e$$

CD 段:电位达到 C 点后,金属转入完全钝态,一般将这点的电位称为初始稳态钝化电位 E_p。CD 电位范围内的电流密度在每平方厘米微安数量级,随电位变化很小。这一微小的电流密度称为维钝电流密度 i_p。这时金属表面上可能生成一层耐蚀性好的高价氧化物膜。

$$2M + 3H_2O \longrightarrow M_2O_3 + 6H^+ + 6e$$

DE 段:电位超过 E 点后相应的电流密度又开始增大。D 点的电位称为

75

过钝化电位 E_{tp}。DE 段称为过钝化区,在此区段电流密度又增大的原因是金属表面形成了可溶性的高价金属离子。

$$M_2O_3 + H_2O \longrightarrow M_2O_7^{2-} + 8H^+ + 6e$$

EF 段:F 点是氧的析出电位,电流密度的继续增大是由于氧的析出反应动力学造成的。对于某些体系,不存在 DE 过钝化区,直接达到 EF 析氧区,如图 1.52 中虚线 DGH 所示。

由此可见,通过控制电位法测得的阳极极化曲线可明显地显示出金属或合金是否具有钝化行为以及钝化性能的好坏。可以测定各钝化特征参数,如 E_{pp},i_{pp},E_p,i_p,E_{tp} 以及稳定钝化电位范围等。若用控制电流法(恒电流法),则测不出完整的阳极钝化曲线,看不到金属阳极行为的某些特点,如图 1.52 中的虚线所示,在电流密度为 i_{pp} 或 i' 时,只能观察出电势的突变。

3. 钝化理论

金属钝化发生在界面处,它并没改变金属本体的性能,只是使金属表面在介质中的稳定性发生了变化。导致金属钝化的因素较为复杂,目前对其机理还存在不同的看法,还没有一个完整的理论可以解释所有的钝化现象。为了说明钝化现象,现已存在两种理论,即成相膜理论和吸附理论,它们各自都能较满意地解释部分实验事实。

(1)成相膜理论

成相膜理论的起源应归功于法拉第,该理论认为,当金属阳极溶解时,在金属表面能生成一层致密的、覆盖得很好的固体产物薄膜,约几个分子层厚。这层薄膜独立成相,把金属表面与介质隔离开来,阻碍阳极过程的继续进行,致使金属的溶解速度大大降低,使金属转入钝态。成相膜理论的正确性已被实验事实所证实。例如,已用光学方法、电化学研究方法测出了某些钝化膜的厚度。钝化膜的厚度与影响厚度的诸多因素有关。如铁在硝酸溶液中的钝化膜厚度为 2.5 ~ 3 nm,碳钢的为 9 ~ 10 nm,不锈钢上的为 0.9 ~ 1 nm。利用电子衍射法对钝化膜进行相分析,证实了大部分钝化膜是由金属氧化物组成的。例如铁的钝化膜为 γ-Fe_2O_3;铝的钝化膜为无孔的 γ-Al_2O_3,覆盖在它上面的是多孔的 β-Al_2O_3 等。除此之外,在一定条件下,有些钝化膜是由金属难溶盐组成的,如硫酸盐、铬酸盐、磷酸盐、硅酸盐等。

成相膜是一种具有保护性的钝化膜。因此,只有在金属表面能直接生成固相产物时才能导致钝化膜。这种表面膜层或是由于表面金属原子与定向吸附的水分子(酸性溶液),或是由于与定向吸附的 OH^-(碱性溶液)之间的相互作用而形成的。因此,若溶液中不含有络合剂及其他能与金属离子生成沉淀的组分,则电极反应产物的性质往往主要取决于溶液的 pH 及电极电位。

必须指出,并不是所有的固体产物都能形成钝化膜。因为腐蚀次生过程的腐蚀产物往往是疏松的,它若沉积在金属表面,并不能直接导致金属的钝化,而只能阻碍金属的正常溶解过程,不过这种阻碍的结果可促进钝化的出现。

按照成相膜理论,过钝化态是因为表面氧化物组成和结构的变化,这种变化是由于形成更高价离子而引起的,这些更高价离子扰乱了膜的连续性。于是膜的保护作用就降低了,金属就能再度溶解,该溶解是在更正的电位下进行的。

卤素等阴离子对金属钝化现象的影响有两方面。当金属还处在活化态时,它们可以和水分子或 OH^- 等在电极表面竞争吸附,延缓或阻止过程的进行。当金属表面已有固态钝化膜时,它们又可以在金属氧化物与溶液之间的界面上吸附,并借扩散和电场作用进入氧化膜内,成为膜层的杂质组分。这种掺杂作用能显著地改变膜层的离子电导和电子电导性,使金属的氧化速度增大。

(2)吸附理论

吸附理论认为,钝态不一定要形成氧化物膜或难溶性盐膜,通过吸附氧原子或含氧粒子的吸附层就能够达到钝态。这一吸附层至多只有单分子层厚,它可以是 OH^- 或 O^-,更多的人认为可能是氧原子。氧原子和金属最外侧的原子因化学吸附而结合,并使金属表面的化学结合力饱和,从而改变了金属/溶液界面的结构,大大提高了阳极反应的活化能,致使金属同腐蚀介质的化学反应能力显著减小。同时,由于氧吸附层形成过程中,不断地把原来吸附在金属表面的 H_2O 分子层排挤掉,这也就降低了金属的离子化过程。可以认为,这就是金属发生钝化的原因。

这一理论的主要实验依据是测量电量的结果。实验发现,在某些情况下,为了使金属钝化,只需要在每平方厘米电极上,通过十分之几毫库仑的电量,就能使金属产生钝化。如铁在 0.05 mol/L 的 NaOH 中,用 1×10^{-5} A/cm^2 的电流密度极化时,只需要通过相当于 0.3 mC/cm^2 的电量就能使铁电极钝化。这种电量远不足以生成氧的单分子吸附层。其次是测量界面电容,该理论认为,如果界面上产生了极强的膜,则界面电容值也应比自由表面上双电层的数值要小得多。但测量结果表明,在 1Cr18Ni9

不锈钢表面上,金属发生钝化时,界面电容改变不大,说明没有成相膜存在。又如,在恒电位下,在盐酸溶液中,铂的溶解速度是按指数规律依赖于氧的表面浓度的。为了使溶解速度降低 3/4,吸附氧量大约能够覆盖电极可见面积的 4% 就足够了。下一份等量的氧将以同一因数降低溶解速度,即降低到原来值的 1/16。实验表明,金属表面吸附的氧原子不一定必须完全遮盖表面。因为金属表面一般是不均匀的,只要在最活泼的中心部位(如金属晶格的顶角及边缘)吸附有原子氧,便能强烈地抑制阳极过程,使金属产生钝化。

吸附理论还能解释一些成相膜理论所难以解释的事实。例如,不少无机阴离子能在不同程度上引起金属钝态的活化或阻碍钝化过程的发展,而且常常是在较正的电位下才能显示其活化作用。这用成相膜理论很难说清楚。而从吸附理论出发,认为钝化是由于表面上吸附了某种含氧粒子所引起的。各种阴离子在足够正的电位下,可能或多或少地通过竞争吸附,从电极表面上排除引起钝化的含氧粒子,这就较好地解释了上述事实。根据吸附理论还可以解释 Cr,Ni,Fe 等金属及其合金上出现的过钝化现象。我们知道,增大极化可以引起两种结果:一是含氧粒子表面吸附量随电位正移而增多,导致阻化作用加强;二是电位正移,加强了界面电场对金属溶解的促进作用。这两种作用在一定电位范围内基本上相互抵消,因而有几乎不随电位变化的稳定钝化电流。在过钝化电位范围内,则是后一因素占主导作用,致使在一定正电位下生成活性、高价金属的含氧离子(如 CrO_4^{2-}),在此种情况下,氧的吸附不但不起阻化作用,反而促进高价金属离子的生成。

两种钝化理论都能解释部分实验事实,然而无论哪一种理论都不能较全面、完整地解释各种钝化机理。两种理论的共同点是都认为,由于在金属表面生成一层极薄的膜,从而阻碍了金属的溶解。但对成膜的解释却各不相同。吸附理论认为,只要形成单分子层的二维薄膜就能导致金属的钝化;而成相膜理论则认为,至少要形成几个分子层的三维膜才能使金属得到保护,认为最初形成的单分子吸附膜只能轻微降低金属的溶解,增厚的成相膜才能使金属达到完全的钝化,使金属的溶解速度大大降低。另外,两者在是吸附键还是化学键的成键理论上也有差异。事实上金属在钝化过程中,在不同的条件下,吸附膜和成相膜可分别起主导作用。于是有人企图将这两种理论结合起来,解释所有的金属钝化现象。认为含氧粒子的吸附是形成良好钝化膜的前提,可能先生成吸附膜,然后发展成成相膜。这种观点认为钝化的难易主要取决于吸附膜,而钝化状态的维持又主要取决于成相膜。膜的生长速度也服从对数规律,吸附膜的控制因素是电子隧道效应,而成相膜的控制因素则是离子通过势垒的运动。

4. 钝化膜的破坏

（1）化学、电化学因素引起钝化膜的破坏

溶液中存在的活性阴离子或向溶液中添加的活性阴离子（如 Cl^-，SCN^- 和 OH^-），这些活性阴离子从膜结构有缺陷的地方（如位错区、晶界区）渗进去改变氧化膜的结构,破坏了钝化膜。其中,Cl^- 对钝化膜的破坏作用最为突出,这应归因于氯化物溶解度特别大和 Cl^- 半径很小的缘故。

当 Cl^- 与其他阴离子共存时,Cl^- 在许多阴离子竞相吸附过程中能被优先吸附,使组成膜的氧化物变成可溶性盐,反应式如下:

$$Me(O^{2-},2H^+)_m + xCl^- \longrightarrow MeCl_x + mH_2O$$

同时,Cl^- 进入晶格中代替膜中水分子、OH^- 或 O^{2-},并占据了它们的位置,降低电极反应的活化能,加速了金属的阳极溶解。

Cl^- 对膜的破坏,是从点蚀开始的。钝化电流 I_p 在足够高的电位下,首先击穿表面膜有缺陷的部位（如杂质、位错、贫 Cr 区等）,露出的金属便是活化 - 钝化原电池的阳极。由于活化区小,而钝化区大,构成一个大阴极、小阳极的活化 - 钝化电池,促成小孔腐蚀。钝化膜穿孔发生溶解所需要的最低电位值称为击穿电位,或者称为点蚀临界电位。击穿电位是阴离子浓度的函数,阴离子浓度增加,临界击穿电位减小。

（2）机械因素引起钝化膜的破坏

机械碰撞电极表面,可以导致钝化膜的破坏。膜厚度增加,使膜的内应力增大,也可导致膜的破坏。

膜的介电性质引起钝化膜的破坏。一般钝化膜厚度不过几个纳米,膜两侧的电位差为十分之几伏到几伏,因此膜具有 $10^6 \sim 10^9$ V/cm 的极高电场强度, 这种高场强诱发产生的电致伸缩作用是相当可观的,可达 1 000 N/cm^2。而金属氧化物或氢氧化物的临界击穿应压力为 1 000 $\sim$ 10 000 N/cm^2,所以 10^6 数量级的场强足以产生破坏钝化膜的压应力。

5. 过钝化

溶液的氧化能力越强,金属越易发生钝化,然而,过高的氧化能力又会使已钝化的金属活化。例如,$KMnO_4$ 的氧化能力比 $K_2Cr_7O_2$ 强,但铁在 $KMnO_4$ 溶液中往往比在 $K_2Cr_7O_2$ 溶液中更难钝化。金属阳极极化时,电位超过过钝化电位 E_{op},则已钝化的金属又发生活化溶解。已经钝化了的金属在强氧化性介质中或者电位明显提高时,又发生腐蚀溶解的现象称为过钝化。

过钝化的原因是:在强氧化性的介质或电位很高的条件下,金属表面的不溶性保护膜(钝化膜)转变成易溶解且无保护性的高价氧化物。由于氧化物中的金属价态变化和氧化物的溶解性质变化,致使钝化性转向活性。

一般低价的氧化物比高价氧化物相对稳定,高价氧化物易于溶解。周期表中Ⅴ,Ⅵ,Ⅶ族金属,是可以发生变价的金属。因此这些金属易于过钝化溶解(如钒、铌、铬、钼、钨、锰、铁等),含这些元素的合金也会出现过钝化现象。

1.4.4　金属的常见腐蚀形态

金属按其腐蚀的形态可分为八种,这些具体形态对了解腐蚀的特性和机理具有重要的意义,因此,本节对均匀腐蚀、小孔腐蚀、缝隙腐蚀形态分别做一简要的介绍,其他腐蚀形态如电偶腐蚀、晶间腐蚀等可参见相关书籍。

1. 均匀腐蚀

均匀腐蚀是最常见的腐蚀形态,化学或电化学反应在全部暴露的表面或大部分表面上均匀地进行,金属逐渐变薄,最终失效。例如,铁皮做的烟筒,经过一段时间后,表面表现出基本上同一程度的锈蚀,其强度降低。

从腐蚀程度上来看,均匀腐蚀(或全面腐蚀)代表金属的最大破坏。但从技术观点来看,这类腐蚀形态并不重要,因为根据简单的实验,就可以准确地估计设备寿命。

全面腐蚀虽导致金属的大量损伤,但不会造成突然破坏事故。其腐蚀速度较易控制,在工程设计时预先算出材料的可使用寿命和设计安全系数,可以防止设备早期腐蚀损坏。

2. 小孔腐蚀(点蚀)

若金属的大部分表面不发生腐蚀(或腐蚀是很轻的),而只在局部地方出现腐蚀小孔并向纵深发展,这种现象称为小孔腐蚀,简称为孔蚀或点蚀。

孔蚀时,虽然失重不大,但由于阳极面积很小,因而腐蚀速度很快。严重时会造成管壁穿孔,造成油、水、气泄漏,有时甚至造成火灾、爆炸等严重事故。一般金属表面都可能产生孔蚀,镀有阴极保护层(如Cu,Ni)的钢铁制品,如镀层不致密,则钢铁表面可能产生孔蚀。阳极缓蚀剂用量不足,则未得到缓蚀剂的部分成为阳极区,也将产生孔蚀。

（1）小孔腐蚀的特征

不锈钢、铝、钛及其合金等具有自钝化特性的金属和合金,在一定介质中(如含氯离子介质)常发生小孔腐蚀。小孔腐蚀形貌是多种多样的,如图 1.53 所示,有窄深的,有宽浅的,有的蚀孔小(一般直径只有数微米)且深(深度大于或等于孔径)。它在金属表面上的分布,有些较分散,有些较密集。孔口多数有腐蚀产物覆盖,少数呈开放式(无腐蚀产物覆盖)。通常认为,小孔的形状即与蚀孔内腐蚀溶液的组成有关,也与金属的性质、组织结构有关。

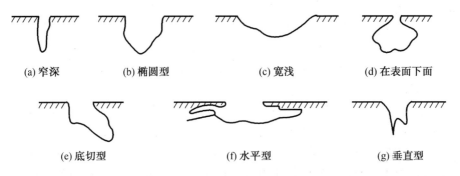

图 1.53　小孔腐蚀的各种蚀孔形貌示意图

金属发生小孔腐蚀时具有下列特征:

①小孔腐蚀的产生与临界电位有关,只有金属表面局部地区的电极电位达到并高于临界电位值时,才能形成小孔腐蚀,该电位称为"小孔腐蚀电位"或"击穿电位",用 E_b 表示(图 1.54)。这时阳极溶解电流显著增大,即钝化膜被破坏,发生小孔腐蚀。发生孔蚀后,再将电位做逆向扫描,到达钝态电流密度所对应的电位 E_p,称为"再钝化电位"或"保护电位"。合金处于 E_p 以下的电位区,金属钝化不会生成小孔腐蚀。正、反向极化曲线所包络的面积,称为滞后面积。在滞后环中(电位处于 $E_b \sim E_p$),不产生新的蚀孔源,但已产生的蚀孔会继续长大。评价金属的小孔腐蚀性能不仅看 E_b 值的大小,还须看滞后环的大小,E_p 值越接近 E_b,说明钝化膜的自修复能力越强。

小孔腐蚀的临界电位(E_b)反映了发生小孔腐蚀的难易程度,是评价金属抗孔蚀性能的重要参数。即 E_b 值越正,金属越难以发生孔蚀,反之 E_b 值越负,孔蚀越易发生。

②小孔腐蚀发生于有特殊离子的介质中,例如在有氧化剂(空气中的氧)和同时有活性阴离子存在的溶液中。活性阴离子,例如卤素离子会破

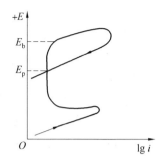

图 1.54　动电位法测量环状阳极极化曲线模式图

坏金属的钝性而引起小孔腐蚀,卤素离子对不锈钢引起小孔腐蚀敏感性的作用顺序为 $Cl^- > Br^- > I^-$。这些特殊阴离子在合金表面的不均匀腐蚀,导致膜的不均匀破坏。所以溶液中存在活性阴离子,是发生小孔腐蚀的必要条件。

③ 小孔腐蚀多发生在表面生成钝化膜的金属或合金上,如不锈钢、铝及铝合金等,在这些金属或合金表面的某些局部地区膜受到了破坏。膜未受破坏的区域和受到破坏已深露基体金属的区域形成了活化 - 钝化腐蚀电池,钝化表面为阴极而且面积比膜破坏处的活化区大得多,腐蚀就向深处发展而形成蚀孔。

（2）小孔腐蚀的机理

小孔腐蚀的过程包括在钝态金属表面上小孔的成核和小孔的成长。在某些条件下,小孔内的金属表面重新钝化,使小孔腐蚀停止成长。

① 小孔腐蚀的诱导。小孔腐蚀的初始阶段,即称为诱导阶段。根据钝化吸附理论,蚀孔是由于腐蚀性阴离子在钝化膜表面上吸附后离子穿过钝化膜所致。金属的氧化膜具有新陈代谢和自我修补的机能,使钝化膜处于不断溶解和修复的动态平衡状态。如果膜吸附了活性阴离子(如氯离子),平衡即受到破坏,溶解占优势。其原因是氯离子能优先地、有选择地吸附在钝化膜上,把氧原子排挤掉,即竞争吸附,结果与钝化膜中的阳离子结合成可溶性氯化物。在新露出的基体金属的特定点上生成小蚀坑,孔径多数为 20 ~ 30 μm,这些小蚀孔便称为孔蚀核。

若金属表面上存在硫化物、氧化物夹杂,晶界碳化物析出处或钝化膜的缺陷处,孔蚀核将优先在这些地方形成。例如不锈钢上有硫化物(MnS)夹杂是孔蚀核形成的敏感点,MnS 很容易被不浓的强酸溶解。由于硫化物夹杂经常形成包围氧化物质点的外壳,所以这些外壳一旦溶解,即形成空洞和狭缝,于是在该处即成为孔蚀源。

除此之外,在氯离子溶液中存在溶解氧或阳离子氧化剂(如 $FeCl_3$ 等)也能促使小蚀核长大为孔蚀源。氧化剂的作用是促进阴极过程,使金属的腐蚀电位上升至孔蚀临界电位以上。

② 小孔的成长。现以不锈钢在充气的含氯离子的介质中的腐蚀过程为例,说明小孔的成长过程(图 1.55)。

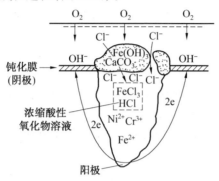

图 1.55　不锈钢在充气 NaCl 溶液中孔蚀的闭塞电池示意图

在孔蚀源成长的最初阶段,孔内发生金属溶解:

$$Fe \longrightarrow Fe^{2+} + 2e$$

金属离子浓度升高并发生水解:

$$Fe^{2+} + 2H_2O \rightarrow Fe(OH)_2 + 2H^+$$

生成氢离子,使同小蚀孔接触的溶液层的 pH 下降,形成一个强酸性的溶液区的溶解,使蚀坑扩大、加深。同时,在邻近孔内则发生氧还原:

$$\frac{1}{2}O_2 + H_2O + 2e \longrightarrow 2OH^-$$

这个过程是自身促进和自身发展的,金属在蚀孔内的迅速溶解会引起蚀孔内产生过多的阳离子,结果为保持电中性,蚀孔外阴离子(Cl^-)向孔内迁移,也造成氯离子浓度升高。这样就使孔内形成金属氯化物(如 $FeCl_3$ 等)的浓溶液。这种浓溶液可使孔内金属表面继续维护活性态。随着蚀孔的加深和腐蚀产物覆盖坑口,氧难以扩散到蚀孔内,结果孔口腐蚀产物沉积与锈层形成一个闭塞电池。闭塞电池形成后,孔内外物质迁移更加困难,使孔内金属氯化物更加浓缩,氯化物的水解使介质酸度进一步增加(例如 1Cr18Ni12Mo2Ti 不锈钢蚀孔内 Cl^- 浓度可达 6 ~ 12 mol/L,pH 接近零),酸度的增加促使孔内加速阳极溶解。这种由闭塞电池引起孔内酸化加速腐蚀的作用,称为"自催化酿化作用"。孔内的这种强酸环境使蚀孔内壁处于活性态,为阳极;而孔外大片金属表面仍处于钝态,为阴极。从而构成由小阳极－大阴极组成的活化－钝化电池,使蚀孔加速长大。自催化作用可使电池的电极电位达 100 ~ 120 mV,加上重力的作用构成了蚀孔具有深挖的能力。

③孔蚀停止。应该指出,实际的腐蚀过程常发现大量的蚀孔在蚀穿金属截面以前变成非活性的,即深入到一定深度以后不再发展了。根据钝化的氧化膜理论,孔蚀的停止是孔内金属表面再钝化所致。下列三种原因可能引起再钝化:

a. 消除了表面上的某些结构,例如定向不适的晶粒和夹杂等,在这些地区生成的钝化膜往往是脆弱的。在消除了以后,如果溶液的 pH 没有降低,氯离子的浓度也没有升高,则这些地区能以较完整的方式再钝化。

b. 当小孔内的电位转移到钝化区,并且低于保护电位时,就发生再钝化,或者是由于介质的氧化－还原电位降低,或者是由于邻近的小孔腐蚀的强烈发展。

c. 在小孔腐蚀成长时,孔内的欧姆电位降逐渐增大,因而小孔底部的电位转移到钝化区,发生再钝化。

(3) 影响孔蚀的因素

金属发生小孔腐蚀,有一个很重要的条件,就是金属在介质中必须达到某一临界电位,即孔蚀电位或击穿电位(E_b),才能够发生孔蚀。通常此电位比过钝化电位 E_{op} 低,而位于金属的钝态区。

具有自钝化特性的金属或合金,对孔蚀的敏感性较高,钝化能力越强则敏感性越高。

孔蚀的发生和介质中含有活性阴离子或氧化性阳离子有很大关系。大多数的孔蚀都是在含氯离子或氯化物的介质中发生的。实验表明,在阳极极化条件下,介质中只要含有氯离子便可使金属发生孔蚀。所以,氯离子又可称为孔蚀的"激发剂"。而且随着介质中氯离子浓度的增加,孔蚀电位下降,使孔蚀容易发生。在氯化物中,含有氧化性金属阳离子的氯化物如 $FeCl_2$、$CuCl_2$、$HgCl_2$ 等属于强烈的孔蚀促进剂。由于这些金属阳离子的还原电位较高,即使在缺氧的条件下,也能在阴极上进行还原,起促进阴极去极化的作用。

在碱性介质中,随 pH 升高,使金属的 E_b 值显著地变正,减缓孔蚀的发生。在酸性介质中,对 pH 的影响有不同的看法,一些研究者发现随 pH 的升高,E_b 值稍有增加,另一些研究者则认为 pH 实际上对 E_b 值没有影响。

介质温度升高,金属的 E_b 显著降低,使孔蚀加速。

介质流动减缓孔蚀的发生。介质的流速增大,一方面有利于溶解氧向金属表面的输送,使钝化膜容易形成;另一方面可以减少沉积物在金属表面沉积的机会,从而减少孔蚀发生的机会。

金属的表面状态对孔蚀也有一定的影响。一般来说,光滑的和清洁的表面上不易发生孔蚀,而沉积有灰尘或各种金属和非金属杂质的表面,则容易引起孔蚀。经冷加工的粗糙表面或加工残留在表面上的焊渣,在这些部位上往往引起孔蚀。

3. 缝隙腐蚀

金属制品多用铆接、焊接、螺栓等方法连接,这样在金属与金属或金属与非金属之间就存在缝隙,并使缝隙内的介质处于滞流状态,从而加剧了缝隙内金属的腐蚀。这种现象称为缝隙腐蚀,如图 1.56 所示。

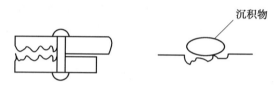

图 1.56　缝隙腐蚀示意图

引起金属腐蚀的缝隙并非是一般用肉眼可以明辨的缝隙,而是指能使缝隙内介质停滞的极小缝隙,缝宽一般为 0.025 ~ 0.1 mm。缝宽大于 0.1 mm 的缝隙,介质难以形成滞流状态,也就不会形成缝隙腐蚀。纸质垫圈或石棉垫圈,它们和法兰盘端面的接触面就会形成这样的极小缝隙,成为发生缝隙腐蚀的理想场所。正因为反应的物质难以向缝隙内补充,腐蚀产物又难以扩散出来,随着腐蚀的不断进行,在组成、浓度、pH 等方面越来越和整体介质产生很大的差异,结果就导致缝内金属表面的加速腐蚀,缝外金属腐蚀较慢。

从正电性的金、银到负电性的铝、钛,从普通的不锈钢到特种不锈钢,几乎所有的金属和合金,都会发生缝隙腐蚀。但它们对腐蚀的敏感性有所不同。具有自钝化特性的金属和合金的敏感性较高,不具有自钝化能力的金属和合金(如碳钢),则敏感性较低。合金的自钝化能力越强,敏感性越高。例如,0Cr18Ni18Mo3 是一种耐蚀性非常优良的合金,具有很强的自钝化能力,但却易发生缝隙腐蚀。

缝隙腐蚀可在中性及酸性介质中发生,在充气的含活性阴离子的中性介质中最易发生。

(1)缝隙腐蚀的特征

金属产生缝隙腐蚀的特征归纳如下:

① 不论是同种金属或异种金属结构的连接还是金属同非金属之间的连接都会引起缝隙腐蚀,尤其依赖钝性而耐蚀的金属材料。

② 几乎所有的腐蚀介质(包括淡水)都能引起金属缝隙腐蚀,介质可以是任何侵蚀性溶液,酸性或中性,而含有氯离子的溶液最易引起缝隙腐蚀。

③ 与小孔腐蚀相比,对同一种合金而言,缝隙腐蚀更易发生。在 $E_b \sim E_p$ 电位范围内,对小孔腐蚀而言,原有的蚀孔可以发展,但不产生新的蚀坑;而缝隙腐蚀在该电位区间,既发生又发展。通常,缝隙腐蚀的电位比小孔腐蚀电位负。

由此可见,它是一种比小孔腐蚀更为普通的局部腐蚀。遭受缝隙腐蚀的金属表面往往呈现不同的蚀坑或深孔,而且缝口常为腐蚀产物覆盖,即形成闭塞电池。

(2) 缝隙腐蚀的机理

关于缝隙腐蚀的机理,过去认为是由于缝隙内外氧的浓度差所引起的。随着电化学测试技术的发展,特别是通过人工模拟缝隙的实验,发现随着腐蚀的进行,缝内介质性质发生很大的变化,形成了闭塞电池。

下面以碳钢在中性海水中发生的缝隙腐蚀为例,说明缝隙腐蚀的机理,其示意图如图 1.57 所示。腐蚀刚开始时,氧去极化腐蚀在缝隙内、外均匀地进行。随着腐蚀的进行,因滞流关系,氧只能以扩散方式向缝内传递,使缝内氧供应不足,氧还原反应很快便终止;而缝外的氧随时可以得到补充,氧还原反应继续进行。缝内、外构成了宏观上的氧浓差电池,缝内为阳极,缝外为阴极,其反应如下:

缝内:$Fe \longrightarrow Fe^{2+} + 2e$

缝外:$\frac{1}{2}O_2 + H_2O \longrightarrow 2OH^-$

由于电池具有大阴极-小阳极的特征,缝隙腐蚀速度较大。

阴、阳极分离,二次腐蚀产物在缝口形成,逐步形成为闭塞电池。闭塞电池的形成标志着腐蚀进入了发展阶段,此时缝内金属阳离子便难以迁出缝外,使缝内 Fe^{2+},Fe^{3+} 产生积累和正电荷过剩,促进了缝外 Cl^- 向缝内迁移。金属氯化物的水解使缝内介质酸化,加速了阳极的溶解。阳极的加速溶解又引起更多的 Cl^- 迁入,氯化物的浓度又增加,氯化物的水解又使介质的酸性增强。这样,便形成一个自催化过程,使缝内金属的溶解加速进行下去。

综上所述,氧浓差电池的形成,对腐蚀的开始起促进作用,但蚀坑的加

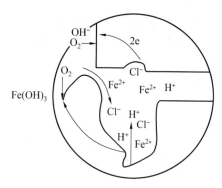

图 1.57 碳钢在中性海水中缝隙腐蚀示意图

深和扩展是从闭塞电池开始的。酸化自催化是造成腐蚀加速进行的根本原因。换言之,只有氧浓差而没有自催化,不至于构成严重的缝隙腐蚀。

对于具有自钝化特性的不锈钢,在含 Cl^- 的中性介质中,其缝隙腐蚀的敏感性比铁、碳钢要高。腐蚀机理与碳钢大同小异。如 1Cr13 不锈钢在含氧的氯化物中性溶液中的缝隙腐蚀分为以下四个阶段。

① 初期,在缝隙内、外不锈钢表面发生如下反应:

$$2Fe + \frac{n}{2}O_2 + nH_2O \longrightarrow 2Fe(OH)_2$$

然后,O_2 扩散进入缝隙的速度越来越慢,而缝隙内的不锈钢表面为了维持其钝态电流,很快耗尽缝内溶液中的 O_2,此时,仍处于钝化状态。

② O_2 耗尽后阴极反应移到缝隙外部,使缝外与缝内不锈钢表面组成闭塞电池。即缝内钢的电位变负,缝内钝化膜开始快速溶解。结果引起缝内 Fe^{2+} 浓度增加,Cl^- 向缝内迁移。

③ 金属氯化物水解,导致 pH 下降,电池的腐蚀电流不断增加。

④ 缝内溶液中酸的自催化形成使缝隙腐蚀加速发展。此时缝内钢处于活性态,缝外金属处于钝态,构成小阳极、大阴极面积比的电偶电池,缝内、外表面电位差高达 0.6 V,该高电位差是缝隙腐蚀发展的推动力,造成缝内钢的严重腐蚀。

(3) 缝隙腐蚀与孔蚀的区别与联系

缝隙腐蚀与孔蚀有很多相似的地方,尤其是在发展阶段上更为相似。于是有人把孔蚀看作一种缝隙腐蚀,其实这两者有根本的区别,下面进行比较:

从腐蚀发生的条件来看,孔蚀起源于金属表面的孔蚀核,缝隙腐蚀起源于金属表面的极小缝隙。前者必须在含有活性阴离子的介质中才会发生,后者即使在不含活性阴离子的介质中也能发生。

从腐蚀过程来看,孔蚀是通过腐蚀逐渐形成闭塞电池,然后才加速腐蚀的。而缝隙腐蚀由于事先已有缝隙,腐蚀一开始就很快形成闭塞电池而加速腐蚀。前者闭塞程度较大,而后者闭塞程度较小。

从发生腐蚀的电位来看,缝隙腐蚀的电位低于孔蚀电位 E_b,缝隙腐蚀较孔蚀容易。

从腐蚀形态来看,孔蚀的蚀孔窄而深,缝隙腐蚀的蚀孔相对宽而浅。

(4)影响缝隙腐蚀的因素

金属或合金的自钝化能力越强,发生缝隙腐蚀的敏感性就越大。

介质中 Cl^- 的浓度越高,发生缝隙腐蚀的可能性越大。当 Cl^- 浓度超过 0.1% (质量分数) 时便有发生缝隙腐蚀的可能。除了 Cl^- 外,Br^- 和 I^- 也能引起缝隙腐蚀。此外,介质溶解氧的浓度大于 0.5×10^{-6} 时也会引起缝隙腐蚀。

温度越高,发生缝隙腐蚀的危险性越大。

1.4.5 金属腐蚀程度的表示方法

金属腐蚀损坏后,其质量、尺寸、力学性能、加工性能、组织结构及电极过程等都会发生变化。金属腐蚀程度的大小,根据腐蚀破坏形式的不同,有着不同的评定方法。在全面腐蚀情况下通常采用质量指标、深度指标和电流指标,并以平均腐蚀速度表示。

1. 金属腐蚀速度的质量表示法

该方法是把金属腐蚀后的质量变化换算成单位金属表面积与单位时间内的质量变化来表示。

所谓质量变化,在失重时,是指腐蚀前的质量与清除了腐蚀产物后的质量之间的差值;在增重时,是指腐蚀后带有腐蚀产物时的质量与腐蚀前的质量之间的差值。可根据腐蚀产物容易除去或完全牢固地附着在试样表面的情况选取失重或增重表示法。计算方法如下:

$$v^- = \frac{(g_0 - g_1)}{St} \tag{1.48}$$

式中,v^- 为失重时的腐蚀速度,$g/(m^2 \cdot h)$;g_0 为试样的初始质量,g;g_1 为试样腐蚀后的质量,g;S 为试样的表面积,m^2;t 为腐蚀的时间,h。

失重法用于全面腐蚀,并能在较好地清除试样表面的腐蚀产物后才可使用。

若腐蚀后的腐蚀产物牢固地附在试样表面或质量增加时,可根据增重

来计算腐蚀速度。计算方法如下:

$$v^+ = \frac{(g_2 - g_0)}{St} \qquad (1.49)$$

式中, v^+ 为增重时的腐蚀速度, $g/(m^2 \cdot h)$; g_0 为试样的初始质量, g; g_2 为试样腐蚀后的质量, g。

2. 金属腐蚀速度的深度表示法

该方法将试样因腐蚀而减小的量, 以腐蚀深度来表示。工程实际中构件腐蚀减薄或腐蚀深度的程度将直接影响该部件的可使用寿命, 因此更具有使用意义。

将失重损失换算为腐蚀深度的公式:

$$v_L = v^- \times 24 \times 365/(1\,000 \times \rho) = v^- \times 8.76/\rho \qquad (1.50)$$

式中, v_L 为以腐蚀深度表示的腐蚀速度, mm/a; ρ 为金属密度, g/cm^3; v^- 为失重时的腐蚀速度, $g/(m^2 \cdot h)$。

腐蚀的深度指标对均匀的电化学腐蚀和化学腐蚀均可采用。为把小数变为整数, 简便计算, 常以每年密尔数表示腐蚀速度(mil/a)。当前工程上实际常用的材料腐蚀速度均在 1 ~ 200 mil/a 变动。密尔单位与公制单位的换算关系是

$$1\ \text{mil/a} = 0.025\ \text{mm/a} = 25\ \mu\text{m/a}$$

根据金属全面腐蚀的材料耐蚀性, 可分为十级标准或三级标准进行评价(见表1.4和表1.5)。

表 1.4　均匀腐蚀的十级标准

腐蚀性评定	腐蚀等级	腐蚀深度 /(mm · a^{-1})
完全耐蚀	1	< 0.001
很耐蚀	2	0.001 ~ 0.005
	3	0.005 ~ 0.01
耐蚀	4	0.01 ~ 0.05
	5	0.05 ~ 0.1
尚耐蚀	6	0.1 ~ 0.5
	7	0.5 ~ 1.0
欠耐蚀	8	1.0 ~ 5.0
	9	5.0 ~ 10.0
不耐蚀	10	> 10.0

表 1.5　均匀腐蚀的三级标准

腐蚀性评定	耐蚀性等级	腐蚀深度 /(mm · a⁻¹)
耐蚀	1	< 0.1
可用	2	0.1 ~ 1.0
不可用	3	> 1.0

从这两个表可以看出,十级标准分得很细,三级标准比较简单。选用时,要根据金属构件的使用要求合理选用。对一些精密部件或不允许尺寸有微小变化的金属构件,可用十级标准中的 2 ~ 3 级为标准。对于高压、易燃、易爆物质的容器等,对均匀腐蚀深度的要求比普通设备要求严格得多,应取很耐蚀的材料。

3. 金属腐蚀速度的电流表示法

该方法是以电化学腐蚀过程的阳极电流密度(A/cm^2)的大小来衡量金属腐蚀速度的程度。1 mol 物质发生电化学反应时所需的电量为 1 个法拉第。假如电流强度为 I,通电时间为 t,则通过的电量为 It,从而可得出金属阳极溶解的质量 ΔW 为

$$\Delta W = AIt/(Fn) \tag{1.51}$$

式中,A 为金属的相对原子质量;n 为价数;F 为法拉第常数(1 F = 96 500 C/mol = 26.8 A·h)。

对全面腐蚀而言,金属表面积可看作是阳极面积 S,从而得出腐蚀电流密度 $i_{corr} = I/S(A/cm^2)$。所以腐蚀速度 v^- 与腐蚀电流密度 i_{corr} 之间存在如下关系:

$$v^- = \frac{\Delta W}{S \cdot t} = Ai_{corr}/(nF) \tag{1.52}$$

若 i_{corr} 的单位取 $\mu A/cm^2$,金属密度 ρ 的单位取 g/cm^3,则

$$v^- = 3.73 \times 10^{-4} \times Ai_{corr}/n \quad (g/(m^2 \cdot h)) \tag{1.53}$$

$$i_{corr} = v^- n \times 26.8 \times 10^{-4}/A \quad (A/cm^2) \tag{1.54}$$

因此,可用腐蚀电流密度 i_{corr} 表示金属的电化学腐蚀速度。可见,腐蚀速度与腐蚀电流密度成正比关系。

同理可得出,腐蚀深度与腐蚀电流密度的关系为

$$v_L = \frac{\Delta W}{\rho St} = Ai_{corr}/(nF\rho) \tag{1.55}$$

若 i_{corr} 的单位取 $\mu A/cm^2$,金属密度 ρ 的单位取 g/cm^3,则

$$v_L = 3.27 \times Ai_{corr}/(n\rho) \tag{1.56}$$

值得指出的是,金属的腐蚀速度一般随时间而变化。因此,在实验时应确定腐蚀速度与时间的关系,尽可能选择测定稳定腐蚀速度的时间。

4. 塔费尔直线外推法测定金属腐蚀的速度

对于活化控制的腐蚀过程,阴极极化和阳极极化的测定给出了 $\eta_{阳} = a + b\lg i_{corr}$,$\eta_{阴} = a' + b'\lg i_{corr}$ 的超电压关系曲线。一般多采用阴极极化曲线,因为它比较稳定,在强极化区外加极化电流密度 i_A 或 i_K 分别与金属阳极溶解电流密度 i_a 和去极剂的还原反应电流密度 i_k 重合。因此,阴、阳极塔费尔直线延长线的交点,即为金属阳极溶解电流密度 i_a 和去极剂的还原反应电流密度 i_k 的交点。在交点处 $i_a = i_k$,外加极化电流密度为零,$E = E_R$,金属处于自然腐蚀状态,此点为金属阳极溶解电流密度,即为金属在自然腐蚀状态时腐蚀电流密度。图 1.58 所示为利用塔费尔直线外推法求腐蚀速度的三种作图法。

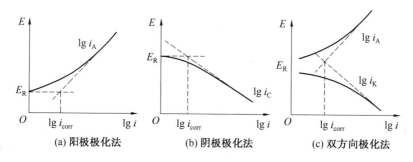

图 1.58 利用塔费尔直线外推法测定 i_{corr}

第2章　马氏体时效不锈钢研究现状

马氏体时效钢是20世纪60年代由国际镍公司(International Nickel Company)开发出来的新型超高强度钢,它是以无碳(或超低碳)铁镍马氏体为基体,时效时能产生金属间化合物沉淀硬化的超高强度钢。与其他相同强度级别的超高强度钢不同,它不用碳而靠金属间化合物的弥散析出来强化。这使其具有一些独特的性能:高强韧性,低硬化指数,良好成形性,简单的热处理工艺,时效时几乎不变形,以及很好的焊接性能,是超高强度钢最具有发展前途的钢种,因此广泛应用于航空航天以及军事等尖端领域。

马氏体时效不锈钢是在马氏体时效钢基础上发展起来的超高强度不锈钢。它具有马氏体时效钢的全部优点,并兼有一定的耐蚀性能,成为正在发展中的新一代高强度不锈钢。

2.1　马氏体时效钢的发展

20世纪50年代末美国国际镍公司(INCO)的 Bieber 发现把不含 C 的 Fe-25%Ni-1.5%Ti-0.3%Al-0.4%Nb 钢在奥氏体状态下时效,然后冷却到室温以下可以发生马氏体转变,接着将马氏体进行时效,发现其强度得到进一步提高。后来把 Ni 含量降低到20%(质量分数),发现即使不对奥氏体进行时效也能发生马氏体转变,而且韧性得到改善。马氏体时效钢的开发从此开始。

25Ni 和 20Ni 马氏体时效钢是第一代马氏体时效钢。这类钢是在由 Fe-Ni 组成的富有韧性的马氏体基体中加入1.5%(质量分数)Ti 和少量的 Al,Nb,使其在时效时析出 Ni_3Ti 或 Ni_3Nb,从而达到强化的目的。25Ni 马氏体时效钢因 Ni 含量较高,M_s 点很低,所以进行通常的固溶处理并不能完全转变成马氏体。因此,采用奥氏体时效,即在700 ℃进行预时效,析出少量的 Ni_3Ti 或 Ni_3Nb,使基体中的 Ni 含量降低,M_s 点上升;然后进行冷却时大部分转变为马氏体;如果进一步冷却到-77 ℃便能完全转变为马氏体。促进马氏体转变的另一个方法是,施加25%以上的冷变形,使 $M_s \sim M_f$ 范围提高,然后冷却到-77 ℃便可全部转变为马氏体。25Ni 和 20Ni 马氏体时效钢在时效后强度可达 1 720 MPa,但由于在晶界上有含 Ti 的化合物析出,韧性较差,所以并没有得到进一步的发展。

具有工业应用价值的马氏体时效钢,仍然是由国际镍公司首先开发出来的。1961~1962 年,该公司 Decker 等人发现,在 Fe-Ni 马氏体合金中同时加入 Co,Mo 可使马氏体时效硬化效果大大提高,并通过调整 Co,Mo,Ti 含量得到屈服强度分别达到 1 400 MPa,1 700 MPa,1 900 MPa 的 18Ni(200),18Ni(250)和 18Ni(300)的 18Ni 系马氏体时效钢,该类马氏体时效钢是以含镍量和其后括号内的名义屈服强度(单位为千镑/英寸^2,ksi)来命名。由于 18Ni 系马氏体时效钢在超高强度水平下仍具有较高的韧性,因而很快在火箭发动机壳体和飞机起落架上获得应用。这类钢种的出现,立即引起了各国材料工作者的高度重视。20 世纪 60 年代后期是马氏体时效钢研究和开发的黄金时代。这期间,国际镍公司和钨钒高速工具钢公司又研制出了屈服强度达到 2 400 MPa 的 18Ni(350)。研究工作者还对马氏体时效钢的加工工艺、各种性能和强韧性机理进行了大量研究工作,同时探索了屈服强度高达 2 800 MPa 和 3 500 MPa 的所谓 400 级和 500 级马氏体时效钢。不过这两个级别的钢种由于韧性太低,而且生产工艺过于复杂,没有得到实际应用。

马氏体时效钢自发明以来,由于其高强高韧性能和特殊用途,各国相继对其进行了大力研制和开发。尤其是苏联和美国成为马氏体时效钢的主要研制和生产国。到了 20 世纪 70 年代,日本因开发浓缩铀离心机,对马氏体时效钢进行了系统、深入的研究,成为第三大研究国家。

进入 20 世纪 80 年代以后,作为战略元素 Co 的资源短缺、Co 价不断上涨,促使各国材料工作者研制无钴马氏体时效钢来代替马氏体时效钢。同样,无钴马氏体时效钢的研制也始于美国,国际镍公司与钨钒高速工具钢公司合作,开发了 T-250 无钴马氏体时效钢(前缀 T 表示 Ti 强化钢)。与 18Ni 马氏体时效钢相比较,其成分特点是完全去掉了 Co,降低了 Mo 的含量,增加了 Ti 的含量。在 T-250 基础上通过调整 Ti 含量,又开发了 T-200 和 T-300 无钴马氏体时效钢,其性能相当于相应级别的含钴 18Ni 马氏体时效钢。同样,日本也开发了无钴含铬马氏体时效钢,不仅去掉了钴,镍含量也降低到 14%(质量分数)。与此同时,韩国、印度也分别开发了无钴无钼而含钨、低镍无钴马氏体时效钢。这些钢不仅使生产成本降低了 20%~30%,而且性能也十分接近相应强度水平的含钴马氏体时效钢。

我国从 20 世纪 70 年代开始研制马氏体时效钢。最初以仿制 18Ni 系马氏体时效钢为主,到 70 年代中期又开始研究强度级别更高的钢种和无钴或少镍钴马氏体时效钢,开发出用于高速旋转体的超高纯、高强高韧的马氏体时效钢(CM-1),研制出高弹性马氏体时效钢(TM210)等。

为便于比较,表2.1~2.3分别给出了一些典型马氏体时效钢和无钴马氏体时效钢的化学成分和力学性能。

表2.1　典型马氏体时效钢的化学成分与力学性能

钢种	化学成分(质量分数)/%					力学性能				
	Ni	Co	Mo	Ti	Al	σ_b /MPa	$\sigma_{0.2}$ /MPa	δ /%	ψ /%	K_{IC} /(MPa·m$^{1/2}$)
20Ni	20	–	0.4Nb	1.7	0.2	1 750	1 700	11~12	45~47	
25Ni	25	–	0.4Nb	1.6	0.2	1 800	1 750	12~13	53~58	
18Ni(200)	18	8.5	3.3	0.2	0.1	1 500	1 400	10	60	155~200
18Ni(250)	18	8.5	5	0.4	0.1	1 800	1 700	8	55	120
18Ni(300)	18	9	5	0.7	0.1	2 050	2 000	7	40	80
18Ni(350)	18	12.5	4.2	1.6	0.1	2 450	2 400	6	25	35~50

表2.2　典型无钴马氏体时效钢的化学成分(质量分数,%)

国家	钢种	Ni	Mo	Ti	Al	Cr	其他
美国	T-250	18.5	3.0	1.4	0.1	—	—
美国	T-300	18.5	4.0	1.85	0.1	—	—
韩国	W-250	19	—	1.2	0.1	—	4.5 W
日本	14Ni-3Cr-3Mo-1.5Ti	14.31	3.24	1.52	—	2.88	—
印度	12Ni-3.2Cr-5.1Mo-1Ti	12.0	5.1	1.0	0.1	3.2	—
中国	Fe-18Ni-4Mo-1.7Ti	18	4	1.7			

表2.3　典型无钴马氏体时效钢的力学性能

钢种	σ_b/MPa	σ_s/MPa	δ/%	ψ/%	K_{IC}/(MPa·m$^{1/2}$)
T-250	1 817	1 775	10.5	56.1	106
T-300	2 100	2 050	10	54	76
W-250	1 800	1 780	9	45	—
14Ni-3Cr-3Mo-1.5Ti	1 820	1 750	13.5	65.0	130
12Ni-3.2Cr-5.1Mo-1Ti	1 700	1 660	10		102
Fe-18Ni-4Mo-1.7Ti	2 000		9		70

2.2　马氏体时效不锈钢的化学成分与力学性能

2.2.1　国外马氏体时效不锈钢的化学成分与力学性能

20世纪60年代初,国际镍公司开发了马氏体时效钢后,为发展高强度马氏体不锈钢引入了马氏体时效强化这一新概念,促进了马氏体时效不锈钢的发展。1961 年,美国 Carpenter Technology 公司研制了第一个含 Co 的 Pyromet X-12 马氏体时效不锈钢,后又研制了不含 Co 的 Custom450 和 Custom455;1967 和 1973 年先后研制了 Pyromet X-15,Pyromet X-2,此间美国一些公司先后研制了 AM363,Almar362,In736,PH13-8Mo,Unimar CR 等。Martin 等人分别于 1997 年和 2003 年获得了 Custom465 和 Custom475 的发明专利,其中 Custom465 钢主要应用于导弹壳体等关键设备的主承力耐蚀(或中温)部件的首选材料。法国有高强度不锈钢标准(7 个钢号),此外还研究了 Cr12Ni7Mo2TiAl,0Cr14Ni4Cu3Mo,0Cr14Ni4Cu3 等钢号。英国研发的钢种有 FV448,520,520(B),520(S),535,566,D70 以及 S/SAV,S/SJ2,12Cr-8Ni-Be 等。德国于 1967 和 1971 年研制了 Ultrafort401 和 Ultrafort402等钢种。苏联除仿制、改进美国钢号外,还独立研制了一系列新钢号,常见的钢有 0X15H8Ю,0X17H5M3,1X15H4AM3,07X16H6 等以及大量含钴钢号,如 00X12K14H5M5T, 00X14K14H4M3T 等。瑞士 Sandvik公司在 20 世纪 90 年代初研发了 12Cr-9Ni-4Mo-2Cu 的 1RK91 马氏体时效不锈钢,由于该钢具有高强度、高韧性、良好的耐腐蚀和抗过时效性,已在电动剃须刀网孔刀片和外科医疗器械领域成功应用。2002 年,美国 QuesTek 新技术有限责任公司承担美国国防部战略环境研究与发展计划(SERDP)污染防止项目,该项目要求设计新型飞机起落架材料,来代替现服役的 Aermet100 钢,QuesTek 公司运用计算机技术设计一种新型马氏体时效不锈钢 FerriumS53,经历了 4 年多的时间于 2006 年底研制成功,FerriumS53强度约为1 980 MPa,K_{IC} 达到 80 MPa·m$^{1/2}$ 以上。

Almar362 为较经济钢种,屈服强度可达 1 300 MPa。在制造压力容器时为保证安全,只应用到 1 000 MPa 水平。由于碳含量以及其他有害元素的含量保持在极低的水平,因而具有较高的韧性和塑性。

Pyromet X-15 是为了提高马氏体时效不锈钢的耐蚀性和避免 540 ℃强度的迅速下降而设计的钢种。时效态在 580 ℃时有较高的强度和缺口韧性,接近 600 ℃时仍保持马氏体结构。从室温到 540 ℃伸长率保持不变,温度高于 600 ℃则强度开始下降而同时伸长率增加。

Custom455 的特点是屈服强度达到 1 620 MPa 时,仍具有很高的断裂韧性和塑性。此外它还具有优良的高温性能,在 420 ℃屈服强度仍可达 1 230 MPa。在 650 ℃时具有优良的抗氧化能力,耐蚀性优于 1Cr13 而与 1Cr17 相当。该钢用于航空部件、弹簧、保持环、冷冻生产设备等。

PH13-8Mo 是一种具有高强度、高硬度以及优良的抗腐蚀性能的马氏体时效不锈钢,使所有沉淀硬化不锈钢中强韧性配合最好的,可用于航天、核反应堆以及石油化工等行业;由于 PH13-8Mo 是高级宇航优质材料,主要用于制造第四代飞机、舰载飞机中温耐蚀的重要承力构件,以及制作航天、航空飞机、火箭发动机框架、发射结构架,并在现有飞机机种 A380 客机上使用。

Unimar CR-1 是以铝、钛复合强化的钢种,主要用于火箭发动机壳体材料,也可用来制造模具。

MA-164 是在低碳 12%(质量分数)铬不锈钢的基础上添加适量镍、钴、铝而发展起来的钢种,抗拉强度可达 1 760 MPa,且仍然保持有足够的韧性。

Ultrafort401,Ultrafort402,Ultrafort403 与一般马氏体时效钢相比,具有优良的耐蚀性,在较高强度下有良好的断裂韧性。该钢可用气体保护焊焊接,在 400 ℃ 可长时间使用。

In736 由 00Ni12Cr5Mo3 钢发展而来,屈服强度为 1 050~1 365 MPa 时具有较高的韧性,耐大气及海洋性大气腐蚀性能介于 1Cr13 及 1Cr17 不锈钢之间。这一牌号具有优良的焊接性,焊接效率大于 90% 并同时具有良好的韧性,并且有较高的抗海水应力腐蚀裂纹的能力,对氢脆不敏感。

近年来国外开发的 HSL180 钢是 Cr-Mo-Co-Fe 系的马氏体不锈钢,其含有较高的 Co 和添加 Mo 试图得到高强度和高韧性,与 4340 钢等低合金钢具有相同的抗拉强度(大约为 1 800 MPa),HSL180 已被列为 AMS5933 标准。

为便于比较,表 2.4~表 2.6 分别给出了到目前为止国外所发展的典型马氏体时效不锈钢的化学成分和力学性能。

表 2.4　国外各种无钴马氏体时效不锈钢的主要化学成分(质量分数,%)

钢种	C	Cr	Ni	Mo	Ti	Al	Cu	其他
PH13-8Mo	0.03	12.8	8.2	2.2		1.1		0.005N
SUS630	0.02	16	3.9				3.8	0.8Si,0.2Nb
A steel	0.01	10.2	9.2	3.0	0.7			1.5Si
NSSHT1770M	0.04	13.8	7.0	0.8	0.3		0.7	1.5Si
Custom450	0.035	14.9	6.5	0.8			1.5	0.75Nb
Custom455	0.03	11.7	8.5		1.2		2.2	0.30Nb
Almar362	0.03	14.5	6.5		0.80			
AM363	0.05	11.5	4.5		0.40			
In736		10.3	9.50	2.0	0.25	0.30		
Unimar CR-1		11.7	10.5		0.40	1.20		

续表 2.4

钢种	C	Cr	Ni	Mo	Ti	Al	Cu	其他
Unimar CR-2		11.5	10.2		0.70	0.70		
DSPIH		13.0	7.00		1.00	0.80		
VSSW		12.0	5.00		0.40	0.08		
1RK91		12	9	4	0.9	0.3	2	<0.05(C+N)
11Cr10Ni2WTiAl		11	10		0.3	0.4		2W
11Cr9Ni2MoTi	0.015	11	9	2	1.2			<0.005B

表 2.5　国外典型含钴马氏体时效不锈钢的主要化学成分(质量分数,%)

钢种	C	Cr	Ni	Co	Mo	Ti	其他
Pyroment X-15	<0.030	15.00		20.0	2.90		
Pyroment X-23	<0.030	10.00	7.00	10.0	5.50		
Ultrofort 401	<0.020	12.00	8.20	5.30	2.00	0.8	B,Zr
Ultrofort 402	<0.020	12.50	7.60	5.40	4.20	0.5	0.05Al
Ultrofort 403	<0.020	11.00	7.70	9.00	4.50	0.4	0.15Al
MNBI	<0.030	12.50	5.50	6.80	3.00		
MA-164	0.02	12.5	4.5	12.5	5.0		
AM367	0.025	14	3.5	15.5	2	0.4	

表 2.6　典型马氏体时效不锈钢的力学性能

钢　种	拉伸强度 /MPa	延伸率 /%	硬度	断面收缩率 /%
SUS630	1 430	12	HV450	
Croloy 16-6PH	1 310	15	HV412	
12-6PHX	1 310	13		
17-4PH	1 310	14	HRC42	54
15-5PH	1 310	14	HRC42	60
PH13-8Mo	1 550	12	HRC47	50
Custom450	1 350	14	HRC42	60
Custom455	1 645	10	HRC49	45
Pyromet X-15	1 550	17	HV484	
NSSHT1700M	1 790	5	HV530	
A steel	1 980	1	HV587	
AM-363	840	10		
Almar362	1 330	13		
IN-736	1 260	16		
Unimar CR-1	1 570	16		
Custom455	1 680	10		
Ultrofort401	1 700	11		
MA-164	1 830	14.7		
00Cr12Ni9Cu2TiNb	2 050	2.2	HV558	
12Cr5Ni2MnMoCu	1 640	4.5		46.8

2.2.2　国内马氏体时效不锈钢的化学成分与力学性能

我国在 20 世纪 70 年代也曾开展了一些马氏体时效不锈钢的研究工作,最初以仿制为主,例如,研制了 00Cr13Ni8Mo2NbTi,此钢已用于火箭挂架的弹射筒。至 20 世纪末,我国研制出了强度级别为 1 200 MPa,1 400 MPa,1 600 MPa 的马氏体时效不锈钢,基本上形成系列,已有十多个马氏体时效不锈钢获得广泛应用。

高温瞬时弹簧用高强度马氏体时效不锈钢 00Cr13Ni8Mo2NbAl,是为了改进 Custom455 钢的耐蚀性及不易酸洗而研制的钢种,其抗拉强度为 1 500 ~ 1 700 MPa,多元微合金化是该钢的特点,该钢具有良好的高温性、耐蚀性和抗氧化性,最高使用温度为 450 ℃,瞬时使用温度为 800 ℃,并耐燃气腐蚀。该钢同美国名牌钢号 Custom455 相似,已大量用于飞机、海洋、核能开发用高温耐蚀承力结构件。

钢带式玻璃钢连续缠管机用高强度不锈钢钢带 00Cr11Ni10Mo2Ti,克服了原机用传送钢带焊接性差,用铆接因不能承受反复弯曲负荷作用而很快断裂,300 ℃下工作容易产生永久变形而失效的缺点,其综合性能达到工程设计要求。

电影胶片生产挤压嘴用高强度不锈钢 00Cr15Ni5Mo3Al,挤压嘴要求抗拉强度高于 1 350 MPa,且能耐乳剂腐蚀,热处理工艺简单,要求部件尺寸稳定性高以及机加工性良好。研制出的 00Cr15Ni5Mo3Al 钢延长了使用寿命,简化了维修周期和工作量,已经大量使用。

2002 年,大连钢铁集团成功研发一种高弹性、高强度马氏体时效不锈钢带,该项新产品具高强度、高韧性、高弹性三高性能,且耐蚀性绝佳,能承受高温高压气体的冲击,替代含钴的高弹性、高强度马氏体时效不锈钢带,且使成本大幅降低,投放市场后备受好评,市场前景看好。

2003 年,东北特钢研制成功新型时效马氏体不锈钢 CrNiMoTi,时效后抗拉强度能够达到 1 800 MPa 以上,维氏硬度达 540 以上,可以同时满足军工及民用部件既要求强度又要求加工性能与耐蚀性能的要求。新型马氏体时效不锈钢 CrNiMoTi 是科研人员在美国卡彭特公司生产的 Custom465 的基础上,经过反复研究实验,在调整有关成分后研制成功的。产品各项性能指标均达到和超过了 Custom465 的指标,获得了满意的成品性能。该产品的主要特点是:冷轧态的强度较低,抗拉强度只有 1 000 MPa 左右,具有良好的机械加工性;时效后抗拉强度高达 1 800 MPa 以上,维氏硬度达到 540 以上,延伸率还能达到 10% 左右;耐应力腐蚀,通用腐蚀性能都好于 Cr13Ni8Mo 马氏体时效不锈钢。

近几年,钢铁研究总院和东北特殊钢公司采用 3 t 真空感应炉和真空自耗炉冶炼获得一种新型的 $\Phi 200$ mm(棒材)、$R_{\mathrm{m}} \geqslant 1\ 900$ MPa、K_{IC} 达到 141 MPa·$\mathrm{m}^{1/2}$ 的耐海洋环境腐蚀的马氏体时效不锈钢。该钢是我国自主研制的具有国际先进水平的高韧性超高强度不锈钢,其在航空航天技术、海洋技术、先进能源技术等方面也有潜在的用途。与此同时,还开发了 $RP_{0.2} \geqslant 1\ 200$ MPa 的耐海水腐蚀马氏体时效不锈钢,该钢具有良好的耐海水环境腐蚀性及良好的工艺性能等。

"十一五"期间国家大力支持发展高性能、高品质的超高强度不锈钢,进一步推动了该钢种的发展。例如,高强不锈钢结构功能一体化材料高强度导磁不锈钢的开发,大规格锻件 $\Phi 400$ mm 超高强度不锈钢的研制等,都显示出该钢种的发展在许多方面有了更广泛的用途。

"十二五"期间,国内众多高校及科研院所对马氏体时效不锈钢进行了深入研究,如利用重复固溶处理、循环相变、形变诱发马氏体相变等方法提高马氏体时效不锈钢的强韧性;利用离子渗氮、表面喷丸提高马氏体时效不锈钢的表面硬度;研究马氏体时效不锈钢耐海水腐蚀性能、抗应力腐蚀性能、疲劳损伤机理以及焊接和氧化行为等。

目前,马氏体时效不锈钢的生产采用了精料、超高洁净度、超高均匀化以及全流程的细组织控制等先进的生产工艺技术,使得钢的性能有了较大的提高,并以很高强度、韧性、不锈耐蚀性和经济可行的加工制造性能的完美配合而迅速成为高科技领域关键设备的承力耐蚀(或高温)部件的首选材料。表 2.7 给出了国内各种马氏体时效不锈钢的主要化学成分。

表 2.7 国内各种马氏体时效不锈钢的主要化学成分(质量分数,%)

钢种	C	Cr	Ni	Nb	Mo	Si	Mn	其他
00Cr14Ni6Mo2AlNb	<0.03	14	6	0.4~0.7	2	≤0.5	≤0.5	(0.1~0.4)Al
00Cr15Ni6Nb	<0.03	15	6	0.5~0.8		≤0.5	≤0.5	
10Cr-7Ni-10Co-5.5Mo	0.004	10.0	7.0		5.5			10Co
12Cr-8Ni-Be	<0.03	11.7	8.0					0.18 Be
00Cr12Ni9Cu2TiNb	<0.03	12	9	0.2~0.3				2Cu,微量 Re
12Cr5Ni2MnMoCu	<0.03	12	5					2Mn
13Cr-25Co-5Mo	<0.03	13			5			25Co

2.3 马氏体时效不锈钢的合金化特点

马氏体时效不锈钢中的合金化元素主要有三类,一类是与抗腐蚀性能有关的元素,如 Cr;一类是形成沉淀硬化相的强化元素,如 Mo,Cu,Ti 等;一类是平衡组织以保证钢中不出现或控制 δ-铁素体元素,如 Ni,Mn,Co 等。值得一提的是近些年来对该钢种合金设计时常加入少量的 V,B,Nb 等元素,它们起到了细化晶粒尺寸、净化晶界的作用。主要合金元素的作用如下:

(1)铬(Cr)

铬(Cr)是不锈钢的主要合金元素,对耐蚀性起决定作用。在氧化性介质中,Cr 能使钢表面生成 Cr_2O_3 稳定而致密的保护膜,以此产生钝化效应,防止钢进一步腐蚀。其耐蚀性按照 $n/8$ 规律做跃进式的突变,随着 Cr 含量的增加,不锈钢在氧化性介质中耐腐蚀能力相应增加。Cr 能有效地提高钢的点蚀电位值,降低钢对点蚀的敏感性。因此,Cr 是马氏体时效不锈钢中不可缺少的合金元素。当 Cr 与 Mo 配合使用时,抗点蚀效果更好。Cr 是强铁素体形成元素和缩小奥氏体区元素,对于马氏体时效不锈钢来说,Cr 含量一般为 10.5% ~18%(质量分数)。如果 Cr 含量过高,则固溶处理后将得不到全马氏体组织(含有部分铁素体组织),而铁素体的存在则会影响钢的热塑性,降低钢的强度并恶化钢的横向韧性和钢的耐蚀性。另一方面,Cr 是降低 M_s 点元素,因此,Cr 含量一般控制在 10.5% ~12.5%(质量分数)。

(2)镍(Ni)

镍(Ni)也是马氏体时效不锈钢中不可缺少的元素。它可以提高不锈钢的电位和钝化倾向,还可以改善马氏体不锈钢的耐气蚀和耐土壤腐蚀性。Ni 可以提高钢的塑性和韧性,特别是超低温下的韧性,这与它降低位错与间隙原子的交互作用能量的性质有关,Ni 还会形成强化作用的金属间相,特别是形成 $η-Ni_3Ti$、$β-NiAl$ 相。Ni 是奥氏体相形成元素,扩大奥氏体稳定区,Ni 对 Fe-Cr 合金奥氏体相区的影响如图 2.1 所示。随钢中 Ni 含量的提高,奥氏体相区向高 Cr 方向移动,即钢中的 Cr 可以提高而不至于形成单一的铁素体组织。为保证在 815 ~1 100 ℃的奥氏体结构在冷却到室温后完全转变为马氏体结构,在马氏体时效不锈钢中 Ni 含量应在 4% ~20%(质量分数),但 Ni 同样会降低 M_s 点,并且比 Cr 的作用还要强烈。如 Ni 含量过多,M_s 点降低,使钢丧失淬火能力,冷却时会导致残余奥氏体的形成,从而得不到全马氏体组织,使时效后的强度降低。因此,马氏体时效不锈钢中的 Ni 含量一般控制在 5.6% ~10%(质量分数),最高达 12%(质量分数)。Ni 一方面固溶于基体中,使基体有良好的韧性,另一方面形成金属间化合物而强化。Ni 和 Cr 的含量要保持在恰当的范围内,以获得最佳的强度和韧性的配合。一般来说,Ni 和 Cr 的总量不能少于 17%(质量分数),以确保韧性,但为了保证强度也不能大于 21%(质量分数)。

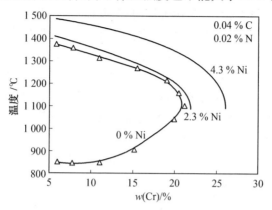

图 2.1　Ni 对 Fe-Cr 系相图奥氏体相区的影响

(3)钴(Co)

在马氏体时效不锈钢中,钴(Co)虽固溶于基体中但并不形成金属间化合物,而与钼产生协作效应(synergistic effect)。Co 对基体的强化作用主要是降低基体的堆垛层错能,其作用在于减少钼在马氏体中的固溶度,从而促进含钼金属间化合物(如 Ni_3Mo,Fe_2Mo)的析出,从而间接影响强化;另外,Co 可以抑制马氏体中位错亚结构的回复,为随后的析出相形成提供出更多的形核位置,因而使析出相粒子更为细小而又分布均匀,减少析出相粒子间距。Co 会大大降低 δ-铁素体和 χ 相在组织中存在的可能性,Co 可以提高 C 的活度,促进碳化物的析出;Co 是合金中唯一能提高 M_s 温度或者对 M_s 点降低较小的元素,Co 可以有效地调控 M_s 温度,但是当 Co 含量太高会促进孪晶的形成,这对钢的韧性不利。对于 Cr 含量为 12%(质量分数)马氏体钢的研究结果表明,Co 增加了马氏体本身的硬度,主要是固溶强化的效果。

(4)钼(Mo)

在马氏体时效不锈钢中对强度、韧性和耐蚀性都有利的合金元素是钼(Mo)。时效初期析出的富钼析出物,在强化的同时保持钢的韧性中起重要作用。马氏体时效钢中合金元素 Mo 的存在,也可以阻止析出相沿原奥氏体晶界析出,从而避免了沿晶断裂,提高了断裂韧性。钼能增加回火稳定性和二次硬化效应,提高钢的强度及裂纹抗力。Mo 改善回火稳定性的机理是钼的加入形成了细小的密排立方 M_2X 相,增加了二次硬化效应。2%(质量分数)左右的钼可使钢在不同固溶处理条件下经冷处理均保持

101

较高的硬度,但钼增加到一定值(质量分数大于5%)后,δ-铁素体的量增加,硬度开始下降。Mo 含量相对于 Fe 而言,是一种表面活性元素,将 Ti 或 Cu 从界面区域置换出来,因此降低了过剩相在晶界析出的可能性。在某些还原性介质中,钼能促进 Cr 的钝化作用。故钼能提高铬镍不锈钢在硫酸、盐酸、磷酸及有机酸中的耐蚀性,并有效地抑止氯离子的点蚀倾向,提高钢的抗晶间腐蚀能力。钼能提高不锈钢耐海水腐蚀性能,有资料表明,当不锈钢中的 Mo 的质量分数小于等于2.5%时,即使 Cr 的质量分数大于25%,不锈钢在海水中的耐蚀性也不再提高。但过量添加 Mo 同过量添加镍一样,也会生成残留奥氏体,在马氏体时效不锈钢中 Mo 质量分数应控制在5%以下。

(5)铜(Cu)

铜(Cu)是一种较弱的奥氏体形成元素,其能力远低于镍,约是 Ni 的30%,加入少量的 Cu 不致引起不锈钢组织发生明显的变化。在腐蚀介质中,含铜钢在氧化层下形成 Cu 的富集层,它能阻止氧化铁继续向金属内部深入,故在马氏体时效不锈钢加入 Cu,能提高钢在盐酸和硫酸中的耐蚀性,加 Cu 也能提高钢的耐应力腐蚀和耐海水腐蚀性能力。但过多的 Cu 含量会引起热加工时的铜脆。Cu 在马氏体时效不锈钢中,以富铜 ε 相使钢强化,并且 Cu 能起到固溶强化的作用。

(6)铝(Al)

铝(Al)是铁素体形成元素,促进铁素体形成能力为 Cr 的 2.5~3 倍。Al 在马氏体时效不锈钢中的主要作用是时效强化作用。同时,加 Al 能在钢表面形成一层致密的氧化膜 Al_2O_3,提高不锈钢抗氧化能力。但 Al 通常是作为脱氧剂加入到钢中的,以束缚残余的氮和氧。

(7)钛(Ti)

钛(Ti)在马氏体时效不锈钢中常常使用,是最有效的强化合金元素。Ti 加入 Ni 含量超过 3%(质量分数)的钢中,时效时形成金属间相 η-Ni_3Ti,具有显著的时效强化作用。Ti 的质量分数小于0.4%时在某种程度上可以提高马氏体转变温度,钛的含量过高将导致钢的裂纹敏感性增加,提高钢的脆性破断倾向。增加钛含量,可降低不锈钢一般耐蚀性。

(8)锰(Mn)

在传统的马氏体时效不锈钢中,锰(Mn)一直是作为杂质元素而存在的,其含量受到了严格的控制(质量分数小于等于0.1%)。不过,由于在 Fe-Mn 系合金中,可以在较宽的冷却速度范围内形成板条或块状马氏体组织,所以 Fe-Mn 合金也为时效强化提供了良好的基础。Mn 是扩大 γ 区的元素,在钢中 Mn 的稳定奥氏体组织的能力仅次于 Ni,是强烈提高钢的淬透性元素。因此,在马氏体时效不锈钢中,Mn 可以部分取代 Ni。但 Mn 的加入会稍微降低 Cr 量较低的不锈钢的耐蚀性能。当钢中含 Cr 量足够高时(Cr 的质量分数为 17%),Mn 对钢的耐蚀性并无有害影响。

（9）硅(Si)

硅(Si)是强烈的强化铁素体元素。Si 对提高铁基、镍基耐蚀合金在强氧化介质中的耐蚀性有明显作用。在高温下或在强氧化性介质中(如发烟硝酸),钢中加一定量的 Si,可在表面形成一层富硅的表面层 SiO_2,从而使钢的抗氧化性或抗腐蚀能力大大提高。加 Si 对耐硫酸腐蚀也有一定作用。加 Si 还可以抑制不锈钢在 Cl^- 介质中的点腐蚀倾向。但当含 Si 量高达 4%(质量分数)时,钢的脆性显著升高,而使工业使用发生困难。

（10）稀土元素

将稀土元素加入不锈钢中,能提高马氏体时效不锈钢的抗腐蚀性能。但关于稀土元素对马氏体时效不锈钢的耐蚀性能的影响方面,所进行的研究还比较少,需要进一步研究。

上述合金元素对钢的作用不是简单的叠加,也不是相互抵消的。它们相互之间有时会发生新的物理化学作用,往往会引起强化力学性能的作用。各种合金元素对马氏体时效不锈钢组织结构和性能的影响见表 2.8。

表 2.8　各种合金元素对马氏体时效不锈钢组织结构和性能的影响

合金元素	对组织结构的影响		对性能的影响					
	形成铁素体	形成奥氏体	防止晶间腐蚀	增加耐腐蚀性	提高抗氧化性	提高高温强度	增强时效硬化	细化晶粒
铝(Al)	□				□		□	
铬(Cr)	○	○		□	□			
钴(Co)							□	
铌(Nb)	○		□			□		○
铜(Cu)				□			○	
钼(Mo)	○			□		□		
镍(Ni)		○			○			
硅(Si)	○			○	□		○	
钛(Ti)	□		□		○	○		□
钨(W)	△			○		□		□

注:□——强作用;○——中等作用;△——弱作用

2.4 马氏体时效不锈钢的组织结构

马氏体时效不锈钢的组织结构中,使用状态均为马氏体基体,同时还有残余奥氏体(包括逆转变奥氏体)、金属间化合物,现分述如下。

2.4.1 马氏体

在正常的化学成分和适宜热处理条件下,为了获得良好性能,马氏体时效不锈钢中的基体应为板条状马氏体。板条状马氏体结构是在一个奥氏体晶粒内,由几个捆组成。每个捆又由互相平行的板条束所组成。各束之间以大倾角晶界相隔,在一个束内由平行排列的板条构成。这些相邻的板条基本上位向相同,而且相互之间是小倾角晶界接触,板条宽度为 $0.025 \sim 2.25 \ \mu m$。晶粒度对板条宽度和分布没有影响,而捆的大小则随着晶粒度增大有变大倾向。用透射电子显微镜观察,其亚结构主要是由高密度位错所组成,位错密度为 $(0.3 \sim 0.9) \times 10^{12} \ cm/cm^3$。研究表明,板条状马氏体的形成与很多因素有关,至今尚未取得一致见解。马氏体可以变温或等温形成;马氏体是体心结构,而且逆转变为奥氏体时有很大的温度滞后,因而在较高温度可以发生马氏体基的沉淀;马氏体的硬度为 25 HRC 左右,具有很好的塑性和韧性。

2.4.2 金属间化合物

马氏体时效不锈钢在马氏体基体上析出细小、弥散的金属间化合物是使这类钢获得高性能的关键。多年来材料工作者对马氏体时效不锈钢的时效组织进行了较多的研究,但是由于马氏体时效不锈钢在时效过程中析出的金属间化合物非常细小致密,且其种类随着钢种化学成分的变化而改变,迄今为止,有关马氏体时效不锈钢的时效析出相和种类还存在较大争议。

许多研究表明,对于含 Co,Mo 的马氏体时效不锈钢,由于碳含量很低,故碳化物很少,在马氏体基体上主要有 χ 相、Laves 相、Fe_2Mo、Ni_3Ti 等金属间化合物析出。在含 Cr 马氏体时效钢还观察到 ω -相和 $Ti_6Si_7Ni_{16}$ 硅化物。在 1RK91 马氏体时效不锈钢中 550 ℃时效产生 R 相和 Laves 相。在随后的 475 ℃时效后至少部分地转变成 R′相。Ni_3Mo 和 Ni_3Ti 均呈细长的棒状,而 Fe_2Mo 和 NiBe 则为球形。表 2.9 给出了马氏体时效不锈钢的一些时效析出相。

表2.9　马氏体时效不锈钢的一些时效析出相

钢种	时效温度/℃	析出相
17-4PH	480~600	ε-相
PH13-8Mo	450~500	NiTi,NiAl
AM367	427~510	X-相,Laves-相,
Ultrafort401	500~550	χ-相,Fe_2Mo,Ni_3Ti
1RK91	475~550	$Ni_3(Ti, Al)$,R-相,Laves-相,
0Cr12Ni5Mn2MoAlTi	480	NiTi,$Ni_3(Al, Ti)$
00Cr12Ni9Cu2TiNbBe	450~480	NiTi,NiBe
00Cr12Ni5Mo5Co5Ti0.5	500~700	χ-相,Ni_3Ti,R-相
00Cr12Co12Mo5Ni4.5~6.0	500~525	R-相,σ-相
03Kh11N10M2T	500~550	Ni_3Ti
03Kh11N10T	600~650	Ni_3Ti,Fe_2Ti

2.4.3　残余奥氏体

为了使马氏体时效不锈钢具有优良的性能,希望钢的基体为马氏体组织,钢中残余奥氏体尽量少,这就需要严格控制钢的马氏体转变温度 M_s 和适宜的合金元素配比。对于马氏体时效不锈钢而言,利用式(2.1)可计算出马氏体相变温度,精确度为±40 ℃,利用图2.2来测定 M_s 温度,其精确度为±20 ℃。但是,就提高马氏体时效不锈钢的韧性而言,有少量残余奥氏体(包括逆转奥氏体)是有益的。

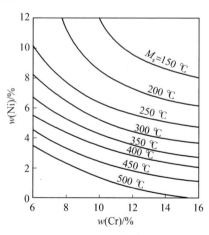

图2.2　钢中Ni和Cr含量对 M_s 温度的影响

$$M_s/℃ = 550 - 330w(C) - 35w(Mn) - 17w(Ni) - 12w(Cr) - 21w(Mo) -$$
$$10w(Cu) - 5w(N) - 10w(Si) + 10w(Co) + 30w(Al) \qquad (2.1)$$

固溶处理后的马氏体时效不锈钢处于亚稳状态而不是稳定的,在随后的时效过程中将向稳定的平衡的铁素体和奥氏体相转变。这种转变得到的奥氏体是逆转变奥氏体。对马氏体时效不锈钢逆转变奥氏体的研究表明,时效时首先析出金属间化合物,峰时效后逆转变奥氏体才在马氏体板条晶界处开始形成。逆转变奥氏体有助于马氏体时效不锈钢时效时产生高强韧性以及保持低的冷脆转变温度。

2.5　马氏体时效不锈钢强韧化机理

马氏体时效不锈钢是碳含量极低的一种钢,它的碳含量一般在0.03%(质量分数)以下。因此,与其他钢不同,它不是主要通过钢中的碳含量形成珠光体、贝氏体和马氏体来达到强化,而是通过在时效时原子偏聚和金属间化合物的析出阻止位错运动来强化的。马氏体时效不锈钢优于其他的超高强度不锈钢的一个最大的特点是它能在具有很高强度的同时具有很好的韧性。

作为含 Cr 的马氏体时效不锈钢,其强韧化机理和技术途径与马氏体时效钢并无区别,因此,有必要了解马氏体时效钢的强韧化机理。

2.5.1　马氏体时效(不锈)钢强化机理

马氏体时效钢的超高强度主要来源于以下几个方面:固溶强化、相变强化和时效强化。这三个方面的强化对马氏体时效钢强度的贡献是不同的,如图 2.3 所示。

1. 固溶强化

合金元素溶入 α-Fe 引起固溶强化。在马氏体时效(不锈)钢中含有大量的 Ni,Co,Mo,Ti 等合金元素,这些置换式或间隙式溶质原子束缚空位,其与溶剂原子的尺寸差别引起溶质原子周围形成晶格畸变应力场。这种长程应力场与位错发生交互作用提高位错在晶格中运动的摩擦阻力,同时溶质原子可以附着于位错割阶上阻碍位错运动。但由于时效时大部分合金元素又以金属间化合物的形式析出,固溶在 α-Fe 中的合金元素的含量将大幅度下降,从而使该种方式的强化作用降低。因此,对马氏体时效(不锈)钢来说,固溶强化对钢的强度的贡献较小,仅为 100~200 MPa。

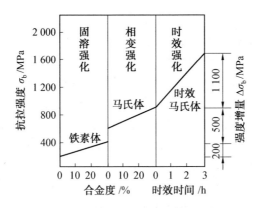

图 2.3　各种强化机制对马氏体时效钢强度贡献示意图

2. 相变强化

在马氏体时效钢由奥氏体向马氏体转变过程中发生相变冷作硬化,使得马氏体时效钢的强度得到很大提高。通过相变而产生强化效应是常见的金属强化方法。

马氏体时效钢中,主要是板条马氏体(或称为位错马氏体)。这种马氏体中存在大量位错,其密度为 $10^{11} \sim 10^{12}$ cm^{-2},与经过大量冷加工的金属的位错密度相近。马氏体中位错或孪晶的出现,与相变过程中的形变量和温度有关。马氏体相变是一种以剪切方式进行的非扩散型相变,相变产物与基体间保持共格或半共格联系,在其周围也存在很大的内应力,甚至使周围的奥氏体发生形变而出现形变强化。一般来说,由于马氏体相变而产生的局部形变量可高达 10% 。这种形变如发生于较高温度(即 M_s 温度高时),则增殖位错以缓和内应力;如发生在较低温度(即 M_s 温度低时),再加形变速度又高,就会产生孪晶。马氏体相变的切变特性造成在晶体内产生大量微观缺陷(位错、孪晶及层错等),它们会阻碍位错运动,从而使马氏体得到强化,即相变强化。由相变强化所引起的强度增量可达 500 MPa。

3. 时效强化

与上述两种强化机制相比,时效强化是马氏体时效(不锈)钢获得超高强度的主要途径。由时效强化所引起的强度增量可以高达 1 100 MPa。马氏体时效钢在不同时效阶段的显微组织不同,因而其强化机理不同。

时效初期,马氏体时效钢首先发生调幅分解,溶质原子通过上坡扩散形成 Ni—Mo—Ti 富集区,溶质原子富集区使位错的运动阻力增加,由于此时溶质原子的富集区的尺寸较小,位错切过溶质原子富集区,因此在这种状态下钢的强度并不是最高的。同时,在时效初期合金元素向位错附近偏

107

聚,对位错起钉扎作用,因而产生强化。

当有金属间化合物析出时,析出相粒子的尺寸不同,其强化机制也不同,位错切过还是绕过析出相粒子决定于粒子半径 R 和位错的柏氏矢量 b 的模 b,当 $R/b<15$ 时,位错切过析出相粒子;当 $R/b \geqslant 15$ 时,位错绕过析出相粒子。强化效果与位错切过共格区和析出相所需应力密切相关,此时共格应力和析出相内部有序化应力起主要作用。随着析出相长大并与基体保持半共格关系,位错切过它们所需应力逐步增加,因此屈服强度上升,当析出相进一步长大,其半径达到临界尺寸 $15b$ 时,位错会绕过析出相而无法切过。当沉淀相颗粒间距达到某一临界值时,强度达到最高值。其强化机制可用奥罗万(Orowan)机制来解释。

如 Vasudevan 的研究表明,T-250 马氏体时效钢经 753 K 时效处理后,在高密度位错基体中弥散分布着沉淀析出相(Ni_3Ti)。Ni_3Ti 相是通过 Orowan 机制起强化作用的,Orowan 机制的一般关系式为

$$\sigma_y = \sigma_o + \frac{T}{b} \cdot \lambda \tag{2.2}$$

式中,σ_o 为基体强度;σ_y 为屈服强度;T 为位错线张力;b 为柏氏矢量 b 的模;λ 为粒子间距。

研究表明,18Ni 无钴马氏体时效钢经 753 K 时效处理后,在高密度位错基体中弥散分布着纳米尺度的沉淀析出相(Ni_3Ti)。利用 Orowan 机制的特殊形式 —— 绕过机制,计算 18Ni 无钴马氏体时效钢的强度:

$$\sigma_{ys} = \sigma_o + \frac{Gb}{2\pi(\lambda - d)} \left(\frac{1 + 1/(1 - \nu)}{2} \right) \ln \frac{\lambda - d}{2b} \tag{2.3}$$

式中,σ_{ys} 为马氏体时效钢时效态的屈服强度;σ_o 为固溶态的屈服强度;G 为板条马氏体基体的剪切模量;ν 为泊松比;λ 为沉淀相颗粒间距;d 为沉淀相直径。

18Ni 无钴马氏体时效钢在峰时效时,沉淀相平均直径和长度大约为 10 nm 和 35 nm,远大于位错绕过沉淀相的临界尺寸 3.75 nm,因而,其强化机制可用 Orowan 位错绕过机制来解释。为计算方便,棒状沉淀相换算为同体积球形沉淀相,则 $d = 17.4$ nm。λ 可根据沉淀相总体积分数(f)求得,即 $f^{\frac{1}{3}} = 0.82d/\lambda$。在 18Ni 无钴马氏体时效钢中,由于合金元素 Ni,Mo,Ti 与 Fe 的密度相近,因此,沉淀相体积分数可近似于合金元素参与时效反应的质量分数之和。除去元素的损耗,可近似得到 $f = 18\%$,则沉淀相颗粒间距 λ 约为 25.3 nm。板条马氏体基体剪切模量 $G = 71$ GPa,固溶态屈服强度为 850 MPa,$b = 0.25$ nm,$\nu = 1/3$。因此,根据式(2.3)可以计算出 18Ni

108

无钴马氏体时效钢的屈服强度为 2 084 MPa。由此可以看出,该理论计算值与实验测定的屈服强度 2 078 MPa 极其符合。因此证明了 Ni_3Ti 通过 Orowan 机制起强化作用的正确性。

根据上面的分析,我们知道,金属间化合物的粒子尺寸有一个临界值使得材料的强度达到最高值。Rack 等人指出,在 18Ni 马氏体时效钢中其临界尺寸约为 3.75 nm。

过时效时,析出相粒子粗化,析出粒子之间的距离 λ 增加,位错绕过它们的阻力减小,因而强度降低。此外,逆转变奥氏体的形成也是强度下降的一个重要原因。

马氏体时效钢在时效时除析出金属间化合物外,基体还发生有序化,有序将使位错的运动阻力增加。但由于有序结构还不十分清楚,因而还不能对有序强化做进一步定量分析。

4. Co,Mo 交互作用

析出相的体积分数对马氏体时效钢的强度有很大的影响。为了增加析出相的体积分数,人们对 Co - Mo 的交互作用机理给予了较大的关注,进行了细致的研究。

在 Fe - 18% Ni 和在 Fe - 18% Ni - 8% Co 两种合金中加入各种合金元素,来考察 Co 对屈服强度的影响,其结果如图 2.4 所示。图中给出了强度随各种合金元素加入的变化规律,可以看出,合金中加入除 Mo 以外的其他合金元素,如 Nb,Al,Ti,Si 时,合金(三元或四元)强度呈直线变化,变化趋势与虚线平行,说明 Co 的添加,其强化效果与这些元素之间仅仅是简单的相加关系。与此不同,当合金中含有 Mo 时,其强度变化与虚线不平行,而且 Mo 含量越高,Co 的强化效果越显著。这说明 Co,Mo 共同存在时,它们之间的交互作用使强度更有效地提高。关于 Co - Mo 的交互作用机理目前并不十分清楚。研究发现,在马氏体时效钢中 Co 并不形成金属间化合物,Co 在其他金属间化合物中的含量也是极少的。多数研究者认为,Co - Mo 的交互作用对强度的贡献是由于 Co 使 Mo 在基体的固溶度降低,促进含 Mo 的金属间化合物数量增加的结果。但 Co 降低 Mo 在基体的固溶度的原因还不清楚。有人认为由于 Co 稳定密排六方结构和降低马氏体的层错能,应促进层错区中密排六方点阵的形成与扩大,加入强化元素 Mo 形成的 Ni_3Mo 正好也是具有近于密排六方结构的沉淀析出相,因而也最易于在层错区中形核。同时加入 Co 和 Mo 使位错线上沉淀析出有很高的成核率。但这种观点还需进一步证实。

Co - Mo 的交互作用越来越受到人们的重视,并已成为指导马氏体时

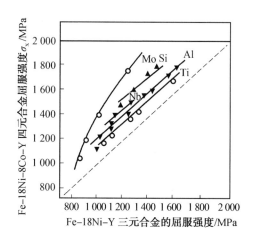

图 2.4 在 Fe - 18Ni - Y 三元合金中加入 8% Co 对合金屈服强度的影响

效(不锈)钢成分设计的一个重要思想。但目前人们对 Co-Mo 的交互作用的认识尚不统一,已有的观点也只能是理论上的定性分析。因此,从本质上认识 Co-Mo 的交互作用机理,定量分析 Co-Mo 的交互作用的效果是今后需重点研究的课题。

2.5.2 马氏体时效(不锈)钢韧化机制

马氏体时效钢的一个重要特点是在超高强度水平下仍然具有较高的韧性,其原因尚不清楚。多数研究者认为,马氏体时效钢含有大量的 Ni 和 Co,这两种元素均降低位错与杂质间的相互作用能。另外,由于马氏体时效钢中 C,N 原子的浓度很低,使得被钉扎的位错数量减少。这样在马氏体时效钢中存在大量的可动位错,在产生应力集中时可以通过局部的塑性变形而使应力松弛,因此这种具有良好塑性的基体可以抵抗较大的应力集中。另一方面,时效时弥散析出的析出相粒子虽然阻碍了位错的长程运动,但可动位错仍可做短程运动,因此时效后的马氏体时效钢仍然具有较高的韧性。

迄今为止,有关马氏体时效钢的韧性存在各种不同的认识。

Rack 等人认为,细小弥散的析出相粒子使位错运动的阻力增大,但一旦位错开动,位错就在整个试样中均匀运动,因而马氏体时效钢具有较好的塑性变形的能力。

Floreen 等人指出,马氏体时效钢的高韧性与 Mo 的存在有关。在含 Ti 的 Fe - 18% Ni - 8% Co(质量分数) 钢中加入 2% (质量分数)Mo 可阻止析出相沿奥氏体晶界析出,消除沿晶断裂,使韧性提高。同时,Floreen 还认为马氏体时效钢的韧性是由于在析出相粒子表面有一层逆转变奥氏体膜,从而阻止了孔洞在析出相粒子处形核。遗憾的是这层逆转变奥氏体膜至今仍未得到实验证实。

蔡其巩等人认为,马氏体时效钢韧性较高的一个重要原因是 Ni 提高了层错能,使位错宽度减小,交滑移容易进行的结果。对 18Ni(300) 钢的变形组织观察发现,有大量波浪形的交滑移台阶出现,表明交滑移处处发生。此外在析出相粒子附近还有较深的波浪形滑移阶梯痕迹,这说明位错绕过析出相粒子,而不容易在析出相粒子前产生高的位错塞积应力而导致变形早期沿析出相粒子或相界面开裂。因此,交滑移和变形在基体中均匀进行是马氏体时效钢韧性较高的主要原因。

大量的研究表明,过时效时由于大量的逆转变奥氏体的形成,使裂纹钝化并阻止裂纹扩展,因而有利于韧性的改善。

但是李晓东等人的研究认为这是由几种因素综合起作用的结果,使马氏体时效(不锈)钢具有高强度的同时有很好的韧性。

首先,时效后的基体是 Fe – Co – Ni,这是由于原基体中的大部分 Ni 在时效过程中以金属间化合物的形式析出,在基体中的含量大大减小,而 Co 在 α – Fe 中的相对固溶度增加的结果。虽然由于基体中的含 Co 量的增加,使得基体强度下降,但其塑性明显提高,这种基体中由于含 C,N 原子的浓度较低,使得被钉扎的位错量减小,所以存在大量的可动位错,在产生应力集中的时候可以通过局部变形而使应力得到松弛,因而这种基体在变形过程中可以抵抗较大的应力集中,使韧性大大提高。其次,在塑性好的基体上析出的金属间化合物细小弥散,它对位错运动起强烈的交互作用,使强度有很大提高,但位错一旦开动就在整个基体中均匀运动,不会在局部不均匀分布的粗大晶粒处产生应力集中,这是马氏体时效钢韧性高的另一个重要原因。此外,由于在时效初期发生的调幅分解不受晶界和马氏体板条界的影响,在时效过程中晶界和板条界也发生均匀析出,这抑制了由于晶界和板条界上粗大的不连续析出相粒子的出现而导致的晶界弱化现象,这也是马氏体时效(不锈)钢高韧性的原因之一。

111

2.6 马氏体时效不锈钢的生产工艺

2.6.1 马氏体时效不锈钢的冶炼与加工

1. 冶炼

超高强度钢最重要的性能指标是断裂韧性。夹杂物含量、形态及性能对材料韧性有较大影响,碳、硫、磷、氧、氮是对韧性极为有害的元素。改进冶炼工艺以减少钢中有害元素及气体含量,控制夹杂物形态可以显著提高马氏体时效不锈钢的强韧性。为了减少杂质的含量,马氏体时效不锈钢的冶炼多采用真空感应(vacuum induction melting,VIM)、真空脱氧脱碳(vacuum oxygen carbon dexoidation)、真空电弧重熔(vacuum arcremelt,VAR)、电渣重熔(electroslag remelt)、电子束(electron beam)以及等离子体(Plasma)等熔炼技术。一般采用真空感应熔炼(VIM)加真空电弧重熔(VAR)的双真空冶炼工艺。对于强度级别在1 000 MPa以下的钢种,可以采用非真空冶炼,或非真空冶炼加电弧重熔的工艺。

2. 热加工

马氏体时效不锈钢具有良好的热加工性能。铸锭热加工一般在1 000 ~ 1 120 ℃进行,在高于1 120 ℃时有可能产生过量氧化。对于钛、钼含量较高的钢种,钢锭凝固时容易发生这些元素的微观偏析,热加工后形成各向异性的带状显微结构。热加工时要进行充分的高温均质化处理,以减轻或消除微观偏析。为了防止由于Ti(C,N)等化合物沿奥氏体晶界析出引起的高温缓冷脆性,热加工后应尽量避免工作在1 100 ~ 750 ℃温度区间内缓冷或停留。为了获得细晶粒和较佳力学性能,终锻应在较低温度下(950 ~ 850 ℃),以较大的变形量(大于25%)完成。

3. 冷加工

马氏体时效不锈钢在固溶状态下很软,因此,冷加工性非常好,拉拔、冷轧、弯曲、深冲等加工都容易进行。利用其良好的塑性,加工到所需形状,然后通过时效进行强化。钢的加工硬化指数为0.02 ~ 0.03,与普通钢相比低一个数量级。因此,加工过程中无须软化退火即可进行较大变形量的冷加工。

4. 焊接

良好的焊接性是马氏体时效不锈钢的优点之一。几乎所有的焊接工艺都能适用。焊丝成分与被焊钢成分基本相同,焊前不必预热,焊后不处理也不会产生裂纹。

2.6.2 马氏体时效不锈钢的热处理工艺

热处理工艺简单是马氏体时效不锈钢的一大优点。为获得高强度、高韧性的马氏体时效不锈钢,热处理工艺至关重要。材料工作者对马氏体时效不锈钢,特别是对马氏体时效钢的热处理工艺进行了大量的研究。一般来说,热处理工艺为固溶均匀化处理 + 后续时效强化处理。

1. 固溶处理

固溶处理是将马氏体时效不锈钢加热到较高温度,保温一定时间,其目的一是溶解热加工后余留的沉淀物(如 Fe_2Mo);二是使钢中的合金元素充分溶解到奥氏体中,并获得均匀的高位错密度的全马氏体组织,为时效强化做好组织准备。

传统固溶处理工艺一般是将马氏体时效不锈钢加热到 870 ~ 1 100 ℃,保温 1 ~ 2 h;随后空冷或水淬,冷却速度对组织和性能影响不大。由于马氏体时效不锈钢中含有较多的合金元素,马氏体转变开始温度 M_s 一般为 180 ~ 200 ℃。对于马氏体最终转变点 M_f 比较低的马氏体时效不锈钢,淬火冷却到室温会残留大量的奥氏体,钢中残留较多的奥氏体会降低马氏体时效不锈钢的强度。因此,为了最大限度地减少残余奥氏体,以进一步提高钢的强度,固溶后需深冷处理,一般在 −70 ℃ 进行。

2. 时效处理

马氏体时效不锈钢固溶处理后,均须进行时效处理。时效处理是这类钢进行强化的主要途径。时效后在马氏体基体上,析出大量弥散的和超显微的金属间化合物,使马氏体时效不锈钢的强度成倍提高而韧性损失较小。一般在 480 ~ 510 ℃ 进行时效,时效时间为 3 ~ 6 h,时效后空冷即可。

2.7　马氏体时效不锈钢发展趋向

综上所述,马氏体时效不锈钢经过 40 年的发展,在其合金设计、微观结构、强韧化机理以及实际应用等方面都取得了巨大成就。随着马氏体时效不锈钢的强度级别及综合性能的提高,该钢在航空航天、海洋等领域的应用前景十分广阔,就目前该领域的发展趋向提出以下几点:

① 对现有钢种来说,必须进一步降低钢中气体、夹杂物和有害元素含量,马氏体时效不锈钢的发展将采用精确控制与超高洁净度($[H]$ +

$[O]+[N]+[S]+[P] \leqslant 40 \times 10^{-6}$)的熔炼技术、成分均匀化控制技术,生产超纯净马氏体时效不锈钢,改进马氏体时效不锈钢组织结构的均匀性。这是提高现有钢种强韧性的重要措施。

②进一步研究晶粒超细化工艺,通过改善合金化、控制轧制及形变热处理,全流程特细晶控制,在大幅提高现有钢种性能的同时,研制更高强度、高韧、综合性能优良的马氏体时效不锈钢。

③以新能源技术、航空航天和海洋技术为战略重点,发展资源节省型、环保型马氏体时效不锈钢,例如,以 Mn,N 部分代替 Ni,用 Ti 部分代替 Co,用 W 和 Ti 部分代替 Mo 以及多元复合微合金化及低合金化等,尤其是发展无钴超高强度($\sigma_b \geqslant 1\ 800$ MPa)马氏体时效不锈钢。

④提高 Cr,Mo 等耐腐蚀元素的含量,进一步改善马氏体时效不锈钢的耐腐蚀性能,使高的强韧性与优良的耐蚀性融为一体。尤其是高强度($\sigma_{0.2} \geqslant 1\ 200$ MPa)耐海水腐蚀马氏体时效不锈钢的开发研究。

⑤发展具有特殊性能的马氏体时效不锈钢。例如,良好加工性、可塑性的钢种,超低温与耐中温钢种,耐较苛刻介质腐蚀与耐磨蚀钢种,以及高抗疲劳性钢种等。

⑥高强不锈钢结构功能一体化材料是高强度不锈钢发展的重要趋势之一,例如,高强度无磁不锈钢、沉淀硬化软磁不锈钢、低膨胀不锈钢和减振不锈钢等。

⑦在不断深化高强度马氏体时效不锈钢强韧化机理理论的基础上,借助现代计算机技术与材料科学结合而实现"材料微观结构设计"、热处理工艺优化设计,按制定性能设计高强度不锈钢。

⑧进一步研究高度弥散金属间化合物的形貌、组分、结构以及残留奥氏体的数量、形貌、分布状态对马氏体时效不锈钢性能的影响。

⑨稀土元素在马氏体时效不锈钢中作用机理研究,包括稀土元素对马氏体时效不锈钢的组织和性能均匀性的影响及作用机理、稀土元素对马氏体时效不锈钢晶粒度及析出相的影响及作用机理、稀土元素对马氏体时效不锈钢耐蚀性的影响。

第3章 马氏体时效不锈钢热处理工艺优化

马氏体时效不锈钢因其具有良好的强韧性与耐蚀性,广泛地应用在航空航天等领域。其热处理工艺一般为高温固溶处理+低温时效处理。固溶处理的目的是使钢中的强化合金元素充分溶解在马氏体中,为后续的时效处理做好组织上的准备。时效处理是马氏体时效钢进行强韧化的重要途径,通过时效析出金属间化合物达到高强度、高韧性。因此,制定合理的热处理工艺,必须确定合适的固溶温度与时效温度。为确定合理的热处理工艺参数,以往的研究一般是在不同的温度下进行固溶处理和时效,而后观察组织、测定力学性能,需要大量的、反复的实验研究。另一方面,马氏体时效不锈钢的析出强化相为金属间化合物,其时效行为对钢的化学成分、时效温度极为敏感。为达到优化马氏体时效不锈钢综合性能的目的,迫切需要探讨钢的化学成分、析出强化相类型和数量、力学性能之间的内在关系。

本章应用热力学计算软件 Thermo-Calc,分析计算两种马氏体时效不锈钢在固溶和时效过程中的组织变化,并根据计算结果优化马氏体时效不锈钢的热处理工艺,这对工程应用具有重要的指导意义。

3.1 Thermo-Calc 热力学计算系统

由瑞典科学家 Mats Hillter 领导的科研小组开发的 Thermo-Calc 是一个有力的和灵活的相图计算和数据库软件包,适于各种相平衡、相图和相转变计算与热力学参数评价,具有面向应用界面,可进行多种类型过程模拟特点的软件。该小组也开发了适于具有强烈非理想固溶体相的复杂不均匀反应体系的计算,并依靠所连接的数据库可用于化学、冶金、材料科学、合金开发、地球化学、半导体等领域的任何热力学体系计算,这是基于 Mats Hillter 多年来的研究工作并利用了非常普通的几何学来寻找体系的平衡态。这些想法的实施由 Bo Jansson 完成,在其学位论文中描述了实施过程,这项技术允许使用者比其他热力学软件更灵活地设置平衡态的外部条件。例如,Thermo-Calc 是允许将单个相成分或结构作为显性条件的唯一软件,而其他多数软件只能处理总体成分条件,例如,组元的激活能和化学势、体积、焓、熵等也可作为条件。多个量必须作为"目标计算",也就是双最小化程序来计算,其他软件是直接计算的,比用 Thermo-Calc 要快很多。当 Thermo-Calc 用作应用程序如显微组织演化和过程模拟的一个子程序软件包时,灵活地设置条件特别有用。对于相图计算,每个条件分开设置和任何条件可用作数轴变量,意味着 Thermo-Calc 可计算无数类型相图。Thermo-Calc 最初就是为多组元体系计算而设计的,因此可方便地计算多达 40 个组元的体系。

Thermo-Calc 的第一个版本完成于 1981 年,以后几乎每年更新一次,最近的版本 Thermo-Calc 2015a 于 2015 年公布。现在可以见到 Thermo-Calc 的两个版本:一种是 DOS 下操作的 Thermo-Calc 传统版本 TCC;另一种是 Windows 下操作的版本 TCW。Thermo-Calc 传统版本为更有力的版本,向专家用户提供了几乎任何可能的条件与步进/绘图选择的结合;而 TCW 应用版本可在 Windows 95/98/Me/NT/2000/XP 下操作,其操作简单,给材料科学与工程的工程师和不想了解软件细节的传统用户提供了几乎同样的方便。下面就有关 Thermo-Calc 两个版本的情况做简单介绍。

1. 传统的 Thermo-Calc 模块化

Thermo-Calc 系统本身有 600 多个子程序,可以分成若干个功能模块。模块之间通过规定的界面接口进行协作。它以数据库和模型作为信息来源和计算基础,通过几个有各自不同功能的模块进行相应的计算或操作。

TDB 模块用于重置数据库或数据文件,GES 模块用于列出系统信息和热力学/动力学数据或交互处理和引入数据,POLY 模块可计算各种复杂的非均匀相平衡,POST 模块可绘制多种相图和性能图,PARROT 模块为实验数据的评价与估算提供了一个应用灵活的工具,TAB 模块将纯物质或混合物或化学反应的各种性质制成表。

在 Thermo-Calc 内部有一些简单易用的模块,对要进行的计算或模拟的要求做简单的反应。BIN 和 TERN 模块分别设计为绘制各种二元和三元相图和性能图形。

POT 模块用于说明具有气相反应的体系中气体种类和分压。POURBAIX 模块用于绘制 pH-Eh 图和含有复杂水溶液的不均匀反应的其他水合性质图形。SCHEIL 模块设计为利用 Scheil-Gulliver 模型模拟无须动力学描述的凝固过程。REACTOR 模块用于模拟多级稳态的质量传输和能量传输过程。

Thermo-Calc 使用了多种易于理解的热力学模型来适应各种材料的程序界面,并附带各种材料体系的评价过的、已生效的宽领域数据库。通过使用称为 TQ 界面的程序界面,用户可在已获得的知识基础上拓展和增加自己的模块。TQ 界面对面向应用的性能计算和过程模拟是非常有用的。

（1）Thermo-Calc 传统用户界面

在传统的 Thermo-Calc 版本 TCC 中,所有的模块都是交互的,除了用户通过命令菜单选择非常简单的模块之外,一个命令通常是一个全句并易于理解。当一个模块要求用户输入时将给出提示,同时为了使用户要求的最小化打印,所有的命令可以缩略。一个命令通常需要一些附加信息以便执行,然后向用户提问,在多数情况下,程序建议一个缺省值,如果用户只按回车（RETURN）键而没有回答提问,该缺省值就将作为提问的回答。知道命令所问的是什么问题的有经验的用户,可在命令行后面键入回答,也可以为频繁使用的命令序列创建宏文档（macro files）。

所有的模块都有一个文本格式的用户指导书,这些手册也可通过使用"帮助"和"信息"命令或者给出问题符号作为用户不懂问题的回答,得到在线帮助。

（2）平衡计算

TCC 版本的平衡计算模块是由 Bo Jansson 开发的 POLY 模块。该模块有非常强大的和通用的一系列命令,可精确测定几乎任何类型的平衡和相图计算,计算必需的每个条件可分别设置,这些条件包括温度、压力、焓、体积或熵等。化合物的激活能或化学势,以摩尔总数、质量总数、摩尔分数或质量分数表示的总体成分,给定一些或全部稳定相、一个相的某些成分或结构,状态变量的一般函数都可作为一个条件直接计算得到。

通过各种条件的组合,用户可直接计算多种类型的平衡,也可使用平衡计算的其他软件通过检验和误差分析找到这些平衡。这意味着用户可以直接计算一个过程的输入如何被设置成作为条件所期望的输出。POLY独有的,而在热力学计算的多数其他软件不具备的特点,是可将一个相的成分或焓设置为单个相的条件。

在 POLY 模块中,用户也可定义状态变量函数和使用这些函数作为条件或绘制最终结果图形,因此用户不限于一些预先定义的图形,但可将所期望的条件合并,生成一个图形。下面列出了使用 Thermo-Calc 可以进行计算的部分类型:

①相图（二元、三元、等温、等值等,独立数轴变量多达 5 个）。

②单质、化合物和固溶体相的热力学性质。

③化学反应的热力学性质。

④性质图形(相分数、Gibbs 能、焓、等压比热 C_p 等)。

⑤Pourbaix 图形和含液体的反应体系的其他图形。

⑥气体分压、易挥发物质的化学势(多达 1 000 种)。

⑦Scheil-Gulliver 凝固模拟。

⑧多元合金的液相表面。

⑨热力学系数和形核驱动力。

⑩亚稳平衡和仲平衡。

⑪液体熔体的传输性质。

⑫特殊量,如 T_0 和 A_3 温度、绝热火焰温度、激冷系数、液固相线斜率与相界等。

⑬钢表面氧化层的形成、钢/合金细化。

⑭水热、变质、火山、沉积、风化过程演化。

⑮腐蚀、循环、重熔、烧结、煅烧、燃烧中物种形成。

⑯CVD 图形和薄膜形成。

⑰化学有序–无序、CVM 计算。

⑱合金磁性。

⑲稳态反应物热力学。

⑳数据序列或数据库的建立与修正。

㉑卡诺循环、Boyles 定律和其他教学工具的模拟。

(3)图表与图形

POLY 模块中任何条件均可用作数轴变量,可在数轴变量中步进/计算其他量如何依赖数轴变量。在步进(STEP)命令之后,用户可选择任何状态变量来画出数量关系图,例如多元体系中稳定相的成分或数量随温度变化图,某一组元的激活能随成分变化图。

利用 POLY 模块计算相图时,也可设定两个或更多(最多 5 个)条件作为数轴变量。Thermo-Calc 可用几乎同样的方法计算所有类型的相图,用 Thermo-Calc 可计算以前人们没有想到的多种相图。

在 POLY 模块中有一个后处理器,允许用户选择数轴变量来画图,这与计算不同。计算中用户可在坐标轴上画出所定义的函数图形,同时所选择的坐标轴的尺度和尺寸是相互影响的。

(4)模型、数据库与评价

Thermo-Calc 热化学软件的成功应用不仅来自于强大的计算方法,而且来自于易于理解的热力学/动力学模型、内部可协调的数据库和有效的评价性能。

Thermo-Calc 中 Gibbs 自由能系统(GES 模型)内部储存着计算所需的热力学数据。正常情况下,来自数据库的这些数据已经被再处理,但是,用户可交互列出或修改这些数据。GES 模型中提供大量的成分与 Gibbs 自由能关系的模型,其中一些重要模型有:

①根据 Hillert 的工作得到的具有二元 Redlich-Kister 关系式和成分作为第三参数的规则熔体模型。

②具有多达 10 种亚点阵和 Redlich-Kister 参数以及在所有亚点阵中成分作为第三交互作用参数的化合能模型。

③以分子、缔合物和离子作为组分的亚点阵模型。

④二亚点阵离子液体模型。

⑤缔合物模型。

⑥液态氧化物的 Kapoor-Frohberg-Gaye 单胞模型。

⑦修正的稀熔体模型。

⑧二元 CVM 四面体模型。

⑨水溶液的交互作用理论(SIT)模型。

⑩磁有序的 Inden 模型。

⑪包括 Debye-Huckel 项的水溶液 Pitzer 模型。

⑫修正的 Helgeson-Kirkham-Flowers 模型。

⑬利用扩展 Bragg-Williams 模型的化学有序模型。

以上列出的多数模型是普通的化合能模型的特例。在相关文献中可以找到 Thermo-Calc 中所使用的模型的评述,模型中所有的参数都与温度和压力相关。

TDB 模块与宽领域热力学数据库相连,这些数据库包括:

①化合物与固溶体数据的通用数据库。

a. SSUB SGTE 物质数据库,4 000 种凝聚态化合物或气态物种的数据。

b. SSOL SGTE 固溶体数据库,具有多个不同体系数据的通用数据库。

c. BIN SGTE 二元合金溶体数据库。

②合金数据库。

a. TC-FE 2000 TC 钢/合金数据库,1999 年更新,覆盖了 Al,B,C,Co,Cr,Cu,Fe,Mg,Mn,Mo,N,Nb,Ni,O,P,S,Si,Ti,V,W 共 20 种元素。

b. TC-Ni TCAB Ni-基超合金数据库,含 Al,Co,C,Ni,Ti,W 和 Re 共 7 种元素。

c. TT-Al Al-基合金数据库,含 Al,B,C,Cr,Cu,Fe,Mg,Mn,Ni,Si,Sr,Ti,V,Zn 和 Zr 共 15 种元素。

　　d. TT-Ti Ti-基合金数据库,含 Ti,Al,Cr,Cu,Fe,Mo,Nb,Ni,Si,Sn,Ta,V,Z,C,O,N 和 B 共 17 种元素。

　　e. TF-Mg Mg-基合金数据库,含 Mg,Al,Cu,Ce,La,Mn,Si,Zn 和 Zr 共 9 种元素。

　　f. TF-Ni Ni-基超合金数据库,含 Ni,Al,Co,Cr,Fe,Hf,Mo,Nb,Re,Ta,Ti,W,Zr,B,C 和 N 共 16 种元素。

　　③渣、溶盐和离子体系数据库。

　　a. SLAG IRSID 含 Fe 渣数据库,Al_2O_3-CaO-FeO-Fe_2O_3-MgO-SiO_2 体系的液渣和凝聚态氧化物并含有 Na,Cr,Ni,P 和 S 数据。

　　b. ION TC 一些氧化物、硫化物和氮化物的离子数据库。

　　c. SALT SGTE 溶盐数据库。

　　④环境方面数据库(毒性物种冶金和化工工艺)。

　　a. TC-ER TCAB 再利用/重熔数据库,有 30 种元素的气、液、固和渣相。

　　b. TC-ES TCAB 烧结/煅烧/燃烧数据库,同于 TC-ER。

　　⑤水溶液数据库。

　　a. TC-AQ TC 水溶液数据库(利用 SIT 和 PM 模型),与 SSUB,SSOL,TC-FE2000,SLAG,ION,TC-Ni,TC-ER1/ER2,TF-Al/Ti/Ni 和 GEOCHEM 相结合。

　　b. QS UU 水溶液数据库(利用 HKF 模型),同 TC-AQ。

　　⑥核材料数据库。

　　a. NUCLMAT AEA 纯放射性核素数据库版本 4。

　　b. AGCDIN AEA Ag-Cd-In 溶体数据库。

　　c. SIJZRO AEA Si-U-Zr-O 金属-金属氧化物溶体数据库。

　　⑦地球化学数据库。

　　GEOCHEM UU 地球化学/环境数据库,其中包含 500 种矿物和 46 种元素。

　　⑧半导体数据库。

　　G35 ISC Ⅲ-Ⅴ族二元半导体数据库,包含了 15 个二元系。

　　材料科学与工程的许多应用领域要求热力学与动力学模型和数据库要不断发展,Thermo-Calc 为这个目标提供了一个强有力的工具,也就是说,PARROT 模块可用于对热化学、相图、动力学过程等实验数据的评价,并对热力学/动力学模型和数据库进行改进。

2. 视窗 Thermo-Calc

Thermo-Calc for Windows（TCW）是 Thermo-Calc 软件的 Windows 版本，它为初学者和非专业用户进行高级热力学计算提供了快捷和有效的通用计算工具。用户只需输入很少的初始条件（如成分等），便可运用 Windows 操作界面中的菜单、按钮进行多元相图及性能计算，并可通过 TCW 的绘图功能对计算结果进行直观的描述。TCW 和 TCC（Thermo-Calc Classic）使用同样的计算引擎和数据库，TCW 注重的是友好的操作界面，而 TCC 强调的是功能的灵活性。最新版本的 TCW 4 通过先进的图表编辑功能可实现最新版 TCC R 的众多计算功能。

TCW 计算结果图表可直接打印或以各种图片格式的文件输出，如移动网图形（.png）、视窗位图（.bmp）、Acrobat（.pdf）、JPEG（.jpg）、TIFF（.tif）和 Post Script（.ps）等。用户可方便地用各种图表制作自己的报告或论文。TCW 4 允许用户将数据制成表格并可直接输出用 Microsoft Excel 打开。同时最新的版本已经可以让用户在 TCW 中运用 Microsoft Excel 的功能函数进行制表和绘图。

3.2 00Cr13Ni7Co4Mo4W2 马氏体时效不锈钢热处理工艺优化

采用热力学计算软件 Thermo-Calc，分析计算 00Cr13Ni7Co4Mo4W2 马氏体时效不锈钢（$w(C) = 0.0073\%$，$w(Cr) = 13.44\%$，$w(Ni) = 7.47\%$，$w(Co) = 4.21\%$，$w(Mo) = 4.15\%$，$w(W) = 1.84\%$，$w(Ti) = 0.12\%$，剩下为 Fe）固溶处理及时效处理过程中各相的析出规律，根据计算结果确定热处理工艺参数，并测定不同热处理工艺下 00Cr13Ni7Co4Mo4W2 马氏体时效不锈钢的力学性能，测试结果证明使用 Thermo-Calc 热力学计算软件来优化马氏体时效不锈钢的热处理工艺具有一定的可行性。

3.2.1 00Cr13Ni7Co4Mo4W2 马氏体时效不锈钢析出相的热力学计算

目前国内广泛使用的 Thermo-Calc 计算软件的版本为 TCW 2，图 3.1 是 Thermo-Calc 计算软件主界面窗口。

现以此为例说明马氏体时效不锈钢析出相热力学计算的过程。具体操作步骤如下：

①在 Thermo-Calc 软件主界面窗口下选择平衡计算模块（点击图 3.1

图 3.1　Thermo-Calc 计算软件主界面窗口

的中的 Equilibria 按钮),进入 MATERIAL 材料选择界面(图 3.2)。

②在 MATERIAL 界面 Database 选项中,选择铁基合金数据库 FEDAT (图 3.2)。

③按照 00Cr13Ni7Co4Mo4W2 马氏体时效不锈钢的成分选择合金元素,如图 3.3 所示,然后点击 OK 按钮,进入 CONDITIONS 条件界面,如图 3.4 所示。

④在 CONDITIONS 界面,以组成元素为组元,按质量分数输入马氏体时效不锈钢的成分。各组元分别为 $w(C) = 0.0073\%$,$w(Co) = 4.21\%$,$w(Cr) = 13.44\%$,$w(Mo) = 4.15\%$,$w(Ni) = 7.47\%$,$w(Ti) = 0.12\%$,$w(W) = 1.84\%$,余量为 Fe,各组元总摩尔数为 1。输入压力 p 为一个大气压,输入要计算的温度(图中所示温度为 1 073 K),如图 3.4 所示,点击 OK 按钮即可进行热力学计算。

⑤在主界面下得到计算结果,如图 3.5 所示。其中,FCCA1#2 代表奥氏体,FCCA1#2 为面心立方的 TiC,LAVES#2 代表 Laves-Fe₂Mo。说明 00Cr13Ni7Co4Mo4W2 马氏体时效不锈钢在 1 073 K 固溶处理过程中,基体组织为奥氏体,有两种析出相 TiC 和 Laves-Fe₂Mo 析出。

⑥在主界面下,点击 Define 菜单栏,选择 Conditions... (图 3.5),返回 CONDITIONS 界面,如图 3.6 所示。在这里可以改变温度,重复计算,从而得出马氏体时效不锈钢析出相与温度变化的关系曲线。也可以改变其他

条件,如对析出相的种类做出限定,可以点击 Phases 按钮。在图 3.7 中所示即为隐藏 SIGMA 相,点击 OK 按钮即可。

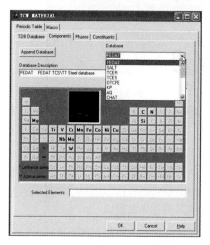
图 3.2 选择铁基合金数据库 FEDAT

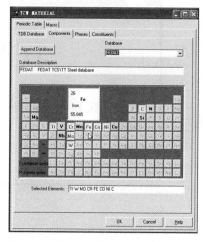
图 3.3 选择马氏体时效不锈钢组元

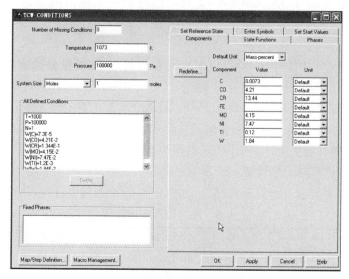
图 3.4 输入参数(成分、温度、压力)

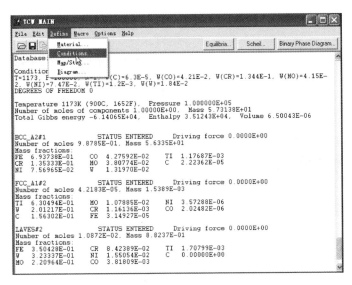

图 3.5　计算结果

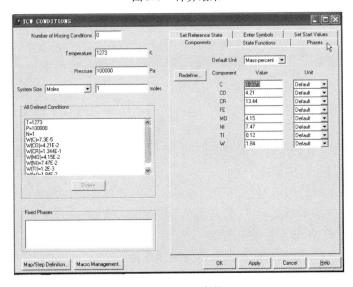

图 3.6　改变参数

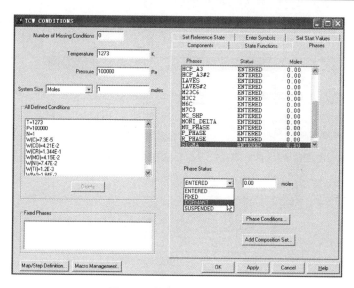

图 3.7 限定析出相的类型

3.2.2 00Cr13Ni7Co4Mo4W2 马氏体时效不锈钢高温固溶析出相的热力学计算

Thermo-Calc 软件是根据热力学原理开发的。对一定组元的合金系,在给定温度和压力下,用 Thermo-Calc 软件可计算各相的驱动力,根据驱动力的计算结果可判定可能产生的析出相,并在此基础上由合金成分计算析出相的摩尔数。运用 Thermo-Calc 软件不仅可以进行平衡态热力学计算,还可以进行亚稳态的热力学计算。平衡态是指在给定的成分、温度和压力下,将该状态保持足够长的时间,使组织完全达到热力学平衡,整个系统达到能量最低的状态。

选择不同的固溶温度,利用 Thermo-Calc 软件及相应的数据库进行计算。在给定的不同温度下,输入条件完全相同。以组成元素为组元,按质量分数输入,各组元总摩尔数为1,压力 p 为一个大气压。在平衡态条件下,对数据库中所存在的相不加任何限制条件。

马氏体时效不锈钢固溶态析出相 Thermo-Calc 热力学计算结果在图 3.8 中给出。由图 3.8 可见,00Cr13Ni7Co4Mo4W2 马氏体时效不锈钢在固溶处理过程中,有两种析出相析出,析出相的类型、数量随着固溶温度的变化发生变化。在 800 ℃ 固溶处理时,钢的基体组织为奥氏体以及有约 0.03%(质量分数)未溶的 TiC 存在,同时有 $Laves-Fe_2Mo$ 相析出,其数量为 6.79%(质量分数);随着固溶温度的升高,TiC 以及 Laves 相的数量逐渐减少,TiC 在 950 ℃以上、Laves-Fe_2Mo 相在 1 050 ℃以上相继全部溶解到奥氏体中。

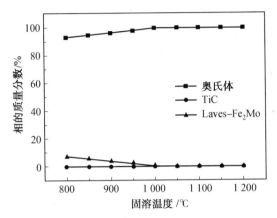

图 3.8   马氏体时效不锈钢各相析出量与固溶温度的计算曲线

3.2.3   00Cr13Ni7Co4Mo4W2 马氏体时效不锈钢时效析出相的热力学计算

1. 平衡态计算

在平衡态条件下,时效析出相的计算输入条件与固溶析出计算完全相同,计算结果如图 3.9 所示。从图 3.9 可以看出,在不同的时效温度下,时效组织中的各种相的类型与数量完全不同,随着时效温度的变化发生很大的变化。在 325~400 ℃,钢的基体组织为马氏体,组织中有极少量的约 0.14%(质量分数)的碳化物,并且有残余奥氏体存在,其质量分数在 10% 左右;另外,在此温度区间内,基体中析出大量的 σ-FeMo 相和 Laves-Fe_2Mo 相,其质量分数均在 10% 以上,并且随着时效温度的升高 σ-FeMo 相逐渐发生溶解,使马氏体的数量略有增加。

时效温度达到 450 ℃时,基体组织中的 $M_{23}C_6$ 碳化物完全溶解,Laves 相及 SIGMA 相的数量不断减少;基体组织中开始析出面心立方的 TiC,其质量分数为 0.02% 。

当时效温度达到 550 ℃时,SIGMA 相已全部消失;马氏体数量减少,而逆转变奥氏体数量已增加到 24.6%(质量分数);TiC 的数量并不随着时效温度的升高而发生变化,基本保持在 0.04%(质量分数)。

在 550~650 ℃,基体以更快的速度发生恢复,马氏体大量转变为奥氏

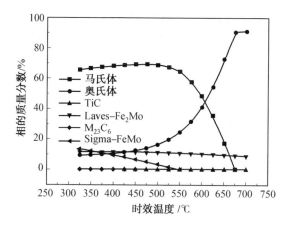

图 3.9　马氏体时效不锈钢与时效温度的计算曲线

体,逆转变奥氏体的数量急剧增加,到 650 ℃ 时,逆转变奥氏体已达 72.85%(质量分数),时效温度达到 675 ℃ 时,基体中已无马氏体存在。

2. 非平衡态计算

在实际的热处理过程中,因淬火冷却速度较快及时效处理的时间较短,时效组织远未达到平衡态,时效后的组织是亚稳相,亚稳相是一种非平衡相,由于存在动力学上的障碍或阻力,使它在具有实际意义的时间尺度内成为"稳定"存在的相。所以,时效组织必须是亚稳态,其时效析出相应完全不同于平衡态的析出相。研究表明,Laves-Fe$_2$Mo 相是过时效的产物,是稳定相,其强化效果差。同时,前述固溶过程的平衡态计算结果也表明,Laves 相是一种高温析出相,所以正常时效过程中不应有 Fe$_2$Mo 相的存在。σ-FeMo 相是球形相,其颗粒直径较大,它的存在将引起材料脆性增大,如果正常时效过程中主要析出相是 σ-FeMo 相,那么马氏体时效钢中就不可能有较好的韧性,因此可认为,σ-FeMo 相也不应是正常时效过程中的析出相,如果有该相存在,那么其数量也是极少的。

在进行非平衡态的计算时,输入条件即温度、压力和各组元含量与平衡态的没有差别,但对析出相的类型做了一定限制,设定 σ-FeMo 相为稳定相,Laves 相为高温析出相。

图 3.10 为 00Cr13Ni7Co4Mo4W2 马氏体时效不锈钢非平衡态时效析出相的热力学计算结果,由图可见,钢的基体组织为马氏体,同时有残余奥氏体存在,但其含量极少,约为 2%(质量分数)。从马氏体和奥氏体的相含量随时效温度的变化可以看出,基体组织变化主要是较低时效温度下的残余奥氏体分解和较高时效温度下的逆转变奥氏体形成,其中逆转变奥氏

体在 375 ℃以上发生, 550 ℃时效后其含量已达到 24%（质量分数），
600 ℃时效后含量已超过 40%（质量分数）。热力学计算得到的马氏体时
效不锈钢的析出相主要包括碳化物 M_6C、金属间化合物 R 相和 δ 相。碳化
物对时效温度的变化不敏感, 在整个时效温度范围内析出的数量极少约为
0.3%（质量分数）, 这与马氏体时效不锈钢的碳含量极低有关, 因此不可能
成为主要的析出强化相; 金属间化合物 R 相和 δ 相对时效温度的变化非常
敏感, δ 相随着时效温度的升高逐渐溶解, 因此, 只有 R 相是马氏体时效不
锈钢的主要强化相。325 ℃时效时, 析出 R 相的数量为 4.47%（质量分
数）, R 相的最大析出量发生在 425 ℃, 约 8%（质量分数）, 时效温度超过
425 ℃时, R 相逐渐回溶。

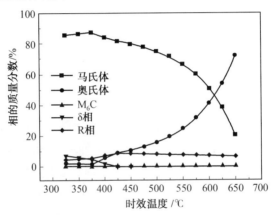

图 3.10　马氏体时效不锈钢各相析出量与时效温度的计算曲线

3.2.4　00Cr13Ni7Co4Mo4W2 马氏体时效不锈钢析出行为

为验证高温析出相的 Thermo-Calc 热力学计算结果, 分别对马氏体时
效不锈钢在不同固溶温度处理后的组织进行了透射电子显微镜观察。当
固溶温度在 1 050 ℃以下时, 马氏体时效不锈钢的微观组织中存在高温析
出相。图 3.11 给出了在 900 ℃, 1 000 ℃固溶 1 h 后马氏体时效不锈钢的
TEM 图。由图中可以看出, 在 900 ℃固溶处理时, 在马氏体板条界和板条
内有析出相析出, 呈颗粒状; 当固溶温度达到 1 000 ℃时, 部分析出相重新
溶解到奥氏体中, 析出数量明显减少。当固溶温度超过 1 050 ℃时, 析出
相已全部溶解, 如图 3.12 所示。由图 3.12(b)的 $[011]_M$ 衍射花样可见, 除
马氏体衍射斑点外无其他衍射斑点存在, 马氏体衍射斑点均是明锐的圆点
状, 没有发现衍射斑点分裂现象或条纹出现。表明在此温度固溶处理后,

马氏体时效不锈钢冷却到室温时由纯净的板条马氏体组成,且基体中未发现残余奥氏体和第二相析出物。

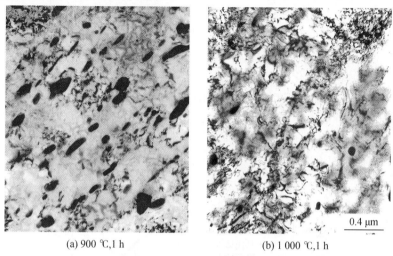

(a) 900 ℃,1 h　　　　　　　　(b) 1 000 ℃,1 h

图 3.11　马氏体时效不锈钢高温固溶处理后的 TEM 组织

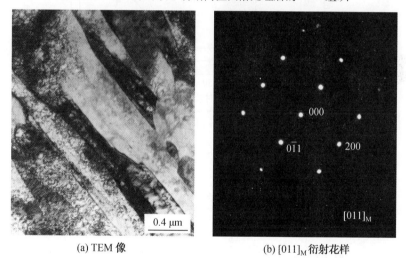

(a) TEM 像　　　　　　　　(b) [011]$_M$ 衍射花样

图 3.12　马氏体时效不锈钢经 1 050 ℃,1 h 固溶处理后的 TEM 像及选区电子衍射花样

图 3.13 为图 3.11(a)中高温析出相的 STEM 能量分散 X 射线谱,表 3.1 为对 5 个球形析出相粒子进行能谱分析得到的平均化学成分。由图 3.13 和表 3.1 可见,高温析出相中 Fe,Mo 和 Cr 的含量较多,而 Ni,Co 的含量较少,其组成化学式可以写成 $(Fe, Ni, Co)_2(Mo, Cr)$,非常接近 Fe_2Mo,可以看成是 Fe_2Mo 中 Ni,Co 代替部分 Fe 而 Cr 代替部分 Mo 形成的合金化

合物。图 3.14 给出了高温析出相(图 3.11(a))衍射谱的标定结果,结果显示这种高温析出相就是 Laves-Fe_2Mo,晶带轴为 $[\bar{1}02]$,Laves-Fe_2Mo 与马氏体的取向关系为 $(\bar{1}01)_M//(200)_{Fe_2Mo}$,这与前面热力学计算的结果相同,由此说明析出相的热力学计算可信度较高。Laves-Fe_2Mo 相的形成与合金中的 W,Mo 含量较高有关,有研究表明,当合金中(W+Mo)含量在 6%~7%(质量分数)并且形成碳化物时,就有可能出现 Laves 相。以往的许多研究都证明了马氏体不锈钢高温回火后有 Laves 相析出。如伊势田等人证明了 12%(质量分数)Cr 型马氏体不锈钢在 600 ℃以上温度长时间回火时析出 Laves-Fe_2Mo 相并成为钢脆化的原因。Fe_2Mo 相为密排六方结构,赵振业等人测定出在高强度马氏体不锈钢中 Fe_2Mo 与马氏体两相间晶体学取向有 24 个等效关系。

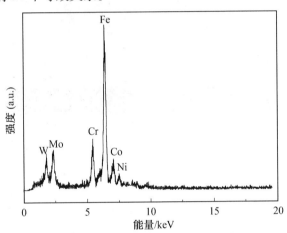

图 3.13　马氏体时效不锈钢高温析出相能谱分析

表 3.1　析出相的能谱分析结果　　　　　　　(原子数分数,%)

合金元素	Fe	Ni	Co	Mo	Cr	W
含量	51.92	5.34	7.54	27.12	5.22	2.86

图 3.15 是马氏体时效不锈钢经 1 100 ℃固溶处理后,500 ℃时效 12 h 的 TEM 像。可见析出相均匀弥散分布在基体中,形状为条棒状,其尺寸约为 30 nm,不存在析出相的界面偏聚析出现象。图 3.15(b)给出了经 12 h 时效后衍射的标定结果,结果显示马氏体时效不锈钢在 500 ℃时效后的组织中,析出的就是 R 相,与前面的热力学计算结果一致。R 相是 Cr-Co-Mo 的金属间化合物,属六方晶系,其晶格常数为 $a=1.090$ nm,$c=1.934\ 2$ nm,是马氏体时效不锈钢中最主要的强化相。

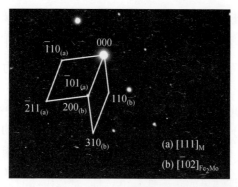

图 3.14 马氏体时效不锈钢高温析出相衍射花样

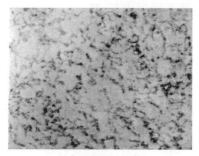 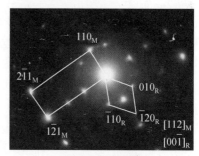

(a) 析出相的TEM像　　　　　(b) 析出相衍射谱标定

图 3.15 马氏体时效不锈钢经 500 ℃时效处理 12 h 后的 TEM 像

3.2.5 00Cr13Ni7Co4Mo4W2 马氏体时效不锈钢热处理工艺

从热力学计算结果来看,马氏体时效不锈钢高温析出 Laves-Fe$_2$Mo 相,Laves-Fe$_2$Mo 相的存在,不可避免地恶化钢的韧性。因此,马氏体时效不锈钢的固溶处理温度不能低于 1 050 ℃,但固溶处理温度也不能过高。虽然固溶温度升高会使时效强化元素充分而均匀地固溶,有利于时效沉淀相大量而弥散地析出,从而提高钢的强韧性;但固溶温度过高,会导致奥氏体晶粒长大,也会导致淬火组织中出现孪晶马氏体,同样损害钢的强韧性。因此,固溶温度应选择在 1 100 ℃左右为宜。

马氏体时效不锈钢的主要析出强化相是 R 相,对钢的强化作用很强;逆转变奥氏体对马氏体时效钢具有韧化的作用,但过多的逆转变奥氏体又使钢的强度降低。从图 3.10 的计算结果看,时效温度应选择在 475 ~ 525 ℃,在此温度区间,各相的数量配比比较合理,可保证基体为马氏体组

131

织,同时 R 相(8%(质量分数)左右)和奥氏体(10% ~ 12 %(质量分数))
数量都保持在合理的范围内,并使 R 相保持细小、弥散,使钢获得良好的强
韧性配合。因此,马氏体时效不锈钢的热处理工艺应确定在 1 100 ℃ 左右
固溶处理,500 ℃ 左右时效处理。

3.2.6 00Cr13Ni7Co4Mo4W2 马氏体时效不锈钢力学性能

根据析出相的热力学计算结果,00Cr13Ni7Co4Mo4W2 马氏体时效不锈
钢的热处理工艺应确定在 1 100 ℃ 左右固溶处理、500 ℃ 左右时效处理。
为验证热力学计算结果的正确性及可行性,对马氏体时效不锈钢的力学性
能进行全面研究。

1. 固溶温度对固溶态马氏体时效不锈钢力学性能的影响

00Cr13Ni7Co4Mo4W2 马氏体时效不锈钢在 820 ~ 1 200 ℃ 不同温度进
行 1 h 保温处理,其硬度随固溶温度的变化曲线如图 3.16 所示。由图可
见,固溶温度对马氏体时效不锈钢的固溶态硬度的影响很大。固溶温度低
于 900 ℃,随着固溶温度的提高,固溶态硬度随之升高;但固溶温度超过
900 ℃,随着固溶温度的提高,固溶态硬度值随着固溶温度的提高而降低,
其硬度值在 36 ~ 27 HRC 变化;固溶温度超过 1 050 ℃(包括1 050 ℃),硬
度值基本保持不变。可以认为,在固溶温度超过 1 050 ℃时,固溶态硬度
值不受固溶温度的影响。

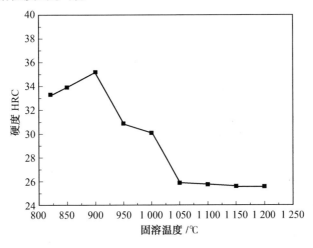

图 3.16 固溶温度对固溶态马氏体时效不锈钢硬度的影响

马氏体时效不锈钢在不同温度固溶处理后拉伸性能如图 3.17 所示。
由图可见,在 900 ℃ 以下固溶处理,屈服强度、抗拉强度随着固溶温度的提

高而略有升高;在 900 ~ 1 000 ℃固溶处理,屈服强度、抗拉强度随着固溶温度的提高而下降,下降幅度大约在 200 MPa;固溶温度超过 1 050 ℃,屈服强度和抗拉强度随着固溶温度的升高变化不大,可以认为屈服强度、抗拉强度不受固溶温度的影响,晶界强化作用不明显,固溶强化作用比晶界强化作用更为重要。

固溶温度对塑性也有一定影响,固溶温度低于 1 050 ℃,随着固溶温度的升高,延伸率和断面收缩率也随之有所提高;而在 1 050 ~ 1 200 ℃固溶处理时,延伸率和断面收缩率基本不变,分别保持在 14% 和 60% 左右,固溶态马氏体时效不锈钢具有良好的塑性。

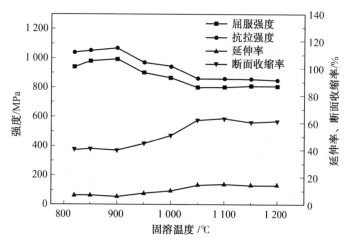

图 3.17 固溶温度对固溶态马氏体时效不锈钢拉伸性能的影响

固溶温度对固溶态马氏体时效不锈钢冲击韧性的影响如图 3.18 所示。由图可见,固溶温度对冲击韧性的影响很大。当固溶温度低于 1 000 ℃时,冲击韧性较差,冲击值为 22 ~ 40 J/cm²,这与在此温度区间马氏体时效不锈钢高温脆性析出相(Laves-Fe₂Mo)的析出有关;此后,随着固溶温度的提高,脆性相逐渐溶解到奥氏体中,冲击韧性也逐渐升高;当固溶温度达到 1 050 ℃时,冲击韧性升高到 127 J/cm²。从图 3.18 可以看出,在 1 050 ~ 1 200 ℃固溶时,固溶态马氏体时效不锈钢具有良好的冲击韧性,冲击韧性取得最大值约 130 J/cm²,在此温度区间,即高温固溶或粗大的再结晶晶粒对冲击韧性的影响不大。

马氏体时效不锈钢固溶态冲击试样微观断口形貌如图 3.19 所示。微观断口的 SEM 观察结果表明,从图 3.19(a)、(b)、(c)、(d)可见,在 820 ~ 1 000 ℃固溶处理后马氏体时效不锈钢的冲击断口微观形貌呈现韧窝和准

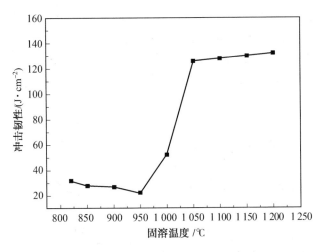

图 3.18　固溶温度对固溶态马氏体时效不锈钢冲击韧性的影响

解理的混合断口,可见明显的撕裂棱,韧窝较浅,韧窝尺寸随固溶温度的升高而稍变大。在 1 050 ℃ 和 1 200 ℃ 固溶处理 1 h,冲击断口均呈现大而深的塑性变形韧窝(图 3.19(e)、(f)),随着固溶温度的升高,韧窝形貌基本没有改变。表明在此温度范围内固溶处理,马氏体时效不锈钢具有良好的变形能力,材料在断裂过程中都经历了微孔的形核、聚合,最后穿晶断裂,这与固溶态冲击性能一致。

2. 固溶温度对时效态马氏体时效不锈钢力学性能的影响

固溶温度对固溶态马氏体时效不锈钢的组织及力学性能具有很大的影响。为了获得没有残留高温粗大析出相的马氏体组织,避免力学性能的恶化,固溶温度应选择在 1 050 ℃ 以上。图 3.20 是马氏体时效不锈钢在不同固溶状态下,在 500 ℃ 时效处理后的时效硬化曲线。实验结果表明,在时效过程的最初 30 min 内,硬度急剧增加到最大硬度的 80% 左右,因此很难从实验中将时效形核阶段区分出来,这与马氏体时效钢的时效特征完全相同。随后在达到时效峰值硬度之前,时效硬化速度逐渐下降。达到时效硬度峰值的时间随固溶状态的不同而略有差别。随着时效时间的进一步延长,硬度缓慢下降,但下降幅度不大。在不同固溶条件下,时效硬度曲线的变化趋势相同,峰值时效都存在较宽的时间范围。试样经 1 200 ℃,1 h 高温固溶处理后,时效硬度峰值最低,这与晶粒的过度长大有关。由时效硬化曲线可见,试样经 1 100 ℃,1 h 固溶处理后可以获得理想的时效硬度。

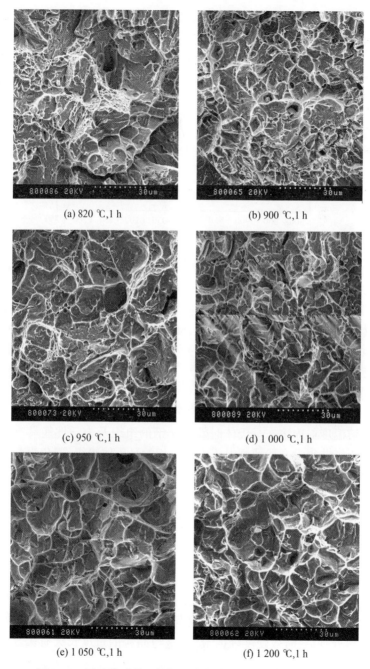

(a) 820 ℃,1 h

(b) 900 ℃,1 h

(c) 950 ℃,1 h

(d) 1 000 ℃,1 h

(e) 1 050 ℃,1 h

(f) 1 200 ℃,1 h

图 3.19　马氏体时效不锈钢固溶态冲击试样微观断口形貌

　　马氏体时效不锈钢经不同温度固溶处理后,在 500 ℃ 时效处理 6 h 后的力学性能测试结果如图 3.21 所示。由图可见,在各固溶温度下,马氏体时效不锈钢时效处理后强度迅速提高,屈服强度由固溶态下的 850 MPa 提高到时效态的 1 400 MPa 以上。固溶温度在 1 050 ~ 1 150 ℃,时效后的强度变化不大;但当固溶温度由 1 050 ℃ 提高到 1 200 ℃ 后,屈服强度和抗拉强度分别降低 100 MPa 和 120 MPa。断面收缩率和延伸率随着固溶温度的提高没有明显变化。

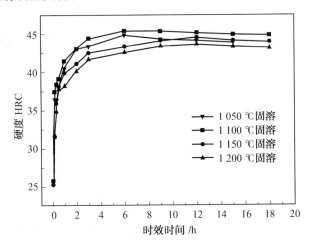

图 3.20　马氏体时效不锈钢 500 ℃ 时效的硬化曲线

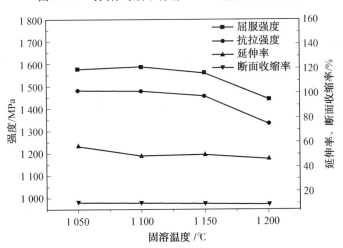

图 3.21　固溶温度对时效态马氏体时效不锈钢拉伸性能的影响

3. 时效硬化曲线

由前面固溶温度对力学性能的影响研究可知,00Cr13Ni7Co4Mo4W2
马氏体时效不锈钢最佳的固溶温度为 1 100 ℃。图 3.22 是马氏体时效不
锈钢在 1 100 ℃,1 h 固溶处理后,在不同时效温度下的时效硬化曲线。由
图可见,马氏体时效不锈钢与马氏体时效钢一样,时效硬化速度取决于时
效温度。随着时效温度的提高,时效硬化速度加快,出现峰值的时间缩短。
时效温度较低时(450～475 ℃),时效 1 h 硬度达到峰值的 80% 左右;而时
效温度较高时(525～550 ℃),则为 10 min 左右。此外,峰时效时的硬度亦
与时效温度有关。时效温度越低,硬度峰值越高,但达到峰时效的时间越
长。如在 450 ℃时效 24 h 仍未达到峰时效,而在 525 ℃时效,6 h 即达到
峰时效。

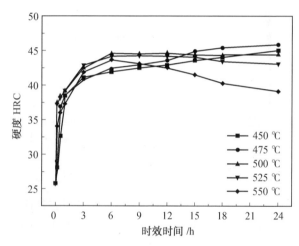

图 3.22　马氏体时效不锈钢 1 100 ℃固溶处理后的时效硬化曲线

4. 马氏体时效不锈钢拉伸性能

对马氏体时效不锈钢在 1 100 ℃进行固溶处理 1 h,分别在 450 ℃,
500 ℃和 550 ℃时效处理,然后进行力学性能测试,其结果如图 3.23～
3.25所示。

马氏体时效不锈钢在 450 ℃时效处理时,其拉伸性能随时间的变化如
图 3.23 所示。当时效时间为 6 h 时,抗拉强度和屈服强度分别为
1 245 MPa 和 1 170 MPa;随着时效时间的延长,强度逐渐增加,时效 48 h
时,抗拉强度和屈服强度分别达到 1 560 MPa 和 1 480 MPa。延伸率和断
面收缩率则表现出相反的趋势,随着时效时间的延长有轻微的下降,由时
效 6 h 的 10.9% 和 56.9% 分别降低到时效 48 h 的 9.5% 和 53.1%。

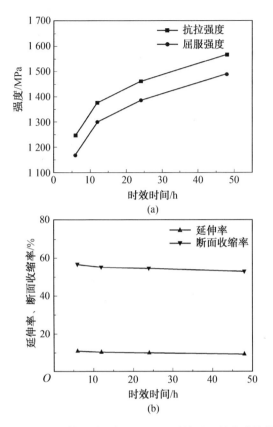

图 3.23　马氏体时效不锈钢 450 ℃时效处理的力学性能

马氏体时效不锈钢在 500 ℃时效处理时,其拉伸性能随时间的变化如图 5.24 所示。当时效 3 h 时,抗拉强度和屈服强度分别为 1 445 MPa 和 1 368 MPa;时效 6 h,抗拉强度和屈服强度分别达到峰值 1 577 MPa 和 1 482 MPa,这与时效硬化曲线的变化相一致。在峰时效,马氏体时效不锈钢表现出良好的塑性,其延伸率和断面收缩率分别为 10.5% 和 56.3%。当时效 24 h,其强度略有下降,延伸率和断面收缩率有轻微提高。在整个时效区间,其屈强比保持在 0.94 左右。冲击韧性随时间的变化曲线如图 5.24(c)所示,时效 3 h,冲击韧性为 35.7 J/cm² ;此后随着时效时间的延长,冲击韧性逐渐升高,如时效 24 h,冲击韧性达到 37.8 J/cm² 。

马氏体时效不锈钢在 550 ℃时效处理时,其拉伸性能随时间的变化如图 3.25 所示。当时效时间为 3 h 时,抗拉强度和屈服强度分别为 1 400 MPa 和 1 335 MPa;时效 6 h,抗拉强度和屈服强度达到峰值 1 460 MPa

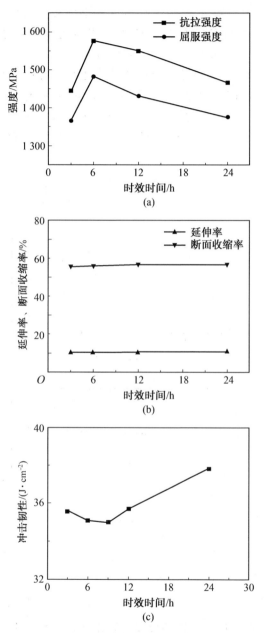

图 3.24　马氏体时效不锈钢 500 ℃时效处理的力学性能

和 1 390 MPa；时效 12 h，抗拉强度和屈服强度分别降低到 1 320 MPa 和
1 240 MPa。在 550 ℃时效，其时效峰值低于 450～500 ℃时效时的峰值，

这与在550 ℃以上时效,逆转变奥氏体大量形成的热力学计算结果吻合。其延伸率和断面收缩率则随时效时间的延长而逐渐增大,如时效 12 h,延伸率和断面收缩率分别达到11.4%和58.6%。

由图可见,马氏体时效不锈钢的最佳热处理工艺为1 100 ℃固溶1 h, 500 ℃ 时效 6 h,抗拉强度和屈服强度分别达到峰值 1 577 MPa 和 1 482 MPa。在峰时效,马氏体时效不锈钢表现出良好的塑性,其延伸率和断面收缩率分别为10.5%和56.3%。与根据热力学计算分析结果确定的热处理工艺吻合。

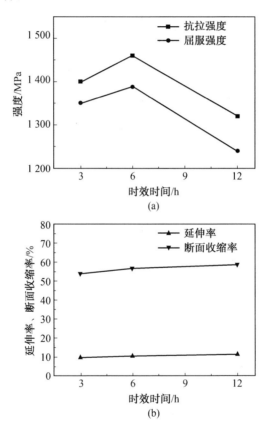

图 3.25 马氏体时效不锈钢 550 ℃时效处理的力学性能

综合上述分析可知,马氏体时效不锈钢的最佳热处理工艺为 1 100 ℃固溶1 h,500 ℃时效 6 h。此温度正好处于热力学计算择优温度区间 475～525 ℃。可见,通过热力学计算优化马氏体时效不锈钢热处理工艺参数具有较高的可信度。

根据热力学计算的金属间化合物敏感析出温度可确定时效温度,并可结合其他伴随相(如逆转变奥氏体)的计算结果进一步优化工艺参数。因此析出相的热力学计算真实地反映了马氏体时效不锈钢的强化特性,对制定马氏体时效不锈钢的热处理工艺以及新材料的开发具有指导作用。

3.3　00Cr13Ni7Co5Mo4Ti 马氏体时效不锈钢热处理工艺优化

3.3.1　00Cr13Ni7Co5Mo4Ti 马氏体时效不锈钢高温析出相的热力学计算

利用 Thermo-Calc 软件及相应的数据库进行计算,在给定的不同温度下,输入条件完全相同。以组成元素为组元,按质量分数输入,各组元分别为 $w(\text{C}) = 0.0092\%$, $w(\text{Co}) = 5.361\%$, $w(\text{Cr}) = 13.283\%$, $w(\text{Mo}) = 3.598\%$, $w(\text{Ni}) = 7.372\%$, $w(\text{Ti}) = 0.663\%$, 余量为 Fe, 各组元总摩尔数为 1,压力 p 为一个大气压。

马氏体时效不锈钢固溶态 Thermo-Calc 热力学计算结果如图 3.26 所示。由图可见,00Cr13Ni7Co5Mo4Ti 马氏体时效不锈钢在固溶处理过程中的基体组织为奥氏体(图 3.26(a)),并有两种沉淀相析出(图 3.26(b))。在不同的固溶温度下,组织中相的类型、数量随温度的变化而发生变化。在 800 ℃固溶时,钢的基体组织为奥氏体以及有约 0.01%(质量分数)未溶的 TiC 存在,同时有 Laves-Fe$_2$Mo 相析出,Laves 相的数量为 0.4%(质量分数);但 Laves 相在 850 ℃即全部溶解到奥氏体中;而 TiC 的数量随着固溶温度的升高逐渐减少, TiC 在 1 300 ℃以上全部溶解。

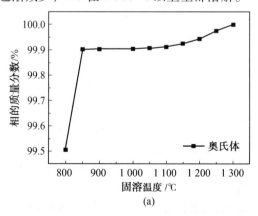

(a)

图 3.26　马氏体时效不锈钢各相析出量与固溶温度的计算曲线

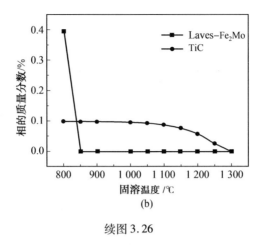

续图 3.26

3.3.2 00Cr13Ni7Co5Mo4Ti 马氏体时效不锈钢时效析出相的热力学计算

Thermo-Calc 软件是根据热力学原理开发的。对一定组元的合金系，在给定温度和压力下，用 Thermo-Calc 软件可计算各相的驱动力，根据驱动力的计算结果可判定可能产生的析出相，并在此基础上由合金成分计算析出相的摩尔数。运用 Thermo-Calc 软件不仅可以进行平衡态热力学计算，也可以进行亚稳态的热力学计算。平衡态是指在给定的成分、温度和压力下，将该状态保持足够长的时间，使组织完全达到热力学平衡，整个系统达到能量最低的状态。

1. 平衡态计算结果与分析

在平衡态条件下，时效析出相的计算输入条件与固溶析出计算完全相同。计算结果如图 3.27 所示，马氏体时效不锈钢在时效处理过程中，有七种相存在。由图 3.27(a)可见，钢的基体组织为奥氏体与马氏体，从马氏体和奥氏体的相含量随时效温度的变化可以看出，基体组织变化主要是较低时效温度下的残余奥氏体分解和较高时效温度下的逆转变奥氏体形成，其中逆转变奥氏体在 480 ℃ 以上发生，奥氏体含量随时效温度升高逐渐增加，马氏体含量随时效温度升高逐渐减少。从图 3.27(b)热力学计算结果可以看出，在不同的时效温度下，时效组织中各种相的类型与数量完全不同，随着时效温度的变化发生很大的变化。在时效过程中有五种相析出，分别是 σ-FeMo 相、Laves-Fe$_2$Mo 相、μ 相、Ni$_3$Ti 和 TiC。Laves-Fe$_2$Mo 相、μ 相和 Ni$_3$Ti 随着时效温度升高逐渐回溶，Ni$_3$Ti 和 σ-FeMo 相在大约

460 ℃、μ 相在大约 580 ℃ 全部溶解；而 Laves-Fe$_2$Mo 相只在 460~540 ℃ 析出，并且数量很少；TiC 的数量并不随着时效温度的升高而发生变化，基本保持在 0.09%（质量分数）。

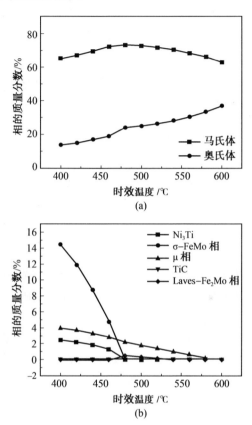

图 3.27　平衡态下，马氏体时效不锈钢各相析出量与时效温度的计算曲线

2. 非平衡态计算结果与分析

在实际的热处理过程中，因淬火冷却速度较快及时效处理的时间较短，时效组织远未达到平衡态，时效后的组织是亚稳相，亚稳相是一种非平衡相，由于存在动力学上的障碍或阻力，使它在具有实际意义的时间尺度内成为"稳定"存在的相。研究表明，σ-FeMo 相是球形相，其颗粒直径较大，它的存在将引起材料脆性增大，如果正常时效过程中主要析出相是 σ-FeMo 相，那么马氏体时效钢中就不可能有较好的韧性，因此可认为，σ-FeMo 相不应是正常时效过程中的析出相，如果有该相存在，那么其数量也是极少的。另外，Laves-Fe$_2$Mo 相是过时效的产物，是稳定相，其强化效

果差。同时,前述固溶过程的平衡态计算结果也表明,Laves 相是一种高温析出相,所以正常时效过程中不应有 Fe_2Mo 相的存在。

　　根据相关文献,Ni_3Ti 和马氏体之间的取向关系表明,Ni_3Ti 相在马氏体中的沉淀析出只需要很小的原子移动和晶格应变,比 Laves 相和 $\sigma-FeMo$ 相更易在时效过程中析出。所以,时效组织必须是亚稳态,其时效析出相应完全不同于平衡态的析出相。

　　在进行非平衡态的计算时,输入条件即温度、压力和各组元含量与平衡态的没有差别,但对析出相的类型做了一定限制,设定 $\sigma-FeMo$ 相为稳定相,Laves 相为高温析出相。

　　图 3.28 给出了非平衡态的计算结果。由图 3.28(a)可见,在 400 ~ 500 ℃,钢的基体组织为马氏体,但逆转变奥氏体开始形成,使奥氏体数量逐渐增加。时效温度为 400 ℃,奥氏体的数量约为 12.5%(质量分数),时

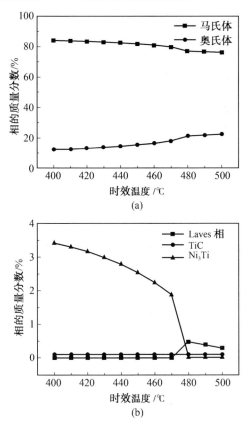

图 3.28　非平衡状态下,马氏体时效不锈钢各相析出量与时效温度的计算曲线

效温度达到 500 ℃ 时,奥氏体的数量已达到 22. 26%(质量分数)。由图 3. 28(b)可见,在 400 ℃ 时效时,钢中析出了金属间化合物 Ni₃Ti,数量为 3. 4%(质量分数),Ni₃Ti 随时效温度升高而逐渐回溶,时效温度升高到 480 ℃ 时,Ni₃Ti 全部溶解,与此同时有 Laves 相开始析出,但数量很少,仅 为0. 47%(质量分数),析出后即逐渐溶解;另外,在整个温度区间内,有少 量约 0. 09%(质量分数)的 TiC 碳化物析出,其数量并不随时效温度的升 高发生变化,表明已全部析出。

根据析出相随时效温度的变化规律,可以将析出相分为两类,第一类 为碳化物,这类析出物对时效温度的变化不敏感,在整个时效温度范围内 析出的数量很少,这与马氏体时效不锈钢的碳含量极低有关,因此这一类 析出相不可能成为主要的析出强化相;第二类即为金属间化合物 Ni₃Ti 和 Laves 相,对时效温度非常敏感,第二类析出相(金属间化合物)对时效温 度变化的敏感性决定了它是主要的析出强化相。根据热力学计算的金属 间化合物敏感析出温度可确定时效温度,并可结合其他伴随相的计算结果 进一步优化工艺参数。

3.3.3 00Cr13Ni7Co5Mo4Ti 马氏体时效不锈钢热处理工艺

从热力学计算结果来看,00Cr13Ni7Co5Mo4Ti 马氏体时效不锈钢的固 溶温度不能低于 850 ℃,低于 850 ℃ 固溶处理会析出 Laves-Fe₂Mo 相, Laves 相的存在,不可避免地恶化钢的韧性。但固溶处理温度也不能过高。 虽然固溶温度升高会使时效强化元素充分而均匀地固溶,有利于时效沉淀 相大量而弥散地析出,从而提高钢的强韧性,但固溶温度过高,会导致奥氏 体晶粒长大,也会导致淬火组织中出现孪晶马氏体,同样损害钢的强韧性。 因此,固溶温度应选择在 1 050 ℃ 左右为宜。

00Cr13Ni7Co5Mo4Ti 马氏体时效不锈钢的主要析出强化相是 Ni₃Ti 相,对钢的强化作用很强。逆转变奥氏体对马氏体时效钢的力学性能具有 韧化的作用,但过多的逆转变奥氏体又使钢的强度降低。从计算结果看, 时效温度高于 470 ℃,Ni₃Ti 全部回溶,Laves 相开始析出,且数量很少,并 且随时效温度升高逐渐溶解,不可能成为马氏体时效不锈钢的主要强化 相。因此,时效温度应选择在 420 ~ 460 ℃,在此温度区间,各相的数量配 比比较合理,可保证基体为马氏体组织,同时 Ni₃Ti 相(3%(质量分数)左 右)和奥氏体(15%(质量分数)左右)数量都保持在合理的范围内,并使 Ni₃Ti 相保持细小、弥散,使钢获得良好的强韧性配合。

因此,00Cr13Ni7Co5Mo4Ti 马氏体时效不锈钢的热处理工艺应确定在

1 050 ℃ 左右固溶处理，450 ℃ 左右进行时效处理。这与第 4 章 00Cr13Ni7Co5Mo4Ti 马氏体时效不锈钢力学性能与显微组织的研究结果相符。使用 Thermo-Calc 热力学计算软件分析计算马氏体时效不锈钢的析出行为，基本能够反映马氏体时效不锈钢的强化特性。

第4章　新型高强高韧马氏体时效不锈钢的力学性能与显微组织

近年来,随着海洋开发、石油化工以及航空航天工业的迅速发展,对不锈钢的使用可靠性要求更加严格,对马氏体时效不锈钢的强韧性提出了更高的要求。超高强度不锈钢中沉淀硬化不锈钢的强度高(σ_b可达1 375 MPa),耐蚀性一般不低于18Cr-8Ni不锈钢,但韧性及冷成型性较差。马氏体时效不锈钢的冷热加工性、低温韧性以及强韧性配合均较好,用马氏体时效不锈钢逐步代替沉淀硬化不锈钢是高强度不锈钢发展的重要趋势,是超高强度不锈钢最具有发展前途的钢种。现已广泛应用于航空航天、机械制造、原子能等重要领域。因此,研究开发高强高韧马氏体时效不锈钢具有重要的实际意义。

本章主要研究固溶温度和时效温度对新型00Cr13Ni7Co5Mo4Ti马氏体时效不锈钢力学性能的影响,全面掌握00Cr13Ni7Co5Mo4Ti马氏体时效不锈钢在不同固溶温度和不同时效温度下的组织结构变化,这对实际应用具有重要意义。

4.1　新型高强高韧马氏体时效不锈钢的力学性能

00Cr13Ni7Co5Mo4Ti马氏体时效不锈钢($w(C) = 0.009\ 2\%$,$w(Cr) = 13.283\%$,$w(Ni) = 7.372\%$,$w(Co) = 5.361\%$,$w(Mo) = 3.598\%$,$w(Ti) = 0.663\%$,剩余为Fe)采用工业纯Fe及高纯度Cr,Ni,Co,Mo和W等,经过真空感应熔炼而成,锭重10 kg。钢锭在1 523 K均匀化处理4 h后,再加热至1 473 K保温1 h后锻造开坯,热轧成直径12 mm的坯料。

4.1.1　固溶温度对马氏体时效不锈钢力学性能的影响

1.固溶态硬度

马氏体时效不锈钢在900～1 200 ℃不同温度进行1 h保温固溶处理,其硬度随固溶温度的变化曲线如图4.1所示。由图可见,固溶温度对马氏体时效不锈钢的固溶态硬度的影响不大,在整个温度区间硬度在28～31 HRC变化,随固溶温度升高硬度略有下降。图4.2给出了在不同温度固

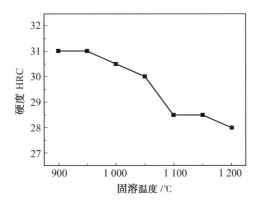

图 4.1　固溶温度对马氏体时效不锈钢固溶态硬度的影响

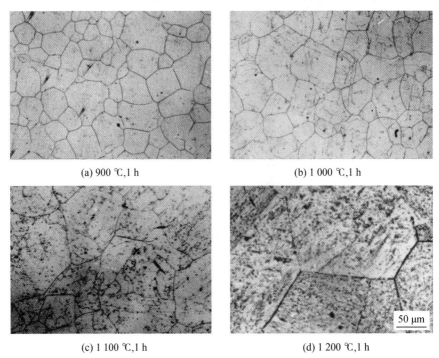

(a) 900 ℃,1 h　　　　　　　　　(b) 1 000 ℃,1 h

(c) 1 100 ℃,1 h　　　　　　　　　(d) 1 200 ℃,1 h

图 4.2　00Cr13Ni7Co5Mo4Ti 马氏体时效不锈钢经不同固溶温度处理后的
晶粒度金相照片

溶处理 1 h 后的晶粒形貌,马氏体时效不锈钢经 900 ℃固溶处理后晶粒尺寸大约为 40 μm,经 1 000 ℃固溶处理后晶粒平均尺寸为 55 μm 左右,而经 1 100 ℃固溶处理后晶粒平均尺寸为 180 μm 左右,1 200 ℃固溶处理后晶粒平均尺寸为 300 μm 左右。马氏体时效不锈钢在较高温度固溶处理时晶粒会快速长大,但对固溶态硬度的影响不大,可见晶界强化在马氏体时效不锈钢中的作用不明显。

2. 固溶态拉伸性能

马氏体时效不锈钢在 900 ~ 1 200 ℃固溶处理 1 h 后的拉伸性能如图 4.3 所示。由图可见,00Cr13Ni7Co5Mo4Ti 马氏体时效不锈钢固溶态拉伸性能随着固溶温度的提高而略有下降,屈服强度下降幅度在24 MPa 之内,抗拉强度下降幅度在 50 MPa 之内。如在 900 ℃固溶处理,屈服强度、抗拉强度分别为 868 MPa 和 1 046 MPa;在 1 200 ℃固溶处理,屈服强度、抗拉强度分别为 846 MPa 和 996 MPa。固溶温度对 00Cr13Ni7Co5Mo4Ti 马氏体时效不锈钢固溶态拉伸性能影响不大,晶界强化作用不明显,固溶强化作用比晶界强化作用更为重要。

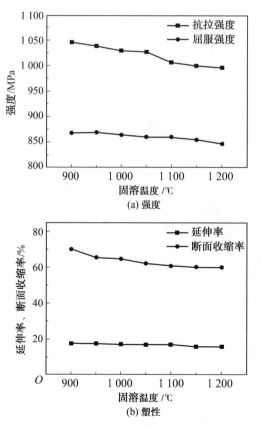

图 4.3　固溶温度对固溶态马氏体时效不锈钢拉伸性能的影响

在固溶态时,马氏体时效不锈钢具有良好的塑性,延伸率和断面收缩率分别为 16% ~17.8% 和 60% ~69.9%,随着固溶温度的升高,尽管延伸率和断面收缩率有轻微下降,但基本可以认为塑性不随固溶温度的升高而变化。

3.固溶态冲击韧性

固溶温度对固溶态马氏体时效不锈钢冲击韧性的影响如图 4.4 所示。随着固溶温度的提高,冲击韧性逐渐降低。当固溶温度为 900 ℃时,冲击韧性取得最大值约为 160 J/cm^2。在 1 150 ℃固溶时,冲击韧性取得最小值为 146 J/cm^2。在各固溶温度下,固溶态马氏体时效不锈钢具有良好的冲击韧性,高温固溶或粗大的再结晶晶粒对冲击韧性的影响不大,细化晶粒的韧化作用有所显现。

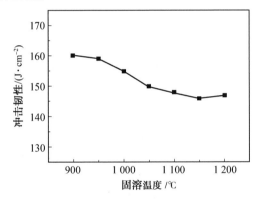

图 4.4　固溶温度对固溶态马氏体时效不锈钢冲击韧性的影响

4.固溶态断口形貌

00Cr13Ni7Co5Mo4Ti 马氏体时效不锈钢在 900 ~1 200 ℃固溶处理1 h,固溶态拉伸断口均为典型的杯锥状,表现出良好的颈缩,具有较强的变形能力。1 050 ℃拉伸断口微观形貌如图 4.5(a)所示,断口呈现出较深的韧窝,断裂明显表现为微孔的萌生、长大与聚合的穿晶断裂,可以看出,裂纹扩展过程中伴随较大的塑性变形,并吸收了较大的能量。冲击断口形貌与拉伸断口一致(图 4.5(b))。

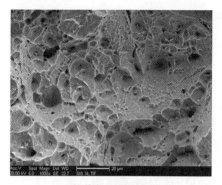
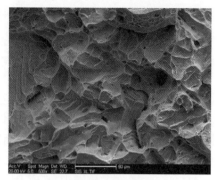

(a) 拉伸断口微观形貌　　　　　　　　(b) 冲击断口微观形貌

图 4.5　马氏体时效不锈钢断口形貌(1 050 ℃ 固溶处理 1 h)

4.1.2　时效处理对马氏体时效不锈钢力学性能的影响

1.时效硬化曲线

图 4.6 是 00Cr13Ni7Co5Mo4Ti 马氏体时效不锈钢在 1 050 ℃ 固溶处理 1 h 后,在不同时效温度下的时效硬化曲线。由图可见,马氏体时效不锈钢与马氏体时效钢一样,时效硬化速度取决于时效温度。随着时效温度的提高,时效硬化速度加快,出现峰值的时间缩短。时效温度较低时(430 ~ 475 ℃),时效 1 h 硬度达到峰值的 90% 左右,但达到峰时效的时间较长,如 430 ℃ 时效处理峰时效时间为 15 h;而时效温度较高时(500 ~ 550 ℃),时效 10 min 硬度达到峰值的 90% 左右,3 h 即达到峰时效。此外,峰时效时的硬度值亦与时效温度有关。时效温度越低,硬度峰值越高,如 450 ℃ 时效硬度峰值为 50.7 HRC,500 ℃ 时效硬度峰值仅为 47.7 HRC,而 550 ℃ 时效硬度峰值仅为 44.5 HRC。由前面的热力学计算结果可知,产生这种差异的原因是由于时效过程中析出的金属间化合物类型不同,450 ℃ 时效析出强化相为 Ni_3Ti,480 ℃ 以上 Ni_3Ti 全部溶解,时效析出强化相为 Laves 相,二者强化效果不同,对力学性能影响较大,后面的微观组织观察结果也证实了这一点。

2.430 ℃ 时效力学性能

马氏体时效不锈钢在 430 ℃ 时效处理时,其力学性能随时间的变化如图 4.7 所示。当时效时间为 6 h 时,抗拉强度和屈服强度分别为 1 465 MPa 和 1 320 MPa;随着时效时间的延长,强度逐渐增加,时效 12 h,抗拉强度和屈服强度分别达到峰值 1 620 MPa 和 1 495 MPa;时效时间超过 12 h 以后,强度有所下降。　延伸率和断面收缩率随着时效时间的延长或强度的提高

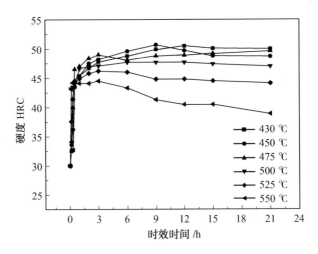

图 4.6　马氏体时效不锈钢 1 050 ℃固溶处理后的时效硬化曲线

基本保持不变,在峰时效保持了良好的塑性,延伸率、断面收缩率分别为 12.2% 和 55.6%。在此温度下,冲击韧性随时间的变化曲线如图 4.7(c) 所示,时效 6 h,冲击韧性为 132 J/cm^2,峰时效(时效 12 h)冲击韧性为 98 J/cm^2,仍然保持了较高的韧性。可以看出,在该温度峰时效状态下,强度和韧性达到了良好的配合。

3. 450 ℃时效力学性能

450 ℃时效处理不同时间的力学性能如图 4.8 所示。由图 4.8(a)可见,当时效时间为 6 h 时,抗拉强度和屈服强度分别为 1 495 MPa 和 1 370 MPa;随着时效时间的延长,强度逐渐增加,时效处理 9 h 时,达到峰时效状态,抗拉强度和屈服强度分别为 1 670 MPa 和 1 510 MPa;时效12 h,抗拉强度和屈服强度分别达到 1 624 MPa 和 1 490 MPa。这与时效硬化曲线的变化相一致。延伸率和断面收缩率随着时效时间的延长有轻微的提高,在峰时效仍保持了良好的塑性,延伸率、断面收缩率分别为 12.1% 和 55.6%。在此温度下,冲击韧性随时间的变化曲线如图 4.8(c)所示,时效 6 h,冲击韧性为 124 J/cm^2,欠时效下冲击韧性最高;峰时效(时效 9 h)冲击韧性为 100 J/cm^2,仍然保持了较高的韧性;随着时效时间进一步延长,冲击韧性逐渐降低,如时效 12 h,冲击韧性降低到 86 J/cm^2,此后,冲击韧性有所回升,这与逆转变奥氏体含量增多有关。450 ℃时效处理的力学性能与 430 ℃时效处理相比大体相当,但无论是强度还是韧性均稍高,并且出现峰时效的时间更短。

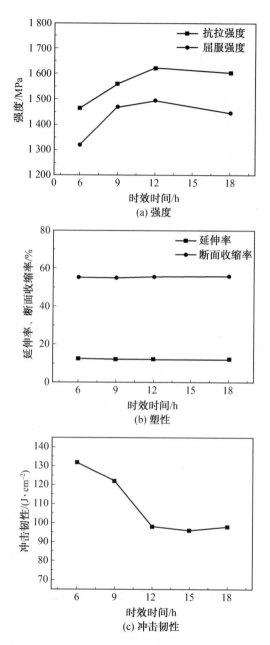

(a) 强度

(b) 塑性

(c) 冲击韧性

图 4.7　430 ℃时效马氏体时效不锈钢力学性能

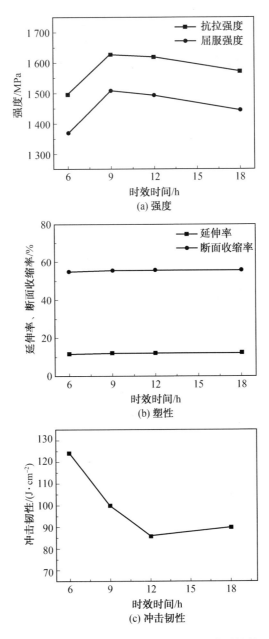

(a) 强度

(b) 塑性

(c) 冲击韧性

图 4.8　450 ℃时效马氏体时效不锈钢力学性能

4.475 ℃时效力学性能

475 ℃时效处理不同时间的力学性能如图4.9所示。由图4.9(a)可

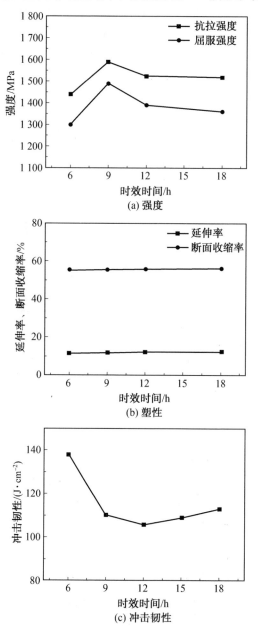

(a) 强度

(b) 塑性

(c) 冲击韧性

图4.9 475 ℃时效马氏体时效不锈钢力学性能

见,当时效时间为 6 h 时,抗拉强度和屈服强度分别为 1 440 MPa 和 1 300 MPa;随着时效时间的延长,强度逐渐增加,时效处理 9 h 时,达到峰时效状态,抗拉强度和屈服强度分别为 1 590 MPa 和 1 460 MPa,低于 430 ℃、475 ℃时效处理峰时效强度值;时效 12 h,抗拉强度和屈服强度分别达到1 524 MPa 和 1 390 MPa。延伸率和断面收缩率随着时效时间的延长有所提高,延伸率、断面收缩率分别为 12.5% 和 56% 左右。在此温度下,冲击韧性随时间的变化曲线如图 4.9(c)所示,时效 6 h,冲击韧性为 138 J/cm^2;峰时效(时效 9 h)冲击韧性为 110 J/cm^2;随着时效时间进一步延长,冲击韧性有所回升,如时效 12 h,冲击韧性降低到 106 J/cm^2,其原因为时效温度高,导致析出相的粗化,使析出相强化效果减弱,以及逆转变奥氏体含量增多具有一定的韧化作用。

5.500 ℃时效力学性能

马氏体时效不锈钢在 500 ℃时效处理时,其力学性能随时间的变化如图 4.10 所示。当时效时间为 2 h 时,抗拉强度和屈服强度分别为1 326 MPa 和

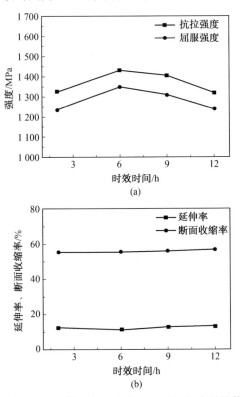

图 4.10　500 ℃时效马氏体时效不锈钢力学性能

1 235 MPa;时效 6 h,抗拉强度和屈服强度达到峰值 1 430 MPa 和 1 310 MPa;时效 12 h,抗拉强度和屈服强度分别降低到 1 320 MPa 和 1 240 MPa。在 500 ℃时效,其时效峰值低于 430 ℃,450 ℃,475 ℃时效时的峰值,这与在 500 ℃以上时效,逆转变奥氏体大量形成的热力学计算结果吻合,以及析出相类型的改变有关。其延伸率和断面收缩率则随时效时间的延长而逐渐增加,如时效 12 h,延伸率和断面收缩率分别达到 13.3% 和 56.7%。

综合上述分析可知,00Cr13Ni7Co5Mo4Ti 马氏体时效不锈钢的最佳热处理工艺为 1 050 ℃固溶 1 h,450 ℃时效 9 h。此温度正好处于第 3 章 3.3 节热力学计算择优温度区间 430~470 ℃。可见,通过热力学计算优化马氏体时效不锈钢热处理工艺参数具有较高的可信度。

6. 断口分析

00Cr13Ni7Co5Mo4Ti 马氏体时效不锈钢宏观拉伸断口为典型的杯锥状断口,表现出良好的延伸和颈缩。图 4.11 所示为马氏体时效不锈钢在

(a) 6 h (b) 9 h

(c) 12 h

图 4.11 马氏体时效不锈钢拉伸断口形貌
(1 050 ℃固溶处理 1 h,450 ℃时效处理)

1 050 ℃固溶处理、450 ℃时效不同时间后,拉伸试样的微观断口形貌。由图可见,断口的微观形貌呈现出较深的韧窝,断裂明显表现为微孔的萌生、长大与聚合的穿晶断裂,表明马氏体时效不锈钢具有良好的变形能力。欠时效状态下(时效6 h)韧窝相对小而浅,塑性变形能相对较弱;峰时效(时效9 h)和过时效(时效12 h)状态下韧窝相对大而深,塑性变形能相对较强,这与450 ℃时效处理后塑性随时间延长稍有增加相符。

图4.12为马氏体时效不锈钢在450 ℃时效处理不同时间后冲击试样的微观断口形貌,冲击试样的断口形貌主要为韧窝断口,欠时效(时效6 h)、峰时效(时效9 h)和过时效(时效12 h)状态下,韧窝差别较小。韧窝大而深,表明裂纹扩展过程中伴随较大的塑性变形和撕裂行为,并吸收了较大的能量。这与马氏体时效不锈钢在高强度下仍然保持较高韧性是一致的。

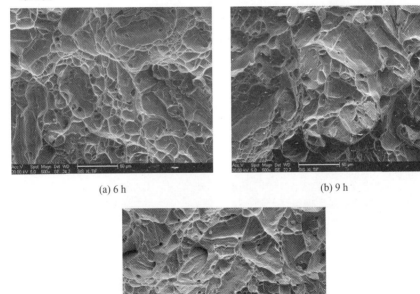

(a) 6 h   (b) 9 h

(c) 12 h

图4.12 马氏体时效不锈钢冲击断口形貌
(1 050 ℃固溶处理1 h,450 ℃时效处理)

4.2 新型高强高韧马氏体时效不锈钢的显微组织

4.2.1 固溶处理对马氏体时效不锈钢组织的影响

把热轧后的材料在 1 250 ℃保温 1 h 固溶处理后，重新加热到 950 ℃，1 000 ℃，1 050 ℃，1 100 ℃，1 150 ℃，1 200 ℃，保温 1 h 后水冷，其金相组织如图 4.13 所示。由图可见，在不同温度固溶处理下晶粒形貌都为均匀

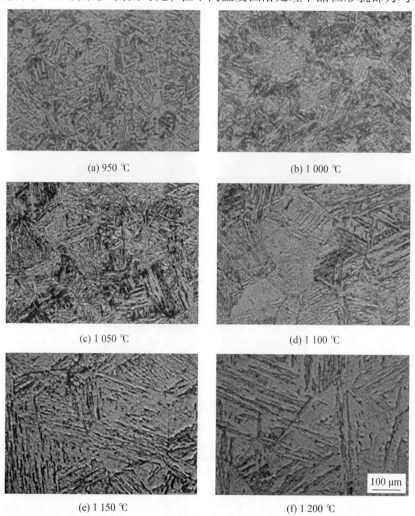

(a) 950 ℃ 　(b) 1 000 ℃

(c) 1 050 ℃ 　(d) 1 100 ℃

(e) 1 150 ℃ 　(f) 1 200 ℃

图 4.13　00Cr13Ni7Co5Mo4Ti 马氏体时效不锈钢经不同温度固溶处理后 1 h 的金相组织

的等轴晶组织,实验中没有发现异常长大的大晶粒。高温下马氏体形貌与低温下的形貌一样,仍然保持板条状,并呈现明显的表面浮凸状。随着固溶温度的升高,再结晶晶粒逐渐长大,但在每个晶粒中仍然保持了较多的板条马氏体亚晶界,而其板条形貌未发生改变。图 4.14 为马氏体时效不锈钢再结晶晶粒长大曲线,由图可见,在 900 ~ 1 050 ℃ 固溶处理时,晶粒长大比较缓慢,如 1 050 ℃ 固溶处理,晶粒长大到约 70 μm,但在 1 100 ℃ 固溶处理,晶粒加速长大到约 180 μm;在 1 200 ℃ 固溶处理,晶粒长大到约 300 μm。00Cr13Ni7Co5Mo4Ti 马氏体时效不锈钢再结晶晶粒长大速度存在明显的拐点,因而固溶温度的控制对晶粒度的大小尤其重要。从金相组织的角度选取固溶温度,应选择在 1 050 ℃ 左右为宜,这与力学性能测试结果吻合。

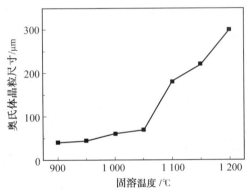

图 4.14　00Cr13Ni7Co5Mo4Ti 马氏体时效不锈钢再结晶晶粒长大曲线

为清楚地确定固溶温度的变化对马氏体时效不锈钢微观组织的影响,分别对马氏体时效不锈钢在不同固溶温度处理后的组织进行了 TEM 观察,如图 4.15 所示。可以看出,在 950 ~ 1 200 ℃ 固溶处理时,00Cr13Ni7Co5Mo4Ti 马氏体时效不锈钢固溶处理组织均为高位错密度的板条状马氏体,晶粒内的马氏体板条清晰可见。在透射电子显微镜观察下未发现残余奥氏体和残留析出相。在固溶温度较低或再结晶晶粒尺寸较小时(如 950 ℃),板条宽度大约为 0.2 μm,其典型组织如图 4.15(a)所示,由图 4.15(b)所示的衍射花样可见,除马氏体衍射斑点外无其他衍射斑点存在,马氏体衍射斑点均是明锐的圆点状,没有发现衍射斑点分裂现象或条纹出现。表明在此温度固溶处理后,马氏体时效不锈钢冷却到室温时由纯净的板条马氏体组成。X 射线衍射相结构分析结果表明,00Cr13Ni7Co5Mo4Ti 马氏体时效不锈钢 950 ℃ 固溶处理 1 h 后,室温组织中没有残余奥氏体相(图 4.16)。在固溶温度较高或再结晶晶粒尺寸较大时,板条马氏体板条宽度基本不变,但板条束变长,如图 4.15(f)所示,这与再结晶晶粒加速长大有关。晶粒尺寸增大,板条束可能贯穿整个晶粒,所以板条束变长。除此之外,马氏体板条形貌、间距以及位错密度几乎不受固溶温度的影响。因此,固溶温度对马氏体固溶态组织的影响比较微弱。

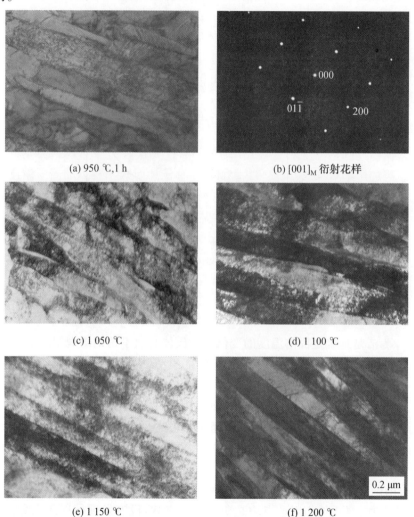

(a) 950 ℃,1 h

(b) [001]$_M$ 衍射花样

(c) 1 050 ℃

(d) 1 100 ℃

(e) 1 150 ℃

(f) 1 200 ℃

图 4.15　00Cr13Ni7Co5Mo4Ti 马氏体时效不锈钢固溶处理后组织结构 TEM 像及其衍射花样

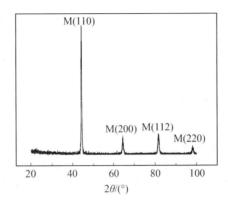

图4.16 950 ℃,1 h 固溶处理试样的 X-ray 衍射谱

4.2.2 时效处理对马氏体时效不锈钢组织的影响

由前述固溶温度对 00Cr13Ni7Co5Mo4Ti 马氏体时效不锈钢力学性能及组织的影响可知,00Cr13Ni7Co5Mo4Ti 马氏体时效不锈钢的固溶温度应选择在 1 050 ℃,故研究时效处理对马氏体时效不锈钢组织的影响时,固溶温度全部为 1 050 ℃,以下将不再提及。

1.430 ℃时效的时效组织

当马氏体时效不锈钢在 430 ℃时效处理 1 h 时,TEM 实验发现基体马氏体的衍射花样仍然同固溶态一样,保持明锐的圆点状,尚未出现第二相质点的斑点,如图 4.17(b)所示。由图 4.17(a)的明场像可以看出,组织并没有发生明显变化,依然保持板条马氏体组织以及高密度位错,很难分辨出第二相析出物质点;但从图 4.6 可以看出,合金在时效初期硬度提高很快,表明该合金在时效初期已发生内部组织结构的变化,可能由于时效析出相过于细小,在 TEM 下还观察不到。

图 4.18 所示为马氏体时效不锈钢在 430 ℃时效 3 h 后的 TEM 像及其衍射花样。马氏体衍射花样中已出现明显的条纹或拖尾,同时已可见析出相的衍射斑点。由图 4.18(a)的暗场像可以看出,在马氏体板条内时效析出大量析出相,析出相呈条状,其分布均匀、弥散,析出相尺寸为 5 ~ 10 nm。同时可以看出,基体斑点被拉长,析出相斑点成环状,说明析出相的尺寸为纳米尺度。由图 4.6 的时效硬化曲线可以看出,此时硬化曲线仍处于上升阶段。

图 4.19 所示为马氏体时效不锈钢在 430 ℃时效 9 h 后的 TEM 像及其衍射花样。马氏体衍射花样中已出现明显的条纹或拖尾,同时已可见析出

(a) 明场像

(b) [011]$_M$ 衍射花样

图 4.17　马氏体时效不锈钢在 430 ℃时效处理 1 h 时的 TEM 像及其衍射花样

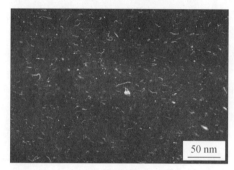
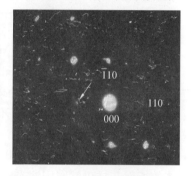

(a) 暗场像

(b) [011]$_M$ 衍射花样

图 4.18　马氏体时效不锈钢在 430 ℃时效处理 3 h 时的 TEM 像及其衍射花样

相的衍射斑点。由图 4.19(a) 的暗场像可以看出,在马氏体板条内时效析出大量析出相,析出相呈条状,其分布及其均匀、弥散,析出相为 5 ~ 10 nm。与时效 3 h 相比,析出相的形貌、分布、数量几乎没有改变,表明析出相具有一定的抗粗化能力。析出相在 [011]$_M$ 晶带中呈现出完整的析出相衍射斑点,由选区衍射花样及其示意图(图 4.19(b)、(c)),可以确定该析出相为六方晶体结构的 η-Ni$_3$Ti, Ni$_3$Ti 相属六方晶系,其晶格常数为 $a=0.510$ nm, $c=0.803$ nm,是 Ti 强化的时效合金中主要强化析出相,在 Fe-Ni-Mn-Ti, Fe-Cr-Ni-W-Ti 和 Fe-Mo-Ti(T-200, T-250, T-300) 钢中均有发现。

2.450 ℃时效的时效组织

当马氏体时效不锈钢在 450 ℃时效处理 1 h 时,TEM 实验发现马氏体衍射花样已不再是 430 ℃时效处理 1 h 后的明锐的圆点状,衍射花样中已出现明显的条纹或拖尾,同时已可见时效析出相的衍射斑点,如图 4.20 所示。虽然时效温度仅仅提高 20 ℃,但时效析出相的析出速度大大加快,已清晰可见点状沉淀析出相(图 4.20(a)),由暗场相清晰可见细小的析出相在基体中分布的极度弥散,其平均直径约为 2 nm。

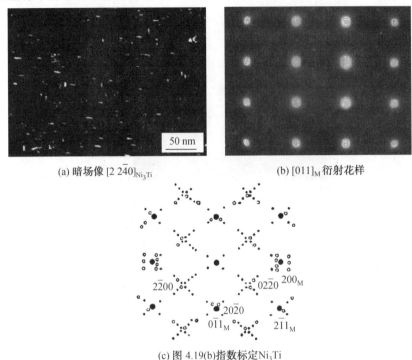

(a) 暗场像 $[2\,2\bar{4}0]_{Ni_3Ti}$ (b) $[011]_M$ 衍射花样

(c) 图 4.19(b)指数标定 Ni_3Ti

图 4.19   马氏体时效不锈钢在 430 ℃时效处理 9 h 时的 TEM 像及其衍射花样

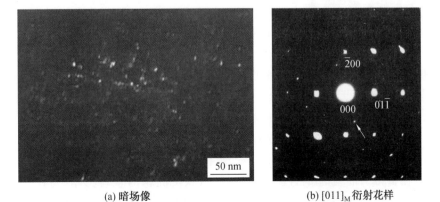

(a) 暗场像   (b) $[011]_M$ 衍射花样

图 4.20   马氏体时效不锈钢在 450 ℃时效处理 1 h 时的 TEM 像及其衍射花样

当时效时间延长至 3 h 时, 马氏体时效不锈钢微观组织 TEM 像如图 4.21 所示。Ni_3Ti 沉淀相在基体中仍保持弥散分布状态, 沿着一定的取向排列并有微弱拉长趋势, 其形状为针状, 直径没有变化而长度达到 5 nm, 并沿长度方向有序而均匀地排列。

图 4.21 马氏体时效不锈钢在 450 ℃时效处理 3 h 时的 TEM 像

当时效时间延长至 9 h 达到峰时效时, 马氏体时效不锈钢微观组织 TEM 像如图 4.22 所示。经电子衍射证实基体内的析出相为 hcp 结构 $\eta-Ni_3Ti$(图 4.22(b)、(c)), 中心暗场及衍射分析表明, Ni_3Ti 析出相为针状形态, 在基体中仍保持弥散分布状态, 沿着一定的取向排列并被拉长, 针的长度方向为 $[11\bar{2}0]$, 并与马氏体的 $[\bar{1}11]$ 方向一致, 与此同时观察到 Ni_3Ti 的 (0001) 面与马氏体的 (011) 平行。从这些结果看出 Ni_3Ti 在马氏体基体密排面(惯习面)上析出, 并沿基体的密排晶向长大, 因此与母相具有确定的位向关系, 即 $(011)_M // (0001)_{\eta-Ni_3Ti}$, $[\bar{1}11]_M // [11\bar{2}0]_{\eta-Ni_3Ti}$, 从原子匹配考虑, 在这种位向关系条件下析出相 Ni_3Ti 与母相为共格或半共格关系, 因此使钢得到有效的强化。

TEM 实验观察发现, 马氏体时效不锈钢在 450 ℃时效的最初阶段即有极高密度的 Ni_3Ti 形核沉淀析出, 其密度可能高达 10^{23} m^{-3}。随着时效时间的延长逐渐长大为针状或棒状, 表明马氏体时效不锈钢时效时, 沉淀相在基体中的形核率极高, 合金元素在基体中通过极短程扩散而原位析出极度细小的沉淀相(图 4.21、4.22)。Ni_3Ti 的 <1120> 密排方向与马氏体 <111> 密排方向的原子错配度为 2.22%, 而在其他方向的原子错配度均大于此值, 因此随着时效时间的延长, 细小的点状沉淀相沿着马氏体 <111> 方向合并长大。析出相在形核后与基体的界面保持完全共格, 共格应变能起主导作用, 而界面能处于次要地位。同时, 基体中 Ni, Ti 等合金元素过饱和度大或浓度梯度较陡,扩散路途短,扩散速度快,这些因素的综合作用决定了 Ni_3Ti 长大为细长的针状或棒状,由沉淀相密排方向上的原子间距和其与马氏体基体在密排方向的错配度可以确定 Ni_3Ti 与基体失去共格成为半共格时沿马氏体<111>的临界长度为 10.45 nm,因此在时效 12 h 前,Ni_3Ti 与基体共格,而后为半共格关系。

(a) $[\bar{2}200]_{Ni_3Ti}$ 暗场像

(b) $[21\bar{1}]_M$ 衍射花样

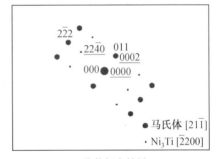

(c) 指数标定结果

图 4.22　马氏体时效不锈钢在 450 ℃时效处理 9 h 时的 TEM 像及其衍射花样

　　显然,在时效初期,大量纳米尺度的细小沉淀相析出是马氏体时效不锈钢强度硬度迅速增加的原因。析出相的性质及大小决定了位错切过或绕过强化机制。Gerold 和 Haberkorn 认为:当沉淀相半径(R)小于 $15b$(位错的柏氏矢量)时,位错切过析出相,反之,则绕过机制参与强化。因此可以确定位错绕过沉淀相的临界尺寸约为 3.75 nm。

　　在 450 ℃时效的前 3 h 内,TEM 实验并未观察到奥氏体的存在,X 射线定量测定奥氏体的含量均在 2%(质量分数)的实验误差范围之内,可以确定此时没有逆转变奥氏体的产生。但试样时效处理 9 h 后,在某些板条间已明显可见逆转变奥氏体。由图 4.23 可见,逆转变奥氏体沿板条马氏体束之间周围呈薄片状分布,这对改善材料的韧性十分有利,不仅可阻止裂纹在马氏体板条间的扩展,还可以减缓板条间密集排列时位错前端引起的应力集中。G. Thomas 在对 Fe-Cr-C 系马氏体钢研究中也观察到断裂韧性与残余奥氏体膜有关,认为稳定的残余奥氏体薄膜存在于板条马氏体之间对韧性有利。X 射线定量分析表明逆转变奥氏体含量已达 10%(质量分数),低于前面热力学计算结果。热力学计算结果表明,马氏体时效不锈钢在 450 ℃时效,逆转变奥氏体含量可达 15%(质量分数)。

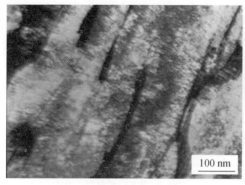

(a) 马氏体基体上的残余奥氏体　　　(b) 奥氏体衍射花样

图 4.23　450 ℃时效 9 h 试样中逆转变奥氏体 TEM 像及其衍射花样

3.475 ℃时效的时效组织

马氏体时效不锈钢在 475 ℃时效仅 3 h 时,即有大量的棒状 Ni_3Ti 析出,但其大小严重不均,小析出相仅有 5 nm,最大析出相的直径和长度分别达到约 10 nm 和 50 nm,某些析出相还发生粘连或连接,并在基体中的分布也参差不齐,如图 4.24(a)所示。

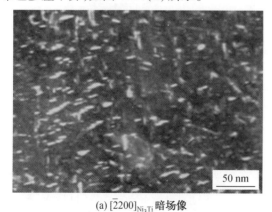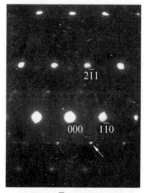

(a) $[\overline{2}200]_{Ni_3Ti}$ 暗场像　　　(b) $[2\overline{1}\overline{1}]_M$ 衍射花样

图 4.24　马氏体时效不锈钢在 475 ℃时效处理 3 h 时的 TEM 像及其衍射花样

X 射线衍射分析和 TEM 观察结果表明,试样经过 3 h 时效即有少量的逆转变奥氏体在板条界形成(图 4.25(a)),同时在板条内也形成块状奥氏体(图 4.25(b))。这种块状奥氏体可能会在板条上形成奥氏体薄膜,从而改善钢的韧性。X 射线定量分析表明逆转变奥氏体含量已达 14.3%(质量分数),与前面热力学计算结果接近。热力学计算结果表明,马氏体时效不锈钢在 450 ℃时效,逆转变奥氏体含量可达 15%(质量分数)。

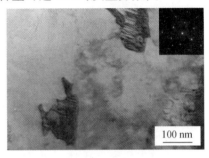

(a) 逆转变奥氏体薄膜　　　　　　　(b) 块状逆转变奥氏体

图 4.25　475 ℃时效 3 h 试样中逆转变奥氏体 TEM 像及其衍射花样

第5章　马氏体时效不锈钢的强韧化

马氏体时效不锈钢优于其他超高强度不锈钢的一个显著特点是在超高强度水平下仍然具有较高的韧性,作为综合性能最佳的金属结构材料,广泛应用于宇航、机械制造、化工、原子能等高科技领域,并且正朝着超高强度、高韧性方向发展,提高钢的强度一直是该领域研究的热点。同时,该类钢的开发研制同其他新材料一样,往往是依据经验来考虑材料的化学组成、显微组织和工艺,经多周期反复地实验,逐步达到要求。目前还不能以合金性能要求为目标进行成分和组织设计,主要困难是没有合金性能与成分、组织直接联系的定量计算表达式。

本章首先研究马氏体时效不锈钢 $\gamma \leftrightarrow \alpha'$ 循环相变热处理细化晶粒工艺、分级时效热处理工艺,以期提高马氏体时效不锈钢的强度级别;然后在已有工作的基础上,借助物理冶金的原理,探索性地研究马氏体时效不锈钢的强韧化机理,为马氏体时效不锈钢的进一步开发应用提供理论上的参考。

5.1　马氏体时效不锈钢循环相变细化晶粒工艺

细化晶粒对同时提高马氏体时效不锈钢的强度、韧性、塑性具有独特作用,常用方法主要有如下几种:固溶处理过程中进行形变热处理;冷加工后进行固溶处理;反复循环相变热处理等。固溶处理获得超细的晶粒比较困难,同时又往往出现混晶现象;冷变形之后,固溶处理能获得的细的晶粒,但加工变形处理容易在钢中产生织构,使马氏体时效不锈钢的性能具有方向性,从而限制了马氏体时效钢在某些关键件上的应用。而循环相变热处理细化晶粒利用了原奥氏体晶粒的再结晶特点,在无须塑性变形的条件下,有效地使奥氏体晶粒充分细化。在相同的时效规程下,大幅度提高马氏体时效不锈钢的强度和塑性,特别适用于零件加工之前不能进行冷热变形的情况。

实验用 00Cr13Ni7Co5Mo4Ti 马氏体时效不锈钢($w(C) = 0.009\ 2\%$,$w(Cr) = 13.283\%$,$w(Ni) = 7.372\%$,$w(Co) = 5.361\%$,$w(Mo) = 3.598\%$,$w(Ti) = 0.663\%$,剩余为 Fe),采用工业纯 Fe 及高纯度 Cr,Ni,Co,Mo 和 W

等,经过真空感应熔炼而成。

5.1.1 等温循环相变细化晶粒

研究表明,马氏体时效钢固溶处理后获得的马氏体,在逆转变过程中发生相变冷作硬化现象,从而使逆转变奥氏体的位错密度大大增加,结果加热到某一定温度的逆转变奥氏体发生再结晶。因此,通过$\gamma \leftrightarrow \alpha'$反复循环热处理可细化马氏体时效不锈钢奥氏体晶粒。

1. 高温固溶处理

马氏体时效(不锈)钢中含有较多的合金元素,如 Cr,Ni,Co,Mo 和 Ti 等,经高温固溶淬火处理后,可以获得过饱和马氏体组织。在此后的时效过程中,在较软的马氏体基体上析出弥散细小的金属间化合物,使马氏体时效钢达到高强度和高韧性。高温固溶处理的主要目的是使合金元素充分溶解,获得成分均匀的马氏体组织,为后续的热处理做好成分和组织上的准备。所以,细化晶粒工艺的第一步,须先进行高温固溶处理。一般固溶温度升高,会引起马氏体时效不锈钢的晶粒粗化。如图 5.1 所示,1 200 ℃固溶处理 1 h 后(图 5.1(a)),晶粒非常粗大,大约为 300 μm;1 150 ℃固溶处理 1 h 后(图 5.1(b)),其晶粒尺寸大约为 220 μm;在 1 100 ℃固溶处理 1 h 后的金相组织如图 5.1(c)所示,晶粒明显变小,大小较均匀且完全等轴化,晶粒尺寸约为 180 μm。虽然进一步降低固溶处理温度可能得到较细的晶粒,如 1 050 ℃固溶处理 1 h 后其晶粒尺寸大约为 70 μm,但固溶温度太低,合金元素不能充分溶解到奥氏体中,影响后续

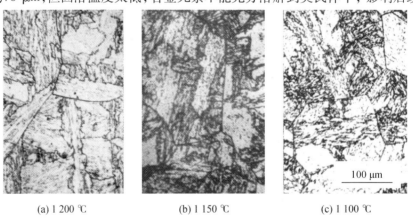

(a) 1 200 ℃   (b) 1 150 ℃   (c) 1 100 ℃

图 5.1 马氏体时效不锈钢经不同温度固溶处理的金相组织

时效处理工艺中金属间化合物的析出,因此,本书选择 1 100 ℃ 固溶处理 1 h 作为高温固溶处理工艺。图 5.2 为 1 100 ℃ 固溶处理 1 h 后 00Cr13Ni7Co5Mo4Ti 马氏体时效不锈钢固溶处理后在透射电子显微镜(TEM)下观察得到的微观组织及其衍射花样。由图 5.2(a)可见,马氏体时效不锈钢固溶处理后的微观组织为高位错密度的板条状马氏体;由图 5.2(b)的衍射花样可以看出,除马氏体衍射斑点外无其他衍射斑点存在,马氏体衍射斑点均是明锐的圆点状,没有发现衍射斑点分裂现象或条纹出现。表明在此温度固溶处理后,马氏体时效不锈钢冷却到室温时由纯净的板条马氏体组成。X 射线衍射相结构分析结果也证实,00Cr13Ni7Co5Mo4Ti 马氏体时效不锈钢 1 100 ℃ 固溶处理 1 h 后,室温组织中没有残余奥氏体,基体组织为纯净的马氏体(图 5.3)。

(a) TEM 下的微观组织　　　　　(b) [011]$_M$ 衍射花样

图 5.2　1 100 ℃ 固溶处理 1 h 后 00Cr13Ni7Co5Mo4Ti
马氏体时效不锈钢的 TEM 下的微观组织及其衍射花样

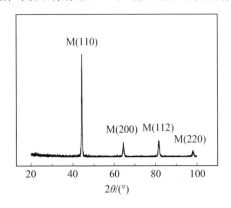

图 5.3　1 100 ℃,1 h 固溶处理后马氏体时效不锈钢的 X 射线衍射谱

2. γ↔α′相变临界点

为测定α′↔γ相变时的热膨胀曲线,把马氏体时效不锈钢在 1 100 ℃固溶处理 1 h 后,以 5 ℃/min 的加热速度加热到 900 ℃,然后空冷。图 5.4 给出了马氏体时效不锈钢γ↔α′相变时的热膨胀曲线。由图可见,从室温升温到约 620 ℃时热膨胀曲线开始发生剧烈的收缩,此为马氏体发生逆转变,即 620 ℃为该实验用马氏体时效不锈钢的 A_s 点;在大约 755 ℃时,奥氏体转变结束,此为 A_f 点。

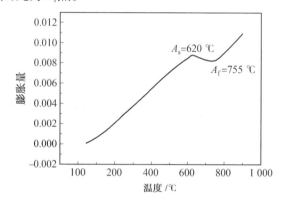

图 5.4　γ↔α′相变点热膨胀曲线

3. 逆转变奥氏体再结晶温度的确定

马氏体时效不锈钢循环相变温度一般在逆转变奥氏体结束温度 A_f 以上50 ~ 150 ℃。循环相变温度低,再结晶不能进行,或者再结晶虽然进行,但完成再结晶时间过长,晶粒会粗化;循环相变温度高,晶粒过度长大,同样达不到细化晶粒的目的。因此再结晶温度的确定是细化晶粒工艺的关键。为准确确定再结晶温度,采用金相法,通过观察金相组织,确定其再结晶温度点,实际循环相变温度稍高于再结晶温度即可。

图 5.5 为马氏体时效不锈钢不同工艺处理后的金相组织。由图 5.5 (a)可以看出,试样 825 ℃保温 5 min,虽已在奥氏体转变结束温度 A_f 以上,已发生 α′→γ 转变,但晶粒中保留着马氏体板条的位向,原奥氏体晶粒被遗传下来,仍然保留了粗大的晶粒,未见再结晶发生迹象;经 850 ℃,保温 5 min 处理后(图 5.5(b)),奥氏体晶粒明显变化,晶界弯曲,原奥氏体晶界开始出现少量再结晶晶核,如图 5.5(b)中晶粒 A 为发生再结晶而未长大的晶粒;在 875 ℃保温时晶界处已经存在较多的再结晶晶粒;到 900 ℃时,再结晶已经进行得比较充分,原始奥氏体晶界消失,部分再结晶晶粒开始长大,晶粒很不均匀。可以认为,马氏体时效不锈钢经高温固溶处理后

的再结晶温度为 850 ℃ 左右。

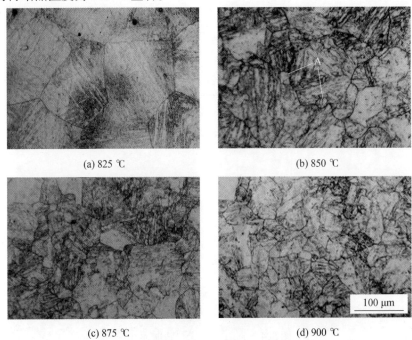

(a) 825 ℃   (b) 850 ℃

(c) 875 ℃   (d) 900 ℃

图 5.5　马氏体时效不锈钢不同工艺处理后的金相组织

4. 等温循环相变细化晶粒

根据上述研究结果,在高于再结晶温度的 850 ℃ 保温时,再结晶过程已进行得比较充分,且长大倾向不大,所以 850 ℃ 左右应该是进行循环相变细化晶粒的适宜温度。

等温循环相变细化晶粒工艺如图 5.6 所示。马氏体时效不锈钢经过 1 100 ℃ 高温固溶处理 1 h 后,重新加热到 860 ℃ 保温 15 min。图 5.7 给出了 4 次 $\gamma \leftrightarrow \alpha'$ 循环相变细化晶粒处理的金相组织。由图 5.7 可见,1 次循环相变后组织为明显的混晶(图 5.7(a)),晶粒大小不均匀;2 次循环相变后(图 5.7(b)),晶粒尺寸减小但仍为混晶;当循环 3 次时晶粒最为细小,其晶粒直径约为 10 μm;当循环次数增加时,再结晶晶粒没有进一步得到细化,反而有长大趋势,因此等温循环相变细化晶粒循环次数以 3 次为宜。

5. 马氏体时效不锈钢的力学性能

马氏体时效不锈钢经过 1 100 ℃,1 h 高温固溶处理后采用 860 ℃,15 min 4 次的等温式循环相变细化晶粒工艺,可将原始 180 μm 左右的奥

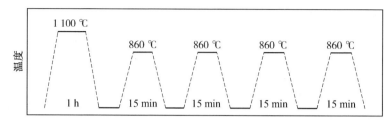

图 5.6　等温循环相变细化晶粒工艺示意图

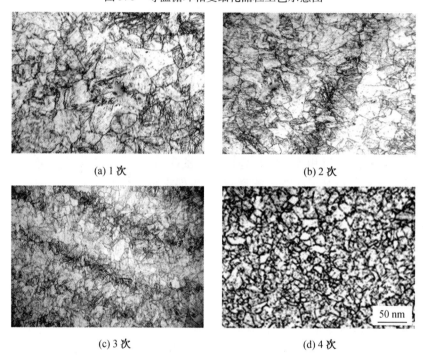

图 5.7　循环相变处理后的金相组织

氏体晶粒细化到 10 μm 左右。

　　表 5.1 为马氏体时效不锈钢在循环相变热处理前后固溶及时效状态下的拉伸性能指标。从表中可以看出,无论是在固溶态还是在固溶+时效状态下,晶粒细化都使得马氏体时效不锈钢的强度提高,塑性增加。晶粒细化使得马氏体时效不锈钢的屈服强度提高了 140 MPa,延伸率提高了 18%,说明循环相变细化晶粒是同时提高该钢的强度和塑性的有效方法。从表 5.1 中还可看出,时效强化对马氏体时效不锈钢强度增量大约为 600 MPa,这与以往的研究相符。与固溶态相比,时效处理后晶粒度对马氏体时效不锈钢强度的影响增大了,这预示着晶粒大小会对金属间化合物在

马氏体时效不锈钢基体中的析出过程产生影响,经过时效处理后马氏体时效不锈钢的塑性比固溶态有所下降,但仍然保持了较好的塑性。

表5.1 马氏体时效不锈钢在固溶及时效状态下的力学性能

工艺	$\sigma_{0.2}$/MPa	δ/%
1 100 ℃固溶	860	15.8
1 100 ℃固溶+循环相变	930	17.6
1 100 ℃固溶+450 ℃时效处理9 h	1 420	12.6
1 100 ℃固溶+等温循环相变+450 ℃时效处理9 h	1 560	14.9

5.1.2 变温循环相变细化晶粒

从图5.7可以看出,在860 ℃ $\gamma \leftrightarrow \alpha'$循环相变3次以上时晶粒不仅没有进一步细化,反而变粗,这可能与再结晶的晶粒长大有关。经过再结晶处理后的马氏体时效不锈钢组织内部储存能比固溶处理后有所增加,而且随着循环相变再结晶次数的增加,马氏体时效不锈钢组织内部储存能也呈现增加趋势。经过相变再结晶处理后的试样,其再次相变再结晶处理时,能够实现完全再结晶所需的能量减少,也即是再次相变再结晶处理时,把处理温度降低仍能实现完全再结晶,而如继续采用原再结晶温度,则再结晶晶粒有增大趋势。因此,为避免晶粒长大,$\gamma \leftrightarrow \alpha'$循环相变时,4次和5次循环温度要低。

图5.8给出了变温式 $\gamma \leftrightarrow \alpha'$循环相变再结晶细化晶粒工艺。760 ℃保温15 min的目的是在不发生充分再结晶细化晶粒的情况下,使固溶处理后的马氏体板条亚结构加以碎化,从而为下一步的相变再结晶细化晶粒做组织上的准备。图5.9是1 100 ℃高温固溶处理1 h后,再经750 ℃,15 min处理后的TEM像,可以看出,马氏体板条明显碎化,将在晶体内产生大量微观缺陷,使缺陷密度大大增加,材料的内能提高,再结晶成核位置增多。

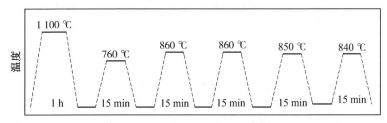

图5.8 变温式 $\gamma \leftrightarrow \alpha'$循环相变再结晶细化晶粒工艺示意图

经过变温循环相变再结晶细化晶粒工艺各个步骤处理后的金相组织如图5.10所示。可见,随着热处理步骤的进行,马氏体时效钢的晶粒不断细化,最终得到均匀细小的组织,晶粒平均尺寸约为 7 μm,达到了晶粒细化的目的。

图 5.9　750 ℃,15 min 处理后的马氏体时效不锈钢 TEM 像

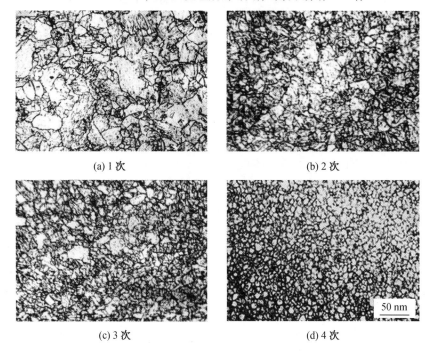

(a) 1 次　　　　　　　　　　　　(b) 2 次

(c) 3 次　　　　　　　　　　　　(d) 4 次

图 5.10　变温循环相变处理后的金相组织

表 5.2 为不同晶粒度的马氏体时效不锈钢在时效状态下的拉伸性能指标。从表中可以看出,晶粒细化使得马氏体时效不锈钢的强度提高,塑性增加。与常规时效工艺和等温循环相变细化晶粒工艺相比,屈服强度分别提高 170 MPa 和 30 MPa,延伸率提高 22.3%,循环相变细化晶粒是同时提高该钢的强度和塑性的有效方法。

表5.2 马氏体时效不锈钢在时效状态下的力学性能

工艺	$\sigma_{0.2}$/MPa	δ/%
1 100 ℃固溶+450 ℃时效处理9 h	1 420	12.6
1 100 ℃固溶+等温循环相变+450 ℃时效处理9 h	1 560	14.9
1 100 ℃固溶+变温循环相变+450 ℃时效处理9 h	1 590	14.9

5.1.3 循环相变晶粒细化机理分析

图5.11(a)为1 100 ℃高温固溶处理1 h后,再经750 ℃,15 min处理后的TEM像,可以看出,马氏体板条已明显碎化,位错密度增加,板条界增多,使得逆转变奥氏体再结晶晶核增多,有利于获得细小的晶粒。马氏体相变的切变特征将在晶体内产生大量微观缺陷,其中包括位错、孪晶、层错等,这些缺陷在马氏体逆转变过程中会被继承。因此在非热弹性马氏体可逆转变过程中,当经过一正一反相变后,由马氏体逆转变来的奥氏体与原始状态的奥氏体相比较,已有很大变化,其中缺陷密度大大增加,材料的内能提高,再结晶成核位置增多。图5.11(b)、(c)、(d)为循环相变热处理后最终组织的TEM像,经过循环相变热处理后马氏体时效不锈钢的基体仍为高密度位错板条马氏体组织。从图5.11(b)中可以看出,部分单一的马氏体板条被多个小角度排列、与板条长轴成近60°角的小马氏体片簇切割成多段而碎化,细化了马氏体板条尺寸。小马氏体片上有高密度位错,形貌与其他板条无大差别,可以认为小马氏体片簇与马氏体板条在淬火时同时形成。在图5.11(c)中清晰可见通过循环相变处理后新晶粒内的板条马氏体块又重新被分割成若干个亚晶粒;在图5.11(d)中马氏体板条被多个小马氏体簇切割成多段而再次碎化,使组织细化,这种精细组织保证了按图5.8工艺细化晶粒时能够从1 100 ℃,1 h固溶处理后180 μm的奥氏体晶粒细化到7 μm左右。

在材料强度学中,细化晶粒的强韧化效果通常用Hall-Petch公式来描述,Hall-Petch公式也适用于马氏体板条束,因为板条束间为大角度晶界。用于板条束时,泛用的Hall-Petch公式被修正为Nalyer公式,即

$$\sigma_s = \sigma_i + K_y D_m^{-1} \tag{5.1}$$

式中,D_m表示平均板条束直径。经修正后的Nalyer公式中,同样说明板条束尺寸越小,强化效果越大,而且与D_m^{-1}呈线性关系。可以认为马氏体板条细化是增加塑性和韧性的主要因素。循环相变细化晶粒不但可以细化钢的晶粒尺寸,而且能够细化马氏体板条,同时使钢的强度、塑性显著提高。

(a) 750 ℃　　　　　　　　(b) 750 ℃+860 ℃ 2次+850 ℃+840 ℃

(c) 750 ℃+860 ℃ 2次+850 ℃+840 ℃　　　(d) 750 ℃+860 ℃ 2次+850 ℃+840 ℃

图 5.11　循环相变处理后马氏体时效不锈钢 TEM 像

5.2　马氏体时效不锈钢分级时效工艺研究

单级时效是一种最简单,也是最普及的时效工艺制度:它是在淬火(或称为固溶处理)后只进行一次时效处理。但是随着工业技术的发展,人们发现通过一次淬火和时效处理,并不能在时效硬化合金中得到最佳的性能,而进行分级或多级时效可以得到满意的性能,因此发展了分级时效。分级时效是指合金固溶处理后,先在某一温度保温一定时间后,再升温(或降温)至另一温度进行时效的复合工艺。分级时效工艺不仅可获得较高的强度,良好的综合力学性能,还能缩短生产周期。其操作简单,对沉淀、脱溶、弥散等硬化材料提高合金性能有着很大潜力。

分级时效需在不同温度进行两次(或多次)时效处理,按其作用可分为预时效和最终时效两个阶段。预时效处理的温度一般较低,它的目的是在合金中形成高密度的 GP 区,通常是均匀生核,当其达到一定尺寸就可成为随后时效沉淀相的核心,从而大大提高组织的均匀性。最终时效通过调整沉淀相的结构和弥散度以达到所要求的性能。

分级时效并不是很新的工艺,已在许多有脱溶沉淀机制的合金中运用。从有色金属到黑色金属,从一般的铝合金、铜合金、结构钢和工具钢,到特种用途的永磁合金、高温合金,均可采用分级时效,以改善合金的力学性能。

分级时效作为一种有效的强化手段,在马氏体时效不锈钢领域还未见报道。实验用00Cr12Ni7Co4Mo4Ti 马氏体时效不锈钢($w(C) = 0.007\%$,$w(Cr) = 12.325\%$,$w(Ni) = 6.792\%$,$w(Co) = 4.128\%$,$w(Mo) = 4.121\,3\%$,$w(Ti) = 0.223\%$,剩余为 Fe),采用工业纯 Fe 及高纯度 Cr,Ni,Co,Mo 和 W 等,经过真空感应熔炼而成。

5.2.1 分级时效对马氏体时效不锈钢力学性能的影响

1. 单级时效硬化曲线

马氏体时效不锈钢经 1 050 ℃,1 h 固溶处理后,在 450 ℃ 进行单级时效处理的时效硬化曲线如图 5.12 所示。由图中可以看出,时效初期硬化速度较快,但时效 4 h 后硬化速度开始趋于缓慢,经过 15 h 时效后,硬度值达到 49 HRC。

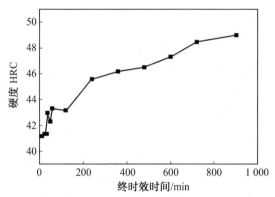

图 5.12   马氏体时效不锈钢 450 ℃ 单级时效硬化曲线(1 050 ℃,1 h 固溶)

2. 分级时效硬化曲线

图 5.13 给出了预时效温度 430 ℃、终时效温度 470 ℃,不同预时效时间条件下,马氏体时效不锈钢的硬度随终时效时间变化的硬度曲线。可以看出,时效初期预时效时间对硬度的影响不大,但终时效 9 h 后,预时效时间为 1 h 与 2 h 的试样硬度下降,同时预时效 1.5 h 的试样在终时效 12 h 硬度开始下降,而预时效 30 min 的试样硬度一直上升,在终时效 12 h 时达到峰值,硬度值达到 50 HRC,由此可见预时效时间不宜过长,预时效时间短具有更高的时效硬化潜力。

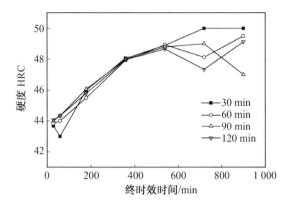

图 5.13　预时效时间对时效硬化曲线的影响

　　图 5.14 给出了不同预时效温度下马氏体时效不锈钢的时效硬化曲线,其预时效时间为 0.5 h、终时效温度为 470 ℃。由图 5.14 可以看出,不同预时效温度下的时效硬化速度基本相同,且均在时效 9 h 硬度达到峰值,但峰值硬度不同,450 ℃ 预时效硬度最低,430 ℃ 预时效硬度最高,硬化效果最佳。

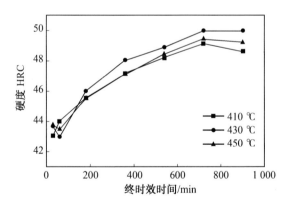

图 5.14　预时效温度对时效硬化曲线的影响

　　根据上述预时效温度和预时效时间对时效硬化的影响研究结果,最终确定了两种预时效工艺,分别为 430 ℃,0.5 h 和 410 ℃,1 h,用以研究终时效温度对时效硬化的影响,从而确定最佳的分级时效热处理工艺。

　　图 5.15 给出了 430 ℃,0.5 h 预时效工艺下马氏体时效不锈钢的时效硬化曲线。由图可以看出,终时效温度为 490 ℃ 时,时效 6 h 硬度达到峰值,约 47 HRC;终时效温度为 450 ℃ 时,时效 9 h 硬度达到 47.5 HRC,而后随时间延长硬度略有升高,时效 15 h 硬度仍未达峰值;终时效温度为

470 ℃时,材料硬化速度较快,时效12 h硬度达到峰值,超过50 HRC,明显高于450 ℃,490 ℃终时效工艺。

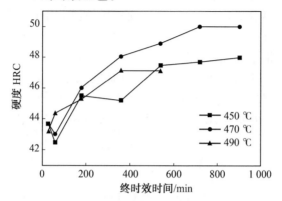

图5.15 时效温度对时效硬化曲线的影响(预时效430 ℃,0.5 h)

图5.16给出了410 ℃,1 h预时效工艺下马氏体时效不锈钢的时效硬化曲线。由图可以看出,终时效温度为490 ℃时,时效6 h硬度达到峰值,约为47.5 HRC;终时效温度为450 ℃时,硬化速度较慢,时效9 h时硬度达到第一个峰值,之后硬度下降,时效12 h后硬度再升高,时效15 h硬度仍未达峰值;终时效温度为470 ℃时,时效15 h基本达到峰值,硬度值为49.4 HRC。

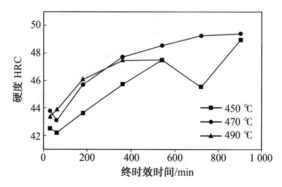

图5.16 时效温度对时效硬化曲线的影响(预时效410 ℃,1 h)

与430 ℃,0.5 h预时效工艺对比发现,两种不同预时效工艺下,在对应的终时效温度,时效硬化曲线的变化趋势基本相同。由此可见,终时效温度高,马氏体时效不锈钢的硬度出现峰值时间短,硬度较低;终时效温度低,硬化速度较慢,硬化能力明显不足。

3. 分级时效对马氏体时效不锈钢拉伸性能的影响

表 5.3 为不同热处理工艺下的马氏体时效不锈钢的拉伸力学性能指标。从表中可以看出,分级时效处理使马氏体时效不锈钢的强度明显提高,最佳的热处理工艺为 1 050 ℃,1 h + 430 ℃,0.5 h + 470 ℃,12 h。与单级时效工艺相比,钢的屈服强度提高 110 MPa,延伸率基本不变。由此说明,分级时效能在一定程度上提高马氏体时效不锈钢的强度,是提高马氏体时效不锈钢的强度级别的有效方法之一。

表 5.3   分级时效工艺对马氏体时效不锈钢力学性能的影响

工艺	$\sigma_{0.2}$/MPa	δ/%
1 050 ℃,1 h	880	16.8
1 050 ℃,1 h + 450 ℃,9 h	1 340	13.6
1 050 ℃,1 h + 410 ℃,1 h + 470 ℃,15 h	1 430	13.3
1 050 ℃,1 h + 430 ℃,0.5 h + 470 ℃,12 h	1 450	13.3

5.2.2   分级时效对马氏体时效不锈钢时效组织的影响

图 5.17 给出了马氏体时效不锈钢 1 050 ℃,1 h + 450 ℃,9 h 单级时效处理后的 TEM 组织,其组织为高密度位错的板条马氏体,板条宽度为 200 ~ 300 nm。在板条内有细小的球形析出相析出,大小基本在 10 nm 以下,但析出数量少,且分布不够均匀,尺寸亦相差较大。

 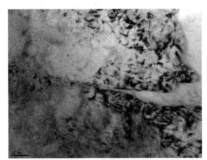

(a) 板条马氏体   (b) 析出相明场像

图 5.17   马氏体时效不锈钢 1 050 ℃,1 h + 450 ℃,9 h 单级时效
处理后组织结构的 TEM 像

图 5.18 和图 5.19 为马氏体时效不锈钢在分级时效热处理工艺下的 TEM 组织,可以看出强化析出相析出密度加大、分布更加均匀、尺寸有所减小,大小基本在 2 nm 左右。由于钢中析出相的数量少,且极为细小弥散,直接用 X 射线衍射做相鉴定得不到衍射峰,用化学方法进行相鉴定也存在

(a) 板条马氏体   (b) 析出相明场像

图 5.18   马氏体时效不锈钢 1 050 ℃,1 h + 410 ℃,1 h + 470 ℃,15 h
分级时效处理后组织结构的 TEM 像

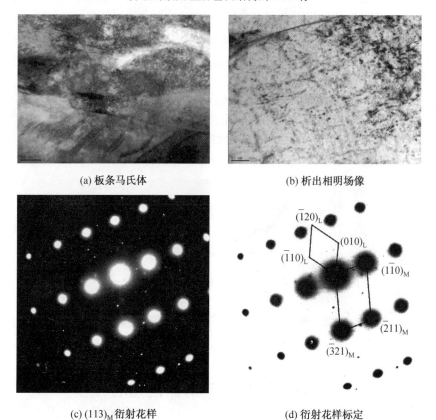

(a) 板条马氏体   (b) 析出相明场像

(c) (113)$_M$ 衍射花样   (d) 衍射花样标定

图 5.19   马氏体时效不锈钢 1 050 ℃,1 h + 430 ℃,0.5 h + 470 ℃,12 h
分级时效处理后组织结构的 TEM 像

着将析出相分离出来的困难。因此,采用基体与析出相的复合电子衍射谱进行相鉴定。由于马氏体时效不锈钢中的合金元素种类比较多,析出相对温度又极为敏感,即使成分相同,不同温度下得到的析出相也有可能不同。图 5.19(c) 为基体和析出相的衍射谱,由于析出相过于弥散细小,衍射斑点很弱且不完整,给结构分析带来一定困难。图 5.19(d) 为衍射谱标定结果,球形析出相为六方结构的 Laves-Fe$_2$Mo 金属间化合物,点阵常数为 a = 0.473 2 nm,c = 0.771 7 nm。

为验证上述分析结果,采用热力学计算软件 Thermo-Calc 对时效过程中的时效析出行为进行分析计算,计算结果如图 5.20 所示。在给定的时效温度范围,马氏体时效不锈钢有五种析出相析出,但 M$_{23}$C$_6$ 在 370 ℃、HCP-FeCrNi 相在 410 ℃、Laves-Fe$_2$Ti 相在 430 ℃、Sigma-FeCr 相在 440 ℃ 相继溶解,因此马氏体时效不锈钢的强化相为 Laves-Fe$_2$Mo 相,证实了衍射谱标定结果。在 450 ~ 500 ℃ 时效温度区间,Laves-Fe$_2$Mo 相析出大约 7%(质量分数),但随着时效温度的升高而逐渐减少。由此可以看出,单级时效选择 450 ℃ 进行时效处理是适宜的。

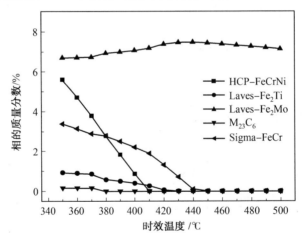

图 5.20 马氏体时效不锈钢各相析出量与时效温度的计算曲线

5.3 马氏体时效不锈钢强韧化机理

5.3.1 马氏体时效不锈钢强化机理

金属材料的强度是指金属塑性变形的抗力,在发生塑性变形时所需要的应力越高,则强度越高。通过合金化、塑性变形和热处理等手段提高金属材料的强度,称为金属的强化。

金属材料的强化途径有两个,一是提高合金的原子间结合力,提高其理论强度,并制得无缺陷的完整晶体,如晶须。已知铁的晶须的强度接近理论值,可以认为这是因为晶须中没有位错,或者只包含少量在形变过程中不能增殖的位错。但是当晶须的直径较大时(如大于 5 μm),强度会急剧下降。有人解释为大直径晶须在生长过程中引入了可动位错,一旦有可动位错存在,强度就急剧下降。从目前来看,只有少数几种晶须作为结构材料得到了应用。另一强化途径是向晶体内引入大量晶体缺陷,如位错、点缺陷、异类原子、晶界、高度弥散的质点或不均匀性(如偏聚)等,这些缺陷阻碍位错运动,也会明显地提高金属强度。事实证明,这是提高金属强度最有效的途径。

对工程材料来说,一般是通过综合的强化效应以达到较好的综合性能。具体方法有固溶强化、形变强化、沉淀强化和弥散强化、细化晶粒强化、择优取向强化、复相强化、纤维强化和相变强化等,这些方法往往是共存的。材料经过辐照后,也会产生强化效应,但一般不把它作为强化手段。

马氏体时效不锈钢的强度可归因为马氏体相变强化、合金元素的固溶强化、高位错密度强化、沉淀强化以及细化"有效晶粒"强化等。多种强化机理的复合协调,使其具有很高的强度。下面将对新型马氏体时效不锈钢的强化机理进行具体分析。

1. 固溶强化

通过合金化(加入合金元素)组成固溶体,使金属材料得到强化称为固溶强化,是人们最早研究的强化方式之一。固溶强化包括间隙固溶强化和置换固溶强化。

(1) 碳原子的间隙固溶强化

碳在钢中主要起固溶强化作用。由于溶质原子(C原子)和溶剂原子(Fe原子)尺寸的差异,在溶质原子周围晶体范围内造成晶格畸变,形成以溶质原子为中心的弹性应变场。它将与位错发生弹性相互作用,使位错运动受阻,从而导致钢的强化,使材料的抗拉强度和硬度增加。

马氏体时效不锈钢与其他相同强度级别的超高强度不锈钢不同,它是以超低碳铁的马氏体为基体,时效时产生金属间化合物沉淀强化。虽然马氏体时效不锈钢的含碳量极低,但在室温碳仍呈过饱和状态,对马氏体时效不锈钢有一定的强化作用,但碳的强化作用并不明显。为准确考察马氏

185

体时效不锈钢的强度,碳的固溶强化仍不可忽略。碳原子的间隙固溶强化效应可分为以下三类:

① 碳原子嵌入 $\alpha - Fe$ 晶格的八面体间隙,使晶格产生不对称畸变而造成强化、硬化效应。

② 碳原子与刃型位错产生弹性交互作用,它们偏聚于位错线附近形成科氏气团,位错受到钉扎,滑移阻力增大,造成强化效应。

③ 碳原子与螺型位错的切应力场发生交互作用,形成 Snock 气团,螺型位错受到钉扎,对基体产生强化。综合考虑各种效应,碳原子对强度的影响可以使用下述公式表示:

$$\Delta\sigma_{ss} = kC^n \tag{5.2}$$

式中,$\Delta\sigma_{ss}$ 为强度的增加值;k 为固溶强化系数,决定于间隙原子性质、基体晶格类型、基体刚度和溶剂原子直径差及二者的化学性质等因素,通常采用一些经验的固溶强化系数;C 为碳原子在 $\alpha - Fe$ 中固溶的原子数分数;n 为指数,一般为 $0.33 \sim 2.0$。

(2) 合金元素的置换固溶强化

合金元素通过置换固溶在钢基体中,引起基体的球面对称畸变,因而强化效能要比间隙原子小,随着元素类型不同,强化效能相应发生变化。Mott - Nabarro 利用溶质原子造成的应力场进行强化增量的计算,得出强化增量和置换溶质原子含量之间的关系为

$$\Delta\sigma_{ss} = 2A\mu\varepsilon^{\frac{4}{3}}C_s \tag{5.3}$$

式中,A 为常数;ε 称为错配度,是表示溶质原子半径与溶剂原子半径差别的参数;μ 是切变模量;C_s 为溶质原子在 $\alpha - Fe$ 中固溶的原子数分数。事实上,置换固溶强化并不单纯决定于溶质原子的应力场,它还和元素的化学性质有关,因此也可以给出和间隙固溶强化相似的通式:

$$\Delta\sigma_{ss} = k_s C_s^n \tag{5.4}$$

式中,k_s 为固溶强化系数,决定于置换原子性质、基体晶格类型、基体刚度和溶剂原子直径差及二者的化学性质等因素,通常采用一些经验的固溶强化系数;n 为指数,一般为 $0.5 \sim 1.0$,若溶质元素的硬化能力较强,则 $n = 0.5$,若溶质元素的硬化能力较弱(如 $\alpha - Fe$ 中的溶解度较大的置换固溶元素),则 $n = 1$。

各固溶元素对屈服强度的影响显然存在很强的相互作用。由于固溶元素的量较少,强化作用较弱,因而它们的相互作用的效果也就很弱。这样,我们就可以直接采用线性叠加法来计算总的固溶强化效果。

所有固溶元素的强化效果都可用下式表述：

$$\Delta\sigma_b = \sum k_i M_i^{\frac{3}{4}} \tag{5.5}$$

式中，$\Delta\sigma_b$ 为溶质的固溶强化造成的屈服强度的增加值；M_i 为溶质原子在固溶体中溶解的质量分数；k_i 为固溶强化系数，决定于溶质原子性质、基体晶格类型、基体刚度和溶剂原子直径差及二者的化学性质等因素，一般说来，固溶强化系数 k_i 大致随溶质元素在基体中的最大溶解度的倒数而呈正比。目前，定量计算固溶强化屈服强度增量都是采用一些实验确定的系数，各合金元素的固溶强化系数可由 Decker 给出的数据确定，经换算后见表 5.4。

表 5.4　合金元素的固溶强化系数　　　　　　　　　　　　　质量分数

合金元素	Co	Cr	Mo	Ti	Ni	C
固溶强化系数 k	8.8	7.86	11	80.5	17.5	4 570

利用上述公式时必须注意，这里的 M_i 均指的是处于固溶态的元素的质量分数，它们与材料的化学成分并不相同，而要受到固溶度和形成化合物的倾向影响。由于 Fe 能容纳大量的 Cr，Co，Mo，Ni 和 Ti 等合金元素，并且由前面的热力学计算可知，这些合金元素之间在高温固溶处理后并不形成新相；但是 Ti 与 C 形成夹杂物，使得马氏体基体中的实际固溶量低于化学成分。根据式(5.5)计算得到的固溶强化增量为

$$\Delta\sigma_b/\text{MPa} = \sum k_i M_i^{\frac{3}{4}} = 381$$

2. 相变强化

马氏体相变是一种以剪切方式进行的非扩散型相变，相变产物与基体间保持共格或半共格联系，在其周围也存在很大的内应力，马氏体形成时的体积效应会引起周围奥氏体产生塑性变形而出现形变强化，马氏体相变的切变特性，也将在晶体内产生大量微观缺陷，如位错、孪晶、层错等(这些缺陷在马氏体逆转变过程中会被继承，即母相的晶体学缺陷会遗传给新相，这种现象称为相遗传)，使马氏体强化，即相变强化，其实质为位错强化。

当晶体中的位错分布比较均匀时，位错密度所引起的流变应力的增加可由 Bailey – Hirsch 关系式表示，即

$$\Delta\tau = \alpha\mu b\rho^{\frac{1}{2}} \tag{5.6}$$

式中，μ 为切变模量；b 为柏氏矢量 b 的模；α 为系数。对于板条马氏体基体，$\mu = 71$ GPa，$b = 2.5 \times 10^{-10}$ m，多晶体马氏体 $\alpha = 0.4$。

因此，相变强化或位错强化的定量分析关键在于位错密度的测量或计

算。本书采用高温 X 射线衍射技术结合 X 射线线形分析方法计算位错密度。

在 X 射线衍射测量中,衍射峰位及峰形反映了晶体的结构特征,且衍射峰的峰形能给出晶体内部的缺陷组态信息。本书采用 Wang's X 射线线形傅里叶分析方法计算位错结构参量。采用 Wang's 方法可以求出表观位错密度 ρ^* 和表观位错分布参量 M^*,针对具体的晶体结构,可得到其真实的平均位错密度 ρ 和平均位错分布参量 M。

将根据试样中平行于其试样表面的(110),(220)晶面的 XRD 线形计算得到的 D,ρ^*,M^*,ρ 和 M 参量均列在表5.5中。由表5.5可见,随温度的升高,亚晶粒尺寸 D 逐渐增大,平均位错密度下降,平均位错分布参量基本不变。

马氏体相变引起的屈服强度增量为

$$\Delta\sigma_{d}/\text{MPa} = \alpha\mu b\rho^{\frac{1}{2}} = 292 \text{ MPa}$$

表 5.5　马氏体时效不锈钢位错结构参数

温度 /℃	30	1 000
亚晶粒尺寸 D/nm	154	167
表观位错密度 ρ^* /10^{11}cm^{-2}	3.390	2.779
表观位错分布参量 M^*	1.580	1.585
平均位错密度 ρ /10^{11}cm^{-2}	9.356	7.670
平均位错分布参量 M	1.550	1.553

3. 时效硬化

时效初期,马氏体时效不锈钢首先通过溶质原子扩散,形成 Ni - Mo - Ti 富集区,进而原位析出细小沉淀相。当有金属间化合物析出时,析出相粒子的尺寸不同,其强化机制也不同,位错切过还是绕过析出相粒子决定于粒子半径 R 和位错的柏氏矢量模 b,当 $R/b < 15$ 时位错切过析出相粒子;当 $R/b \geqslant 15$ 时位错绕过析出相粒子。强化效果与位错切过共格区和沉淀相所需应力密切相关,此时共格应力和沉淀相内部有序化应力起主要作用。随着沉淀相长大并与基体保持半共格关系,位错切过它们所需应力逐步增大,因此屈服强度上升,当沉淀相进一步长大,其半径达到临界尺寸 $15b$ 时,位错会绕过沉淀相而无法切过。当沉淀相颗粒间距达到某一临界值时,强度达到最高值。

马氏体时效不锈钢在 450 ℃,9 h 峰时效处理后,强化相 Ni_3Ti 的平均直径和长度分别达到约 10 nm 和 35 nm,远大于位错绕过沉淀相的临界尺寸 3.75 nm,因而其强化机制可用 Ashby - Orowan 位错绕过机制来解释,即

$$\Delta\sigma_p = \frac{Gb}{2\pi(\lambda - d)}\left(\frac{1 + 1/(1 - \nu)}{2}\right)\ln\left(\frac{\lambda - d}{2b}\right) \tag{5.7}$$

式中,$\Delta\sigma_p$ 为析出相时效硬化屈服强度增量;G 为板条马氏体基体的切变模量;b 为柏氏矢量 b 的模;ν 为泊松比;λ 为析出相粒子间距;d 为析出相直径。

条状析出相可以换算为同体积球形析出相,则 $d = 17.4$ nm,λ 可以根据析出相总体积分数(f)求得,即 $f^{\frac{1}{3}} = 0.82d/\lambda$。在马氏体时效不锈钢中,由于合金元素 Ni,Mo,Co 与铁的密度相近,因此,析出相体积分数可近似于合金元素参与时效反应的质量分数之和。除去元素的损耗,可近似得到 $f = 21\%$,则 $\lambda = 25.3$。对于马氏体基体,$G = 71$ GPa,$b = 2.5 \times 10^{-10}$ m,$\nu = 1/3$,因此,根据式(5.7)可计算马氏体时效不锈钢时效强化屈服强度增加量,$\Delta\sigma_p = 660$ MPa。

综合上述分析,各个强化机制的作用对强度的贡献虽有不同,但所起的作用是一致的,马氏体时效不锈钢的屈服强度可表示为

$$\sigma_{0.2} = \sigma_0 + \Delta\sigma_b + \Delta\sigma_d + \Delta\sigma_p \tag{5.8}$$

式中,$\sigma_{0.2}$ 是马氏体时效不锈钢时效态的屈服强度;σ_0 是纯铁的屈服强度,一般取为 180 ~ 200 MPa;$\Delta\sigma_b$,$\Delta\sigma_d$,$\Delta\sigma_p$ 分别是固溶强化、相变强化、时效硬化引起的屈服强度增量。代入前面的计算结果 $\Delta\sigma_b$,$\Delta\sigma_d$,$\Delta\sigma_p$,则 $\sigma_{0.2} = 1\ 523$ MPa,与实测屈服强度 1 510 MPa 相当接近,其误差小于 5%。

5.3.2 马氏体时效不锈钢韧化机理

1. 超细马氏体板条

图 5.21 给出了 00Cr13Ni7Co5Mo4Ti 马氏体时效不锈钢组织结构 TEM 像。从图 5.21(a)马氏体时效不锈钢 1 050 ℃ 固溶处理后的组织来看,组织主要是细小的板条马氏体。马氏体板条的尺寸在 200 nm 左右,纤细状板条马氏体在保证钢具有较高强度的同时还具有良好的韧性。 图 5.21(b)450 ℃,9 h 时效处理后的 TEM 组织显示出细小马氏体簇切割马氏体板条的精细结构。可见马氏体板条被多个小马氏体簇切割成多段而碎化。在材料强度学中,细化晶粒的强韧化效果通常用 Hall - Petch 公式来描述,即

$$\sigma_s = \sigma_i + K_y d^{-\frac{1}{2}} \tag{5.9}$$

式中,K_y 指材料常数。

晶粒尺寸 d 越小,塑性变形抗力或强化效果越显著。Hall - Petch 公式

也适用于马氏体板条束,因为板条束间为大角度晶界。用于板条束时,泛用的 Hall – Petch 公式被修正为 Nalyer 公式,即

$$\sigma_s = \sigma_i + K_y D_m^{-1} \tag{5.10}$$

式中,D_m 表示平均板条束直径,并可用下式计算:

$$D_m = \frac{2}{\pi}\left\{w\ln\left[\tan\left(\frac{\arccos\left(\frac{w}{d_p}\right)}{2} + \frac{\pi}{4}\right)\right] + \frac{\pi}{2}d_p - d_p\arccos\left(\frac{w}{d_p}\right)\right\} \tag{5.11}$$

式中,w 为板条束宽度;d_p 为板条长度。

经修正后的 Nalyer 公式中,D_m 为有效晶粒马氏体板条束尺寸。同样也说明板条束尺寸越小,强化效果越大,而且与 D_m^{-1} 呈线性关系。式(5.11)中,马氏体板条宽度 w 和长度 d_p 是表征板条束尺寸的基本参数。可以认为马氏体板条尺寸是最基本的有效晶粒,超细马氏体板条是主要的强化因素。作为最基本有效晶粒的马氏体板条细化是增加塑性和韧性的主要因素。据此,超细马氏体板条是超高强度、高塑性、高韧性的重要原因和机理。

(a) 1 050 ℃,1 h　　　　　　　　(b) 450 ℃,9 h

图 5.21　马氏体时效不锈钢组织结构 TEM 像

2. 残余奥氏体的韧化作用

透射电子显微镜观察结果表明,经 1 050 ℃ 固溶处理后,不同时效处理的基体组织为马氏体和残余奥氏体。图 5.22 为 450 ℃ 时效处理后马氏体时效不锈钢透射电子显微镜照片。可见,残余奥氏体沿板条马氏体束之间或片状马氏体周围呈薄片状分布,这对改善材料的韧性十分有利,不仅可阻止裂纹在马氏体板条间的扩展,还可以减缓板条间密集排列时位错前端引起的应力集中。已有的研究结果表明,在裂纹扩展前奥氏体向马氏体转变可由于吸收大量能量,显著松弛裂纹尖端的三向应力场,延缓裂纹扩

展而提高断裂韧性,这是获得超高强度高韧性的原因之一。G. Thomas 在对 Fe – Cr – C 系马氏体钢研究中也观察到断裂韧性与残余奥氏体膜有关,认为稳定的残余奥氏体薄膜存在于板条马氏体之间对韧性有利。

图 5.23 所示为马氏体时效不锈钢的强韧化机理。

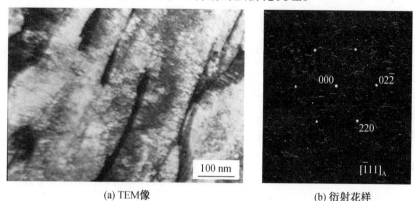

(a) TEM像   (b) 衍射花样

图 5.22 450 ℃ 时效 9 h 试样中逆转变奥氏体 TEM 像及其衍射花样

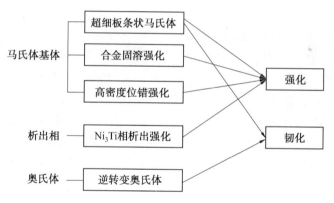

图 5.23 马氏体时效不锈钢的强韧化机理

第6章 马氏体时效不锈钢力学性能预测与合金化设计

尽管钢的发展历史很长,理论与经验相当丰富,但在钢的设计特别是合金钢的设计开发中都是使用的"反复实验法",要想得到理想的力学性能,需要大量反复的实验工作。如何在不做实验或尽可能少做实验的情况下进行合金设计是材料工作者一直追求的目标。为了更好地利用已取得的实验数据,减少实验次数,提高效率,人们将目光转向了计算机辅助的材料性能预测。

传统的预测方法是对统计资料进行回归分析,找出被预测对象的因果关系,构成各种因果外推模型。但是如果模型是非线性的,那么模型参数将难以确定。而建立在历史数据和模糊规则基础上的模糊辨识方法则能突破这一局限性。它无须人们预先给定公式的形式,而是以实验数据为基础,经过有限次迭代计算而获得的一个反映实验数据内在规律的数学模型,因此它具有特别适合于研究复杂非线性系统的特性。

开发研制新马氏体时效不锈钢过程中,必然涉及大量多元非线性因素对合金性能的影响问题,其中影响马氏体时效不锈钢性能的众多因子之间又存在复杂的交互作用,如果全面考察这些影响因素及其交互作用,即使采用正交设计等专门的实验手段,实验次数也会随着因素的增加而呈指数增长。另一方面,完全从微观结构和作用机理上确定合金性能与成分、热处理工艺之间的关系,在大多数情况下尚不现实。

本章首先介绍模糊系统与模糊辨识方法,并在收集和整理的实验数据基础上,采用模糊辨识方法,将马氏体时效不锈钢的化学成分和热处理工艺参数作为模型的输入,M_s 温度和力学性能作为输出,建立马氏体时效不锈钢 M_s 温度预测和力学性能预测的模糊模型。然后利用模糊模型,并结合正交实验法,在保证马氏体时效不锈钢力学性能的基础上,进一步添加提高耐腐蚀性能的合金元素,对马氏体时效不锈钢的成分进行优化设计,以改善马氏体时效不锈钢耐腐蚀性能,并进行实验验证,以期进一步促进马氏体时效不锈钢的发展与应用。

6.1 模糊系统基础

6.1.1 模糊集

模糊系统是建立在自然语言的基础上,而自然语言常采用一些模糊的概念,如"温度偏高""压力偏大"等。如何描述这些模糊的概念,并对它们进行分析、推理,这正是模糊集合与模糊逻辑所要解决的问题。

模糊集是一种边界不分明的集合,模糊集与普通集合既有区别又有联系。对于普通集合而言,任何一个元素要么属于该集合,要么不属于该集合,非此即彼,具有精确明了的边界;而对于模糊集,一个元素可以是既属于该集合又不属于该集合,亦此亦彼,边界不分明或界限模糊。

建立在模糊集基础上的模糊逻辑,任何陈述或命题的真实性只是一定程度的真实性,与建立在普通集合基础上的布尔逻辑相比,模糊逻辑是一种广义化的逻辑。在布尔逻辑中,任何陈述或命题只有两种取值,即逻辑真和逻辑假,常用"1"表示逻辑真,"0"表示逻辑假。而在模糊逻辑中,陈述或命题的取值除真和假("1"和"0")外,可取"1"与"0"之间的任何值,如 0.75,即命题或陈述在多大程度上为真和假。例如"老人"这一概念,在普通集合中需要定义一个明确的边界,如 60 岁以上是老人,而在模糊集中,老人的定义没有一个明确的边界,60 岁以上是老人,58 岁也属于是老人,40 岁在一定程度上也属于老人,只是他们属于老人这一集合的程度不同而已。

模糊性反映了事件的不确定性,但这种不确定性不同于随机性。随机性反映的是客观上的自然不确定性,或事件发生的偶然性;而模糊性则反映人们主观理解上的不确定性,即人们对有关事件定义或概念描述在语言意义理解上的不确定性。

6.1.2 模糊集的表示 —— 隶属度函数

模糊集使得某元素可以以一定程度属于某集合,某元素属于某集合的程度由"0"与"1"之间的一个数值 —— 隶属度来刻画或描述。把一个具体的元素映射到一个合适的隶属度是由隶属度函数来实现的。隶属度函数可以是任意形状的曲线,取什么形状取决于是否让我们使用起来感到简单、方便、快速、有效,唯一的约束条件是隶属度函数的值域为 $[0,1]$。模糊系统中常用的隶属度函数有以下 11 种:

（1）高斯型隶属度函数

$$f(x,\sigma,c) = \mathrm{e}^{-\frac{(x-c)^2}{2\sigma^2}}$$

高斯型隶属度函数有两个特征参数 σ 和 c。例如，如果 $x \in [0,10]$，$\sigma = 2$ 和 $c = 5$，则隶属度函数曲线如图 6.1(a) 所示。

（2）双侧高斯型隶属度函数

双侧高斯型隶属度函数是两个高斯型隶属度函数的组合，有 4 个特征参数，σ_1，c_1，σ_2，c_2。c_1 与 c_2 之间的隶属度为 1。c_1 左边的隶属度为高斯型隶属度函数 $f(x,\sigma_1,c_1)$，c_2 右边的隶属度为高斯型隶属度函数 $f(x,\sigma_2,c_2)$。例如，如果 $x \in [0,10]$，$\sigma_1 = 1$，$c_1 = 3$，$\sigma_2 = 3$，$c_2 = 4$，则双侧隶属度函数曲线如图 6.1(b) 所示。

（3）钟形隶属度函数

$$f(x,a,b,c) = \cfrac{1}{1 + \left(\cfrac{x-c}{a}\right)^{2b}}$$

钟形隶属度函数的形状如钟，故名钟形隶属度函数，钟形隶属度函数有 3 个特征参数 a，b，c。例如，如果 $x \in [0,10]$，$a = 2$，$b = 4$，$c = 6$，则钟形隶属度函数曲线如图 6.1(c) 所示。

（4）函数型 Sigmoid 隶属度函数

$$f(x,a,c) = \frac{1}{1 + \mathrm{e}^{-a(x-c)}}$$

函数型 Sigmoid 隶属度函数有两个特征参数 a 和 c。例如，如果 $x \in [0,10]$，$a = 2$ 和 $c = 4$，则函数型 Sigmoid 隶属度函数曲线如图 6.1(d) 所示。

（5）差型 Sigmoid 隶属度函数

差型 Sigmoid 隶属度函数为两个 Sigmoid 隶属度函数之差：

$$f(x,a_1,c_1,a_2,c_2) = \frac{1}{1 + \mathrm{e}^{-a_1(x-c_1)}} - \frac{1}{1 + \mathrm{e}^{-a_2(x-c_2)}}$$

差型 Sigmoid 隶属度函数有 4 个特征参数，a_1，c_1，a_2，c_2。例如，如果 $x \in [0,10]$，$a_1 = 5$，$c_1 = 2$，$a_2 = 5$，$c_2 = 7$，则差型 Sigmoid 隶属度函数曲线如图 6.1(e) 所示。

（6）积型 Sigmoid 隶属度函数

积型 Sigmoid 隶属度函数为两个 Sigmoid 隶属度函数的乘积：

$$f(x,a_1,c_1,a_2,c_2) = \frac{1}{1 + \mathrm{e}^{-a_1(x-c_1)}} \cdot \frac{1}{1 + \mathrm{e}^{-a_2(x-c_2)}}$$

积型 Sigmoid 隶属度函数有 4 个特征参数，a_1，c_1，a_2，c_2。例如，如果

$x \in [0,10]$，$a_1 = 2$，$c_1 = 3$，$a_2 = -5$，$c_2 = 8$，则积型 Sigmoid 隶属度函数曲线如图 6.1(f) 所示。

（7）Z 形隶属度函数

Z 形隶属度函数有两个参数，a 和 b，分别为隶属度函数曲线中斜线部分极点的位置。例如，如果 $x \in [0,10]$，$a = 3$，$b = 7$，则 Z 形隶属度函数曲线如图 6.1(g) 所示。

（8）S 形隶属度函数

S 形隶属度函数有两个参数，a 和 b，分别是隶属度函数曲线中斜线部分极点的位置。例如，如果 $x \in [0,10]$，$a = 1$，$b = 8$，则 S 形隶属度函数曲线如图 6.1(h) 所示。

（9）Π 形隶属度函数

Π 形隶属度函数有 4 个特征参数，a,b,c,d。Π 形隶属度函数可以看作参数为 a,b 的 S 形函数与参数为 c,d 的 Z 形函数叠加而成的。例如，如果 $x \in [0,10]$，$a = 1$，$b = 4$，$c = 5$，$d = 10$，则 Π 形隶属度函数曲线如图 6.1(i) 所示。

（10）梯形隶属度函数

$$f(x,a,b,c,d) = \begin{cases} 0 & (x \leqslant a) \\ \dfrac{x-a}{b-a} & (a \leqslant x \leqslant b) \\ 1 & (b \leqslant x \leqslant c) \\ \dfrac{d-x}{d-c} & (c \leqslant x \leqslant d) \\ 0 & (x \geqslant d) \end{cases}$$

或

$$f(x,a,b,c,d) = \max\left(\min\left(\frac{x-a}{b-a}, \ 1, \ \frac{d-x}{d-c}\right), \ 0\right)$$

梯形隶属度函数有 4 个特征参数，a,b,c,d。例如，如果 $x \in [0,10]$，$a = 1$，$b = 5$，$c = 7$，$d = 8$，则梯形隶属度函数曲线如图 6.1(j) 所示。

（11）三角形隶属度函数

$$f(x,a,b,c,) = \begin{cases} 0 & (x \leqslant a) \\ \dfrac{x-a}{b-a} & (a \leqslant x \leqslant b) \\ \dfrac{c-x}{c-b} & (b \leqslant x \leqslant c) \\ 0 & (x \geqslant c) \end{cases}$$

三角隶属度函数有 3 个特征参数，a, b, c。例如，如果 $x \in [0, 10]$，$a = 3, b = 6, c = 8$，则三角形隶属度函数曲线如图 6.1(k) 所示。

如果集合的论域为 X, A 的元素为 x, x 属于 A 的程度由隶属度函数映射为 0 与 1 之间的某一隶属度 $\mu_A(x)$，则论域 X 中的模糊集 A 有三种表示方法：

① zadeh 表示法。

$$A = \frac{\mu_A(x_1)}{x_1} + \frac{\mu_A(x_2)}{x_2} + \cdots + \frac{\mu_A(x_n)}{x_n} = \sum_{i=1}^{n} \frac{\mu_A(x_i)}{x_i}$$

或

$$A = \int \frac{\mu_A(x)}{x} \quad (x \in X)$$

② 向量表示法。

$$A = \begin{bmatrix} \mu_A(x_1) & \mu_A(x_2) & \cdots & \mu_A(x_n) \end{bmatrix}$$

③ 序偶表示法。

$$A = \{x, \mu_A(x) \mid x \in X\}$$

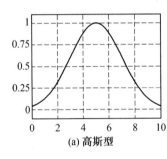

(a) 高斯型

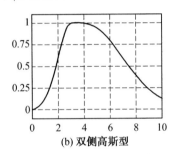

(b) 双侧高斯型

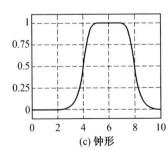

(c) 钟形

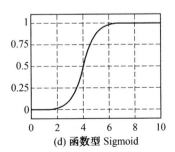

(d) 函数型 Sigmoid

图 6.1　隶属度函数曲线

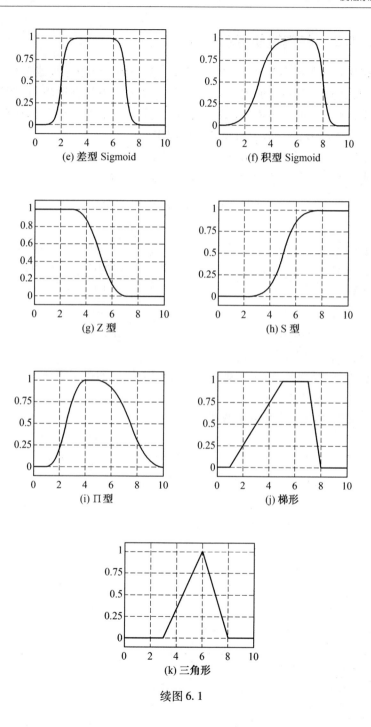

续图 6.1

6.1.3　模糊逻辑运算

在普通逻辑或布尔逻辑中,任何陈述只有两个取值:真或假("1"或"0"),即普通逻辑为二值逻辑。二值逻辑常见的关系有逻辑与、逻辑或、逻辑非和直积,对应的逻辑运算有与(交)运算、或(并)运算、非运算和直积。集合 A 与 B 的二值逻辑运算分别记作:

与运算　　　$A \cap B = \{x \mid x \in A \text{ 且 } x \in B\}$

或运算　　　$A \cup B = \{x \mid x \in A \text{ 或 } x \in B\}$

非运算　　　$\bar{A} = \{x \mid x \notin A, x \in U, U \text{ 为全集}\}$

直积　　　　$A \times B = \{(a,b) \mid a \in A, b \in B\}$

模糊逻辑是普通二值逻辑的推广,在模糊逻辑中,任何陈述都以一定程度的真实性表示,其取值可以是"0"与"1"之间的任意实数,对应的模糊逻辑运算(逻辑与(交)、逻辑或(并)、逻辑非)分别为:

逻辑与(A AND B)　　$\mu_{A \cap B}(x) = \min(\mu_A(x), \mu_B(x))$

逻辑或(A OR B)　　$\mu_{A \cup B}(x) = \max(\mu_A(x), \mu_B(x))$

逻辑非(NOT A)　　$\mu_{\bar{A}}(x) = 1 - \mu_A(x)$

逻辑与运算和逻辑或运算还可由更广义的模糊逻辑算子 ——T 算子和协 T 算子来定义。

模糊逻辑与运算可由 T 算子 $\otimes$ 定义为

$$\mu_{A \cap B}(x) = T(\mu_A(x), \mu_B(x)) = \mu_A(x) \otimes \mu_B(x)$$

T 算子 $\otimes$ 是满足下列条件的一个两变量函数 $T(\cdot, \cdot)$:

① 单调:如果 $a \leqslant c$ 且 $b \leqslant d$,则 $T(a,b) \leqslant T(c,d)$。

② 右界:$T(0,0) = 0, T(a,1) = T(1,a) = a$。

③ 交换律:$T(a,b) = T(b,a)$。

④ 结合律:$T(a,T(b,c)) = T(T(a,b),c)$。

模糊逻辑或运算也可由协 T 算子 $\oplus$ 定义为

$$\mu_{A \cup B}(x) = S(\mu_A(x), \mu_B(x)) = \mu_A(x) \oplus \mu_B(x)$$

协 T 算子 $\oplus$ 是满足下列条件的一个两变量函数 $S(\cdot, \cdot)$:

① 单调:如果 $a \leqslant c$ 且 $b \leqslant d$,则 $S(a,b) \leqslant T(c,d)$。

② 右界:$S(0,0) = 0, S(a,1) = S(1,a) = a$。

③ 交换律:$S(a,b) = T(b,a)$。

④ 结合律:$S(a,S(b,c)) = S(S(a,b),c)$。

常用的 T 算子和协 T 算子定义如下:

T 算子:

$$\mu_A(x) \otimes \mu_B(x) = \begin{cases} \min(\mu_A(x),\mu_B(x)) & （模糊交） \\ \mu_A(x),\mu_B(x) & （代数积） \\ \max(0,(\mu_A(x)+\mu_B(x)-1)) & （有界积） \\ \mu_A(x) & 当\,\mu_B(x)=1\,时 \\ \mu_B(x) & 当\,\mu_A(x)=1\,时 \\ 0 & 当\,\mu_A(x)<1,\mu_B(x)<1\,时 \end{cases} \left.\begin{array}{c}\\\\\end{array}\right\}（直积）$$

协 T 算子:

$$\mu_A(x) \oplus \mu_B(x) = \begin{cases} \max(\mu_A(x),\mu_B(x)) & （模糊并） \\ \mu_A(x)+\mu_B(x) & （代数和） \\ \min(1,(\mu_A(x)+\mu_B(x))) & （有界和） \\ \mu_A(x) & 当\,\mu_B(x)=1\,时 \\ \mu_B(x) & 当\,\mu_A(x)=1\,时 \\ 0 & 当\,\mu_A(x)>0,\mu_B(x)>0\,时 \end{cases} \left.\begin{array}{c}\\\\\end{array}\right\}（直和）$$

6.1.4 If … then 规则

最简单的 If … then 规则的形式是:"如果 x 是 A,则 y 是 B"。复合型的 If … then 规则的形式很多,例如:

"If m 是 A,且 x 是 B then y 是 C,否则 z 是 D";

"If m 是 A,且 x 是 B 且 y 是 C,then z 是 D";

"If m 是 A,或 x 是 B then y 是 C,或 z 是 D";

"If m 是 A,且 x 是 B then y 是 C,且 z 是 D"。

这里 A,B,C,D 分别是论域 M,X,Y,Z 中模糊集的语义值,If 部分是前提或前件,then 部分是结论或后件。解释 If … then 规则包括以下三个过程:

（1）输入模糊化

确定出 If … then 规则前提中每个命题或断言为真的程度(即隶属度)。

（2）应用模糊算子

如果规则的前提有几部分,则利用模糊算子可以确定出整个前提为真的程度(即整个前提的隶属度)。

（3）应用蕴含算子

由前提的隶属度和蕴含算子，可以确定出结论为真的程度（即结论隶属度）。

6.1.5 模糊推理

模糊推理是采用模糊逻辑由给定的输入到输出的映射过程。模糊推理包括五个方面：

①输入变量模糊化，即把确定的输入转化为由隶属度描述的模糊集。

②在模糊规则的前件中应用模糊算子（与、或、非）。

③根据模糊蕴含运算由前提推断结论。

④合成每一个规则的结论部分，得出总的结论。

⑤反模糊化，即把输出的模糊量转化为确定的输出。

1. 输入变量模糊化

输入变量是输入变量论域内的某一个确定的数，输入变量经模糊化后，变换为由隶属度表示的 0 和 1 之间的某个数。模糊化常由隶属度函数或查表求得。

2. 应用模糊算子

输入变量模糊化后，就知道每个规则中的每个命题被满足的程度。如果给定规则的前件中不止一个命题，则需用模糊算子获得该规则前件被满足程度。模糊算子的输入是两个或多个输入变量经模糊化后得到的隶属度值，则输出是整个前件的隶属度。模糊逻辑算子可取 **T** 算子和协 **T** 算子中的任意一个，常用的与算子有 min（模糊交）和 prod（代数积），常用的或算子有 max（模糊并）和 probor（概率或）。probor 定义为

$$probor(\mu_A(x), \mu_B(x)) = \mu_A(x) + \mu_B(x) - \mu_A(x)\mu_B(x)$$

3. 模糊蕴含

模糊蕴含可以看作一种模糊算子，其输入是规则的前件被满足的程度，输出是一个模糊集，规则"如果 x 是 A，则 y 是 B"表示了 A 与 B 之间的模糊蕴含关系，记为 $A \rightarrow B$。

常用的模糊蕴含算子有：

（1）最小运算（Mamdani）

$$A \rightarrow B = \min(\mu_A(x), \mu_B(y))$$

（2）代数积（Larsen）

$$A \rightarrow B = \min(\mu_A(x) \cdot \mu_B(y))$$

（3）算术运算（Zadeh）

$$A \to B = \min(1, 1 - \mu_A(x) + \mu_B(y))$$

（4）最大、最小运算

$$A \to B = \max(\min(\mu_A(x), \mu_B(y)), 1 - \mu_A(x))$$

（5）布尔运算

$$A \to B = \max(1 - \mu_A(x), \mu_B(y))$$

（6）标准运算法 1

$$A \to B = \begin{cases} 1 & （当 \mu_A(x) \leqslant \mu_B(y) \text{ 时} \\ 0) & （当 \mu_A(x) > \mu_B(y) \text{ 时}） \end{cases}$$

（7）标准运算法 2

$$A \to B = \begin{cases} 1 & （当 \mu_A(x) \leqslant \mu_B(y) \text{ 时}） \\ \dfrac{\mu_B(y)}{\mu_A(x)} & （当 \mu_A(x) > \mu_B(y) \text{ 时}） \end{cases}$$

4. 模糊合成

模糊合成也是一种模糊算子。该算子的输入是每一个规则输出的模糊集。输出是这些模糊集经合成后得到的一个综合输出模糊集。常用的模糊合成算子有 max（模糊并）、probor（概率或）和 sum（代数和）。

5. 反模糊化

反模糊化把输出的模糊集化为确定数值的输出，常用的反模糊化的方法有以下五种：

（1）中心法（Centroid）

取输出模糊集的隶属度函数曲线与横坐标周围成区域的中心或重心的论域元素值为输出值。

（2）二分法（Bisector）

取输出模糊集的隶属度函数曲线与横坐标周围成区域的面积均分点对应的元素值为输出值。

（3）最大隶属度平均法

取输出模糊集的所有极大值的平均值为输出值。

（4）最大隶属度取大法

取输出模糊集的所有极大值中的最大值为输出值。

（5）最大隶属度取小法

取输出模糊集的所有极大值中的最小值为输出值。

6.1.6　模糊聚类

任何一门科学都要通过分类来建立概念,也要通过分类来发现和总结规律,分类是建立和识别模型的重要基础和手段。所谓分类,就是将事物的总体分成若干类(子集),使总体中的每一事物存在且仅存在一个类中。

聚类分析是按照一定的标准来鉴别事物之间的接近程度,并把彼此接近的事物归为一类。设数据 X 中含有 n 个样本,表示为 $X_k(k=1,2,\cdots,n)$,聚类问题是把 $(X_1,X_2,\cdots,X_n)$ 区分为 X 中的 c 个子集 $2 \leqslant c \leqslant n$,要求相似的样本尽量在同一类,不相似的样本应在不同的类,聚类数 c 预先可能是不知道的。

1. 聚类方法

粗略来说,可以把聚类分为三种:谱系聚类法、图论法以及目标函数法。

(1) 谱系聚类法

谱系聚类法有两种类型:聚集法和分裂法。

聚集法从 n 个只含单一个样本的聚类开始,然后逐步将这些样本合并,其过程是从下向上。

分裂法开始时把所有样本考虑为同一类,然后逐步分裂为多个类别,其过程是从上向下。

聚集法的计算比较简单,但当样本数较多,而只需划分为很少的类别时,采用分裂法可省去许多复杂的计算。

(2) 图论法

在图论法中,数据集的各个样本构成图的节点、联结节点,节点间的加权系数反映了两个节点间的相似性。各组节点间的连接度测度作为聚类准则。聚类方法通常在最小生成树中去掉割边来形成多个子图。

(3) 目标函数法

在目标函数法中,用目标函数来测度聚类的效果,最佳聚类对应于目标函数取得极值的情况。常用的准则是最小平方差和。

2. 距离度量

在聚类分析中,一个重要的问题是建立起合理的相似性测度。假定聚类对象有 n 个样本,每个样本有 m 个特征 $x_{ij}(i=1,2,\cdots,m;j=1,2,\cdots,n)$,常用的样本间的相似性和类间的相似性的度量方法有:

（1）欧氏距离法

$$r_{ij} = \sqrt{\frac{1}{n}\sum_{k=1}^{n}(x_{ik}-x_{jk})^2}$$

（2）数量积法

$$r_{ij} = \begin{cases} 1 & （当 i = j 时）\\ \dfrac{1}{M}\cdot\sum_{k=1}^{n}x_{ik}x_{jk} & （当 i \neq j 时）\end{cases}$$

（3）相关系数法

$$r_{ij} = \frac{\sum_{k=1}^{n}(x_{ik}-\bar{x}_i)(x_{jk}-\bar{x}_j)}{\sqrt{\sum_{k=1}^{n}(x_{ik}-\bar{x}_i)^2}\sqrt{\sum_{k=1}^{n}(x_{jk}-\bar{x}_j)^2}}$$

式中

$$\bar{x}_i = \frac{1}{m}\sum_{i=1}^{m}x_{ik}$$

$$\bar{x}_j = \frac{1}{m}\sum_{j=1}^{m}x_{jk}$$

（4）指数相似法

$$r_{ij} = \frac{1}{n}\sum_{k=1}^{n}\mathrm{e}^{-\frac{3}{4}\cdot\frac{(x_{ik}-x_{jk})^2}{s_k^2}} \quad （s_k 为适当选择的整数）$$

（5）最大最小法

$$r_{ij} = \frac{\sum_{k=1}^{n}\min(x_{ik},x_{jk})}{\sum_{k=1}^{n}\max(x_{ik},x_{jk})}$$

（6）几何平均最小法

$$r_{ij} = \frac{\sum_{k=1}^{n}\min(x_{ik},x_{jk})}{\sum_{k=1}^{n}\sqrt{x_{ik}x_{jk}}}$$

（7）绝对值指数法

$$r_{ij} = \mathrm{e}^{-\sum_{k=1}^{n}|x_{ik}-x_{jk}|}$$

（8）绝对值倒数法

$$r_{ij} = \begin{cases} 1 & （当 i = j 时） \\ \dfrac{M}{\sum\limits_{k=1}^{n} |x_{ik} - x_{jk}|} & （当 i \neq j 时） \end{cases}$$

（9）绝对值减数法

$$r_{ij} = \begin{cases} 1 & （当 i = j 时） \\ 1 - c \sum\limits_{k=1}^{n} |x_{ik} - x_{jk}| & （当 i \neq j 时） \end{cases}$$

（10）夹角余弦法

$$r_{ij} = \frac{\sum\limits_{k=1}^{n} x_{ik} x_{jk}}{\sqrt{\sum\limits_{k=1}^{n} x_{ik}^2} \sqrt{\sum\limits_{k=1}^{n} x_{jk}^2}}$$

6.2　模糊建模

模糊辨识是一种基于模糊规则的系统辨识方法。它有表示任意非线性关系和学习的能力,通过非线性映射,学习系统的特性自动产生其模糊规则,近似地表示任意非线性函数。

基于模糊模型的模糊辨识方法一般可以分成三类:基于模糊关系方程的模糊辨识方法、基于 Takagi - Sugeno 模糊线性函数模型的模糊辨识方法和基于模糊神经网络的模糊建模方法。与其他模型相比,Takagi - Sugeno 模糊模型需要的规则数最少,而且被应用到模型中的规则也比较简单。该模糊模型的辨识算法通常包括前提结构的辨识、前提参数的辨识、结论结构和结论参数的辨识等。本书采用模糊聚类方法(Fuzzy c-means) 辨识模型前提结构及参数,其优点是在无先验数据集合经验的基础上,经计算能自动提供系统参考模糊集合的形式;运用递推最小二乘算法或稳态卡尔曼滤波器辨识相应模糊模型结论参数。下面给出本节具体采用的模糊辨识方法。

6.2.1　模糊聚类方法

给定样本 $A = \{x_1, x_2, \cdots, x_k, \cdots, x_n\}$,设聚类数为 c,定义如下目标函数:

$$J = \sum_{i=1}^{c} \sum_{k=1}^{n} (\mu_{ik})^m \delta_{ik}, \quad \delta_{ik} = \parallel x_k - z_i \parallel^2$$
$$(i = 1, 2, \cdots c; k = 1, 2, \cdots, n) \tag{6.1}$$

式中,z_i 为第 i 类中心;δ_{ik} 为样本 x_k 到中心 z_i 的距离;$\mu_{ik} \in [0,1]$ 为第 k 个数据在第 i 类里的隶属度,且满足

$$\sum_{i=1}^{c} \mu_{ik} = 1, \forall k; \quad n > \sum_{k=1}^{n} \mu_{ik} > 0 \quad (\forall i, 1 < m < \infty)$$

根据文献证明,可按下面聚类算法保证式(6.1)最小,其中 $\boldsymbol{U}$ 是由每一个特征向量相对于每一类的隶属度组成的模糊划分矩阵。

① 初始化参数。

给定 c 和 m,m 一般取 2,选择 z_i 的初始值。

② 计算 z_i:

$$z_i = \frac{\sum_{k=1}^{n} x_k (\mu_{ik})^m}{\sum_{k=1}^{n} (\mu_{ik})^m} \quad (i = 1, 2, \cdots, c) \tag{6.2}$$

③ 按下式更新 μ_{ik}

$$\mu_{ik} = \left[\sum_{j=1}^{c} \left(\frac{x_k - z_i}{x_k - z_j} \right)^{2/(m-1)} \right]^{-1} \quad (i = 1, 2, \cdots, c, k = 1, 2, \cdots, n) \tag{6.3}$$

④ 如果 $\parallel \boldsymbol{U}^{(k)} - \boldsymbol{U}^{(k-1)} \parallel < \varepsilon$,$\varepsilon$ 为阈值,则停止;否则转 ②。

6.2.2 模糊辨识方法

设辨识对象为 $P(U,Y)$,U 为系统的输入,Y 为系统的输出,$U \in R^r$,$Y \in R^q$,对于这样的 MIMO 系统,可以分解为 q 个子系统进行辨识,因此这里只讨论 MISO 系统的辨识。

设系统的模糊模型为 T - S 模糊模型,模型前提结构是由模糊聚类分析所确定的。其模型如下:

$$\begin{cases} R_1 : \text{If } u_1^k \text{ is } \mu_{11}^k \text{ and} \cdots \text{and } u_r^k \text{ is } \mu_{1r}^k \\ \quad \text{then } y_1^k = b_{10} + b_{11} u_1^k + \cdots + b_{1r} u_r^k \\ \quad \quad \cdots\cdots \\ R_c : \text{If } u_1^k \text{ is } \mu_{c1}^k \text{ and} \cdots \text{and } u_r^k \text{ is } \mu_{cr}^k \\ \quad \text{then } y_c^k = b_{c0} + b_{c1} u_1^k + \cdots + b_{cr} u_r^k \end{cases} \tag{6.4}$$

式中，$u_j(1 \leqslant j \leqslant r)$ 是输入变量，$y_i(1 \leqslant i \leqslant c)$ 是输出变量。μ_{ij} 是由前面模糊聚类得出的模糊集合（通常情况下与语言变量相对应），b_{ij} 是实数。在 T – S 模型中每一个模糊规则通过其前件对应的模糊输入特征领域描述一个局部线性行为。

对于给定输入 $u = (u_1^k, u_2^k, \cdots, u_r^k)$，T – S 模糊模型推理输出值计算如下：

$$\hat{y}^k = \sum_{i=1}^c \omega_i^k y_i^k \Big/ \sum_{i=1}^c \omega_i^k \tag{6.5}$$

$$\omega_i^k = \mu_{i1}^k \wedge \mu_{i2}^k \wedge \cdots \wedge \mu_{ir}^k \tag{6.6}$$

式中，μ_{ij}^k 是由前面的模糊划分得出的；$\wedge$ 符号是取小运算。

定义

$$v_i^k = \omega_i^k \Big/ \sum_{i=1}^c \omega_i^k \tag{6.7}$$

于是

$$\hat{y}^k = \sum_{i=1}^c v_i^k y_i^k = \sum_{i=1}^c v_i^k (b_{i0} + b_{i1}u_1^k + \cdots + b_{ir}u_r^k) \tag{6.8}$$

目标函数为

$$J = \sum_{k=1}^n (y^k - \hat{y}^k)^2 \tag{6.9}$$

式中，y^k 是系统的实际值；$\hat{y}_k$ 是模型值。

通过求 J 的最小化来求参数 $b_{ij}(i = 1, 2, \cdots, c; j = 0, 1, \cdots, r)$。

定义

$$\boldsymbol{Y} = [\, y^1 \quad y^2 \quad \cdots \quad y^n \,]^{\mathrm{T}} \tag{6.10}$$

$$\boldsymbol{P} = [\, b_{10} \cdots b_{c0} \; b_{11} \cdots b_{c1} \cdots b_{1r} \cdots b_{cr} \,]^{\mathrm{T}} \tag{6.11}$$

$$\boldsymbol{X} = \begin{bmatrix} v_1^1 & \cdots & v_c^1 & v_1^1 u_1^1 & \cdots & v_c^1 u_1^1 & \cdots & \cdots & v_1^1 u_r^1 & \cdots & \cdots & v_c^1 u_r^1 \\ v_1^2 & \cdots & v_c^2 & v_1^2 u_1^2 & \cdots & v_c^2 u_1^2 & \cdots & \cdots & v_1^2 u_r^2 & \cdots & \cdots & v_c^2 u_r^2 \\ \vdots & & \vdots & \vdots & & \vdots & & & \vdots & & & \vdots \\ v_1^n & \cdots & v_c^n & v_1^n u_1^n & \cdots & v_c^n u_1^n & \cdots & \cdots & v_1^n u_r^n & \cdots & \cdots & v_c^n u_r^n \end{bmatrix} \tag{6.12}$$

则式（6.8）可表示成

$$\boldsymbol{Y} = \boldsymbol{XP} \tag{6.13}$$

式中，$\boldsymbol{X}$ 为 $n \times c(r+1)$ 的矩阵。

这是一个典型的最小二乘估计问题，可由如下公式求得参数向量 $\boldsymbol{P}$：

$$P = (X^T X)^{-1} X^T Y \tag{6.14}$$

为了迭代优化结论参数向量 P 以及避免矩阵求逆,本节利用如下加权递推最小二乘算法(WRLSA)求得结论参数向量 P:

$$P_{i+1} = P_i + \frac{S_{i+1} \cdot X^T_{i+1} \cdot (y_{i+1} - X^T_{i+1} \cdot P_i)}{Q + X_{i+1} \cdot S_i \cdot X^T_{i+1}} \tag{6.15}$$

$$S_{i+1} = S_i - \frac{S_i \cdot X^T_{i+1} \cdot X_{i+1} \cdot S_i}{Q + X_{i+1} \cdot S_i \cdot X^T_{i+1}} \quad (i = 1, 2, \cdots, m-1) \tag{6.16}$$

$$P = P_m \tag{6.17}$$

式中,X_{i+1} 为式(6.12)的第 $i+1$ 个行向量;y_{i+1} 为 Y 的第 $i+1$ 个元素;P 为结论参数向量;S 为递推最小二乘公式的增益矩阵。

$P_0 = 0, S_0 = C \cdot I, C$ 一般取大于 10 000 的实数。Q 一般取为 1,如果多次迭代使用递推最小二乘公式,Q 取指数加权形式 $\exp(-number/N)$,number 为迭代次数,N 取大于 30 的正整数。

本书提出的完整的模糊辨识算法总结如下:

① 初始设置 c 和 m,给定聚类中心 z_i 的初始值($i = 1, 2, \cdots, c$),$k = 0$。

② 利用式(6.3)初始化模糊划分阵 U,取 $m = 2$。

③ 置 $k = k + 1$,利用式(6.2)计算聚类中心阵。

④ 利用式(6.3)计算 U。

⑤ 假如 $\| U^{(k)} - U^{(k-1)} \| < \varepsilon, \varepsilon$ 为阈值,则转向 ⑥,否则重复 ③ ~ ⑤。

⑥ 通过式(6.12)形成 X。

⑦ 采用式(6.15) ~ (6.17)求得 P。

⑧ 计算性能指标 $J = \frac{1}{n} \sum_{k=1}^{n} (y_k - y^k)^2$。

⑨ 如果 J 满足辨识精度,则辨识算法结束;否则增加 c,转 ②。

6.3 马氏体时效不锈钢力学性能预测的模糊模型

马氏体时效不锈钢的开发与研究已有 30 余年,材料工作者积累了大量的实验数据。如果能够充分利用这些实验数据,在综合分析的基础上,建立恰当的模型,做出合理的预测,对于在研究开发马氏体时效不锈钢过程中提出合理的研究目标,减少实验的盲目性,减少实验次数及降低实验成本十分重要。本节计划采用 6.2 节的建模方法,对收集整理的马氏体时效不锈钢的化学成分、热处理工艺参数以及力学性能数据进行处理,建立力学性能预测的模糊模型。

模糊建模一般包括如下步骤:输入、输出参数的确定,数据选择与处理,模糊模型的训练,模糊模型训练后的验证,使用模糊模型进行预测或模拟等。

6.3.1　模糊模型输入、输出参数确定

确定模糊模型的结构时,必须要明确要建立的模糊模型反映哪些因素之间的映射关系,即模型参数的选取。这里的参数包括输入参数和输出参数。

马氏体时效不锈钢的高强度来源于时效强化。化学成分与热处理工艺参数是影响马氏体时效不锈钢力学性能的主要因素。因此,模糊模型的输入参数除合金元素外,还必须考虑热处理工艺参数的影响。马氏体时效不锈钢的热处理基本包括两个过程:固溶处理和时效处理。固溶处理的目的是使合金元素(如 Ni,Mo 等)溶解在马氏体中,为随后的时效处理做好组织上的准备。随着固溶时间的增加,马氏体时效不锈钢的韧性稍有增加,强度亦有微小的下降,但这种影响并不明显。固溶温度的升高,对 18Ni 马氏体时效钢力学性能的影响不大,但对部分马氏体时效不锈钢的力学性能会有较大的影响。因此,模糊模型的输入参数的选择必须考虑固溶温度对力学性能的影响,而固溶时间的影响可以忽略。

马氏体时效不锈钢在高温固溶处理后的冷却方式通常是空冷或水冷。冷却方式的选择必须确保奥氏体自高温冷却到室温后完全转变为马氏体,因此,模糊模型的输入无须考虑冷却方式的影响。

马氏体时效不锈钢是利用时效析出金属间化合物来达到最后的性能要求的,时效处理对其力学性能有重要影响。模糊模型的输入参数必须考虑时效温度、时效时间的影响。因此,模糊模型的输入参数应包括合金元素、固溶温度(T_{sol})、时效温度(T_{age})和时效时间(t_{age})。模糊模型的输出参数即为马氏体时效不锈钢的力学性能,包括抗拉强度(σ_b)、屈服强度(σ_s)、硬度(HRC)、断面收缩率(ψ)、延伸率(δ)和冲击韧性(A_k)等。马氏体时效不锈钢力学性能预测的模糊模型的结构如图 6.2 所示。

6.3.2　数据选择与处理

1.数据选择

模糊模型的预测性能依赖于模型的训练样本数据集。建立一个可靠的样本数据集是模糊建模的一个重要的步骤。样本数据集的全部数据取自国内外文献以及课题组的内部资料。硬度数据的收集有布氏、洛氏和维

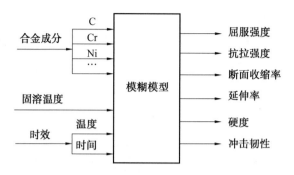

图 6.2　马氏体时效不锈钢力学性能预测的模糊模型示意图

氏硬度三种类型。在样本的训练之前,利用文献的数据将 HB 和 HV 数据转换为 HRC。在部分数据中合金元素 C 的含量没有给出,取为0.02%(质量分数)。合金元素的统计分析见表 6.1,包括 C,Al,Co,Cr,Cu,Mo,Mn,Ni,Si,Ti 和 W 共 11 种合金元素。合金元素 B,Nb 等很少在马氏体时效不锈钢中使用,故模型没有考虑其对力学性能的影响。另外,模糊模型忽略了杂质元素 Ca,N,O,P 和 S 等对力学性能的影响。

表 6.1　合金成分的统计分析　　　　　　（质量分数,%）

	C	Al	Co	Cr	Cu	Mn	Mo	Ni	Si	Ti	W
最小值	0.001	0	0	8.9	0	0	0	0	0	0	0
最大值	0.04	3.2	20.0	16.1	2.3	2.25	5.5	9.5	1.2	2.5	6.6
平均值	0.020	0.24	2.7	11.6	0.2	0.3	2.8	7.2	0.22	0.17	0.1

　　表 6.2 给出了马氏体时效不锈钢的力学性能样本数据的范围。由表 6.1 及表 6.2 可以确定模糊模型的适用范围。

　　模糊模型的输入为表 6.1 中的 11 个元素,即 C,Si,Mn,Cr,Ni,Mo,Co,Cu,W,Al 和 Ti,以及固溶温度(T_{sol})、时效温度(T_{age})、时效时间(t_{age})共 14 个变量。模糊模型的输出即为需要预测的马氏体时效钢的力学性能,包括抗拉强度(σ_b)、屈服强度(σ_s)、硬度(HRC)、断面收缩率(ψ)、延伸率(δ)、冲击韧性(A_k)等。

表 6.2　力学性能分析

	σ_b/MPa	σ_s/MPa	δ/%	ψ/%	A_k/(J·cm^{-2})	硬度 HRC
样本数	93	78	78	60	37	200
最小值	1 030	910	6.1	32	18	28.9
最大值	1 970	1 910	22	79	46	52
平均值	1 419	1 362	12.1	49	31.2	43.3

2. 数据的分类

根据预测的要求和目的,把数据分为三类:训练数据、检验数据和预测数据。

训练数据是用来对模糊模型进行训练。模型必须在大量的数据的训练下才能对样本的特征有完全的把握,才能保证预测的准确性和精度。而且,训练数据的覆盖范围必须足够广泛和足够多,能够保证完全覆盖样本的所有特征。如果对样本的特征有遗漏,就会造成预测一些部分的失真。

检验数据是用来对训练结果进行检验。同样,检验数据的选择也必须具有代表性,检验数据的标准为:

① 在所有的符合标准的数据下面都能够完全无误地得出预测结果。

② 在大量一般的数据下面能够完全无误地得出预测结果。

③ 在特殊的数据,如边界数据、微小变化的数据等能够完全无误地得出预测结果。

④ 在选出的数据下面能够完全无误地得出预测结果。

标准 ① 的检验是几乎不可能在实验的阶段完成的,所以,是一个完全理想化的标准;标准 ② 同样在一般的实验室的情况下也是不可能达到的;标准③和④是在实验室的条件下用来检验的通常手段,所以,我们的数据选择也是按照这两条标准来进行选择的。

预测数据是用来对模型的实用性进行检验的,对之选择的要求和训练数据的选择要求完全一样。

训练数据、检验数据、预测数据的数据量大约保持在 8∶2∶1 的比例。

6.3.3　模糊模型的训练

不失一般性,对于一个多输入多输出(MIMO)系统,可以分解为多个多输入单输出(MISO)的子系统。因此,本节对马氏体时效不锈钢的力学性能抗拉强度、拉伸强度、硬度、冲击韧性、断面收缩率和延伸率分别建立模糊模型。其原因一方面是模糊模型的输出参数增加时,训练时间显著增加。建立一系列的只有单输出的模糊模型可以使模型简单化,进而加速模糊模型的训练。另一方面,可以用来建模的每一个模型的输入、输出数据是不同的。例如,在一组输入、输出(训练)样本数据中,给出了屈服强度值,可能相应的冲击韧性值或硬度值没有给出。如果建立一个多输入多输出的模型,可用到的训练数据会减少很多,将导致模型的预测精度降低。为保证训练数据的数量,对力学性能分别建立模糊模型。每一个多输入单输出模型,组合到一起组成一个综合的模糊模型,即如图 6.2 所示,不同模型对应不同的力学性能输出。图 6.3 所示为模糊模型辨识流程图。

经过对训练样本数据辨识之后,可以得出模型的基本参数,利用这些数据建立模糊模型。对同一力学性能预测模型,采用不同的聚类数对训练样本数据进行训练,这样便可能得到几个不同的模型。选择其中预测精度最高的模型作为力学性能预测模型。

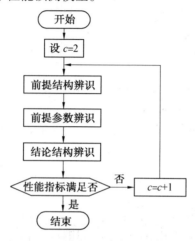

图 6.3　模糊模型辨识流程图

6.3.4　力学性能预测结果分析

以相对误差作为检验单个样本预测值准确性的度量,平均误差及总标准偏差作为检验总体预测准确性的度量。其计算公式为:

相对误差:

$$R = \frac{|A_i - T_i|}{T_i} \times 100\% \tag{6.18}$$

平均误差:

$$M = \frac{1}{n} \sum_{i=1}^{n} |A_i - T_i| \tag{6.19}$$

总标准偏差:

$$D_{error} = \sqrt{\frac{\left(n \sum (A_i - T_i)^2 - \left(\sum (A_i - T_i)\right)^2\right)}{n(n-1)}} \tag{6.20}$$

式中,A_i 为第 i 个合金的模糊模型计算值;T_i 为第 i 个合金的实验值;n 为样本数据集的合金样本数。当两个模型的平均误差比较接近时,总标准偏差小的被认为是性能较好的模型。

图6.4～6.9分别给出了马氏体时效不锈钢力学性能预测模型的训练及性

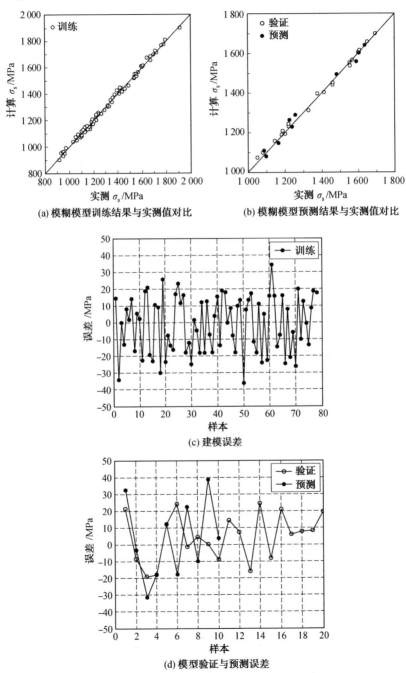

图 6.4 屈服强度预测模糊模型的性能

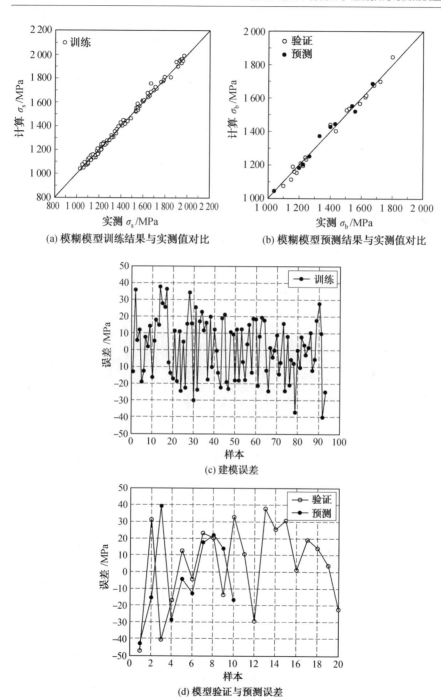

(a) 模糊模型训练结果与实测值对比　　(b) 模糊模型预测结果与实测值对比

(c) 建模误差

(d) 模型验证与预测误差

图 6.5　抗拉强度预测模糊模型的性能

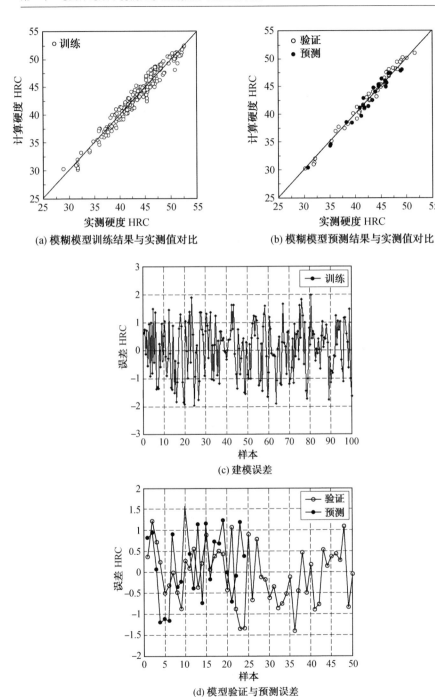

(a) 模糊模型训练结果与实测值对比　　　(b) 模糊模型预测结果与实测值对比

(c) 建模误差

(d) 模型验证与预测误差

图 6.6　硬度预测模糊模型的性能

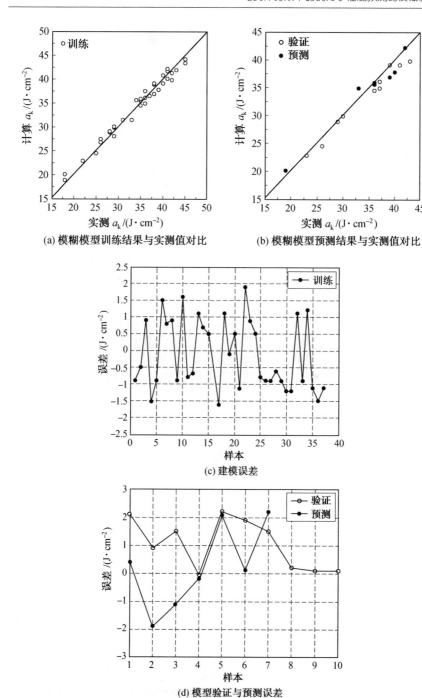

(a) 模糊模型训练结果与实测值对比 (b) 模糊模型预测结果与实测值对比

(c) 建模误差

(d) 模型验证与预测误差

图 6.7 冲击韧性预测模糊模型的性能

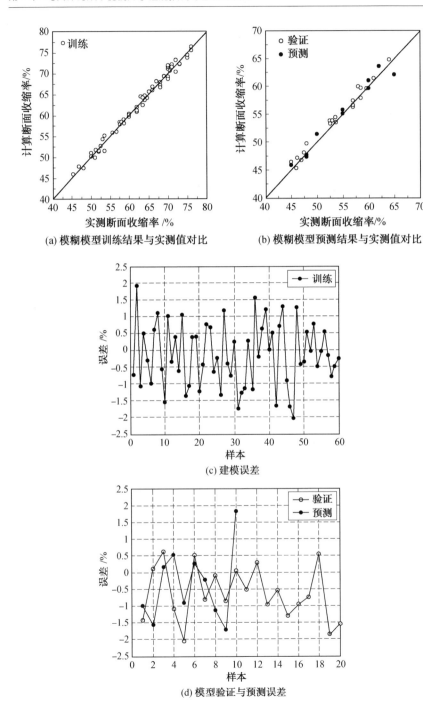

(a) 模糊模型训练结果与实测值对比   (b) 模糊模型预测结果与实测值对比

(c) 建模误差

(d) 模型验证与预测误差

图 6.8   断面收缩率预测模糊模型的性能

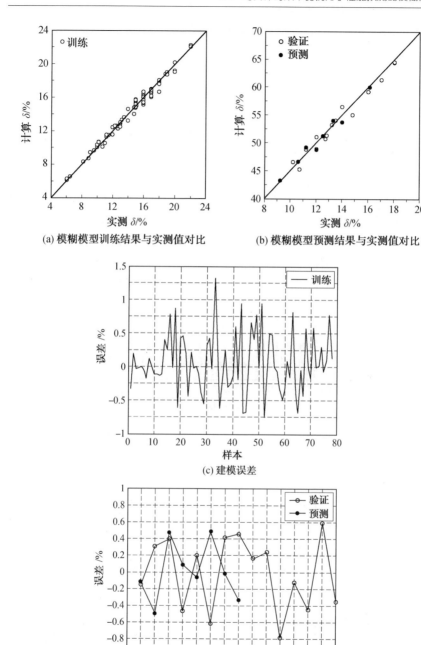

(a) 模糊模型训练结果与实测值对比　　　　(b) 模糊模型预测结果与实测值对比

(c) 建模误差

(d) 模型验证与预测误差

图 6.9　延伸率预测模糊模型的性能

能预测结果,表6.3给出了全部模型的预测平均误差及标准偏差,图6.10给出了全部模型预测结果的相对误差直方图。通过对比结果分析可以看出,模型的预测结果与实测值比较接近,表明已正确建立马氏体时效不锈钢力学性能预测的模糊模型。从直方图可以直观地看出,预测结果中,屈服强度、抗拉强度以及硬度误差最小,90%以上的相对误差落在2%以内;断面收缩率的相对误差次之,90%的数据落在3%之内;冲击韧性与延伸率的相对误差与上述模型相比,误差稍大一些,88%的相对误差落在4%以内。考虑其原因,主要有三种:

① 实测数据的准确性,与韧性有关的性能参数更容易受到实验因素和人为因素的影响。断面收缩率和延伸率的测量与人为因素有较大关系,拉伸速度严重影响延伸率的测量。

② 延伸率的基数较小,与拉伸强度相比差两个数量级。

③ 冲击韧性的训练样本数据较少。在图6.10所示的模型相对误差分布中也可以看出,延伸率模型的相对误差分布的正态性明显低于其他模型,表明在一定程度上存在模型尚未描述的因素,即存在某种系统误差。这说明仅用化学成分和热处理工艺参数来预测塑性指标仍具有一定的局限性,难以得到较高的预测精度。

表6.3 力学性能预测模型的预测误差

名称	σ_b/MPa	σ_s/MPa	δ/%	ψ/%	A_k/(J·cm^{-2})	硬度 HRC
平均值误差	19.7	17.3	0.69	0.98	1.87	1.03
总标准偏差	119	131	2.8	5.6	11.3	31

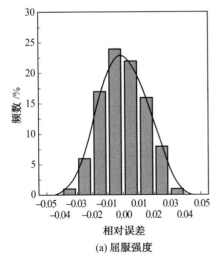

(a) 屈服强度

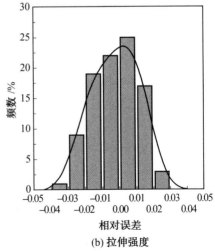

(b) 拉伸强度

图6.10 力学性能预测相对误差直方图

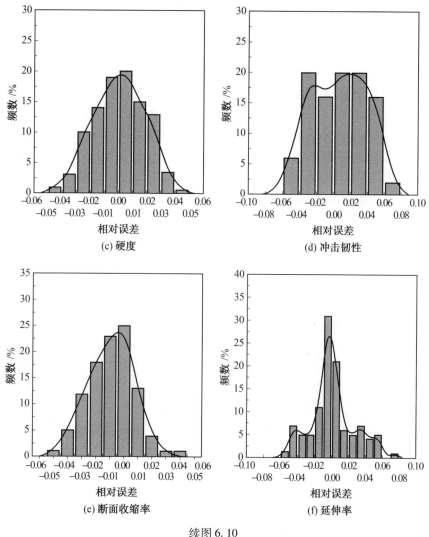

续图 6.10

6.3.5 误差分析

作为一种预测的算法和工具,其误差来源主要有以下几个方面:

① 模糊模型本身的误差。模糊辨识作为一种非线性系统的预测与控制工具,由于本身计算时非线性变化函数值域的局限,造成结果有所偏差。

② 计算机带来的误差。计算机本身的计算精度会给计算带来误差,相

同的程序在不同的计算机上运行,其计算结果也会略有不同。同时,计算机的物理故障也会给模型带来误差。

③ 训练数据带来的误差。模型的训练数据大部分是从文献资料上直接查得的,但有少部分是从图表上读取得到的,例如从时效硬度曲线上读取的硬度值等,这样也会给训练数据带来误差。对此,采取多次反复读取,取平均值来减小误差。

④ 力学性能测量时的误差。力学性能测量时存在一定的误差,特别是延伸率和硬度的测量与人为因素有很大关系。另外,布氏、维氏硬度转换为洛氏硬度也存在一定的误差。

⑤ 化学成分分析的误差增殖。由于在化学成分分析过程中存在一定的误差,使得模型的输入参数存在一定的误差。

6.3.6　模糊模型的验证

1. 马氏体时效不锈钢

Fe − 7Ni − 10Co − 11Cr − 5.5Mo − 0.3Al − 0.2Ti 是一种马氏体时效不锈钢,具有较好的强韧性及耐蚀性。为验证马氏体时效不锈钢力学性能预测的模糊模型的推广能力,对该合金的力学性能进行测试,马氏体时效不锈钢的化学成分见表 6.4。该合金在 925 ℃ 固溶处理 1 h 后,在 525 ℃ 和 550 ℃ 时效,力学性能的模糊模型预测及实测结果见表 6.5。从表 6.5 中可以看出,模型对抗拉强度和屈服强度的预测误差较小,相对误差分别是 1.5% 和 1.8%,但对延伸率的预测误差较大,相对误差达到 5%。这一结果与模型的预测精度基本一致(图 6.10),其误差尚在可以接受的范围之内。

表 6.4　马氏体时效不锈钢的化学成分　　　　　(质量分数,%)

	Ni	Co	Mo	Cr	Al	Ti	Fe
名义成分	6 ~ 8	9 ~ 11	5 ~ 6	9 ~ 11	0.1 ~ 0.5	0.1 ~ 0.3	余
实测成分	8.3	10.56	5.51	10.32	0.41	0.2	

表 6.5　模糊模型预测及实测马氏体时效不锈钢的力学性能

	拉伸强度 /MPa	屈服强度 /MPa	延伸率 /%
模糊模型	1 633	1 605	8.9
实测值	1 602	1 576	8.1
相对误差	1.9	1.8	9.8

注:925 ℃ 固溶 1 h,525 ℃ 时效 6 h

图 6.11 给出了该合金时效硬化曲线的模糊模型模拟结果。可以看

出,在时效初期,钢的硬度上升很快,之后,随时效时间延长,其增长速度降低,到达最大值之后,又开始下降。这与实验得到的结果类似,模糊模型的预测值与实测值也比较接近,说明所建立的模型具有一定的推广能力。使用模糊辨识方法预测马氏体时效不锈钢的力学性能是可行的。

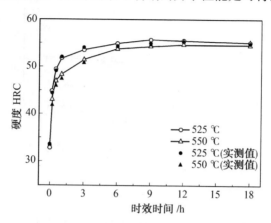

图 6.11　模糊模型预测马氏体时效不锈钢的时效硬化曲线
与实测值比较(925 ℃ 固溶 1 h)

2. 无钴马氏体时效钢

由表 6.2 可知,马氏体时效不锈钢力学性能预测的模糊模型中,输入变量包含了 Co,Mo,Ni,Ti 等 11 种合金元素,并且在训练数据中也包含了部分马氏体时效钢的实验数据,因此,该模型不仅可以预测马氏体时效不锈钢的力学性能,也可以用来预测马氏体时效钢的力学性能。

Fe－12Ni－3.2Cr－5.1Mo－1Ti－0.1Al 是一种新型无钴马氏体时效钢,利用模糊模型研究了固溶温度对钢的力学性能的影响,结果如图 6.12 所示。预测结果与实测值之间的误差在可以接受的范围之内。例如,在 850 ℃ 固溶处理,480 ℃ 时效 3 h,模型给出的预测结果是屈服强度为 1 643 MPa,延伸率为 10.2%,与实测值 1 660 MPa 和 10% 相当接近。

钢的时效动力学模拟结果如图 6.13 所示,可见预测值与实验值变化趋势基本是一致的。说明所建立的模型具有一定的推广能力,使用模糊辨识方法预测马氏体时效不锈钢的力学性能是可行的。

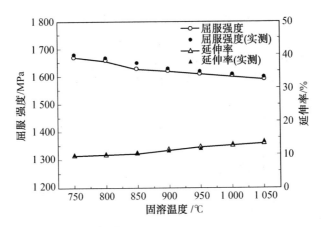

图 6.12　无钴马氏体时效钢的力学性能模糊模型预测值与实测值对比
（925 ℃ 固溶 1 h）

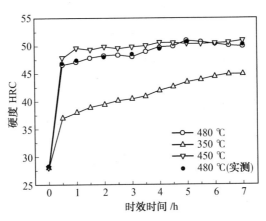

图 6.13　模糊模型预测无钴马氏体时效钢的时效硬化曲线与实测值比较

6.4　马氏体时效不锈钢 M_s 温度预测

　　马氏体时效不锈钢是利用低碳马氏体相变强化和时效硬化两种强化效应叠加而强化的高强度不锈钢。研究马氏体时效不锈钢中的马氏体相变，M_s 温度（马氏体转变开始温度）是一个有重要意义的参数。在实际应用过程中，M_s 温度对分析马氏体时效不锈钢的相变过程，指导合金设计，制定热处理工艺等方面有重要意义。因此有必要对马氏体时效不锈钢的 M_s 温度进行分析计算。本节依据马氏体时效不锈钢的化学成分及实测 M_s

温度,利用已有的 M_s 温度计算公式进行分析计算,提出新的马氏体时效不锈钢的 M_s 温度计算公式,同时利用模糊模型预测马氏体时效不锈钢的 M_s 温度。

6.4.1 马氏体时效不锈钢 M_s 温度预测的数学模型

1. 现有 M_s 温度计算经验公式分析

影响钢的 M_s 点的因素很多,如化学成分、淬火冷却速度、奥氏体化温度、形变等。但在正常的奥氏体化状态下淬火冷却,应该说母相奥氏体的化学成分是影响 M_s 点的主导因素。因此,计算 M_s 点的经验公式一般均用化学成分建立一定的数学关系式。在这方面,材料工作者已进行了较多的研究,从低合金钢到不锈钢等高合金钢,提出了很多 M_s 点的计算公式,典型公式见表6.6。这些公式,都是以特定的合金系实测的 M_s 点为基础,用

表6.6 M_s 温度计算公式

研究者	公 式
Payson 和 savage	$M_s/℃ = 498.9 - 316.7C^① - 33.3Mn - 27.8Cr - 16.7Ni - 11.1(Si + Mo + W)$
Carapella	$M_s/℃ = 496.1(1 - 0.344C)(1 - 0.051Mn)(1 - 0.018S)(1 - 0.025Ni)$ $(1 - 0.039Cr)(1 - 0.016Mo)(1 - 0.010W)(1 + 0.067Co)$
Rowland 和 Lyle	$M_s/℃ = 498.9 - 333.3C - 33.3Mn - 27.8Cr - 16.7Ni - 11.1(Si + Mo + W)$
Grange 和 Stewart	$M_s/℃ = 537.8 - 361.1C - 38.9(Mn + Cr) - 19.4Ni - 27.8Mo$
Steven 和 Haynes	$M_s/℃ = 561.1 - 473.9C - 16.7(Ni + Cr) - 21.1Mo$
Andrews(linear)	$M_s/℃ = 539 - 423C - 30.4Mn - 17.7Ni - 12.1Cr - 7.5Mo$
Andrews(product)	$M_s/℃ = 512 - 453C - 16.9Ni + 15Cr - 9.5Mo + 217C^2 - 71.5MnC - 67.6CrC$
Eldis	$M_s/℃ = 391.2 - 407.3C - 43.3Mn - 21.8Ni - 16.2Cr$
Kunitake	$M_s/℃ = 560.5 - 407.3C - 37.8Mn - 19.5Ni - 14.8Cr - 4.5Mo - 7.3Si - 20.5Cu$
Liu C	$M_s/℃ = 550 - 350C - 45Mn - 30Cr - 20Ni - 16Mo - 8W - 5Si + 6Co + 15Al$ $- 35(V + Nb + Zr + Ti) \quad C < 0.05\%$ (质量分数) $M_s/℃ = 525 - 350(C - 0.05) - 45Mn - 30Cr - 20Ni - 16Mo - 8W - 5Si + 6Co +$ $15Al - 35(V + Nb + Zr + Ti) \quad C > 0.05\%$(质量分数)
Li	$M_s/℃ = 540 - 420C - 35Mn - 20Ni - 12Cr - 21Mo - 10.5Si - 10.5W +$ $20Al + 140V$
Finkler 和 Schirra	$M_s/℃ = 635 - 474[C + 0.86(N - 0.15(Nb + Zr)) - 0.066(Ta + Hf)] - (17Cr +$ $33Mn + 21Mo + 17Ni + 39V + 1W)$
Eichelman 和 Hull	$M_s/℃ = 41.7(14.6 - Cr) + 5.6(8.9 - Ni) + 33.3(1.33 - Mn) +$ $27.8(0.47 - Si) + 1666.7(0.068 - C - N) - 17.8$

注:① 指 C 的质量分数,其他同样含义

统计分析或线性回归方法建立合金元素与 M_s 点之间的多元一次线性方程,一般只适合于某一成分范围的钢种,对其以外的钢种与实际结果常常有较大的差异。这些公式中并没有专门用来计算马氏体时效不锈钢的 M_s 温度,因而用来计算马氏体时效不锈钢 M_s 温度存在一定的问题。例如,不同的研究者提出的数学关系式不同,对同一成分的马氏体时效不锈钢 M_s 温度的计算,计算值相互之间以及计算值与实测 M_s 点之间相比偏差有的超过 100 ℃。有些公式对某些钢种计算时误差较小,而对其他钢种计算时误差较大,只能在一定化学成分范围内使用,并不适合用来计算马氏体时效不锈钢的 M_s 温度。另外,有些经验公式过于繁杂,如 Garapella 公式等,使用时非常不便,而且许多公式中的前置常数与无碳、无合金的纯铁的 M_s 点不符,失去了公式的物理意义(图 6.14)。

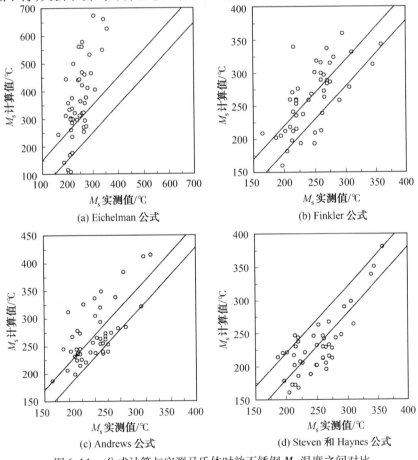

图 6.14　公式计算与实测马氏体时效不锈钢 M_s 温度之间对比

通过大量计算验算发现,现有的 M_s 点计算公式用来计算马氏体时效不锈钢的 M_s 点误差均很大。表6.6给出的经验公式多数为低合金钢 M_s 点计算公式,只有 Eichelman 公式和 Finkler 公式为不锈钢 M_s 点计算公式。图6.14(a)、(b)分别给出了利用这两个公式计算马氏体时效不锈钢 M_s 点的计算结果与实测值比较。可以看出,利用 Finkler 公式预测马氏体时效不锈钢的 M_s 点在精确度方面明显高于 Eichelman 公式;但用 Finkler 公式计算的最大误差超过100 ℃,平均误差在30 ℃ 以上。相反,利用一些低合金钢 M_s 点计算公式计算马氏体时效不锈钢的 M_s 点误差反而小一些。图6.14(c)、(d)给出了误差最小的两个低合金钢 M_s 点计算公式,Andrews 线性公式及 Steven 和 Haynes 公式。Steven 和 Haynes 公式的平均误差在这些计算公式中是最小的,但计算值与实测 M_s 点之间偏差最大亦超过40 ℃,平均误差为21.6 ℃。从表6.6给出的公式可以看到,Steven 和 Haynes 公式中并没有考虑 Co,Si,Cu,W 等合金元素对 M_s 点的影响,如果添加了 Co,Si,Cu,W 等合金元素对 M_s 点的影响,其平均误差反而增大,因而并不适宜推广到用来计算马氏体时效不锈钢 M_s 温度。因此,有必要提出新的马氏体时效不锈钢 M_s 点计算公式。

2. 经验公式的提出及验算

钢的化学成分对 M_s 温度的影响,以 C 含量最为显著。粗略估算,每增加1%(质量分数)的 C,钢的 M_s 点约降低330 ℃。而其他的合金元素的作用则比 C 小得多。每增加1%(质量分数)的合金元素,M_s 点仅改变几度到几十度。

泉山昌夫等研究了部分合金元素对铁基二元合金 M_s 点的影响。其结果显示 Al,Ti,V,Co 增加 M_s 温度,而 Nb,Si,Cu,Cr,Ni,Mn,C 和 N 减少 M_s 温度。1%(质量分数)的 Co 增加 M_s 温度10 ℃,在一些低合金钢中 Co 增加 M_s 温度8 ~ 12 ℃。

刘澄将大量文献资料中有关钢的成分对 M_s 点影响的数据,处理成单一元素对 M_s 点的影响。认为钢中常见的合金元素如 Mn,V,Cr,Cu,Mo,W,Ni 等,均使 M_s 点降低,只有 Al 和 Co 有使 M_s 点提高的作用。

各个经验公式计算 M_s 的误差,实质在于对合金元素影响 M_s 温度的程度评价不一致。目前对大部分合金元素如 C,Cr,Mn,Ni 对 M_s 点的影响有大致相近的看法,但不同的经验公式中计算系数却大不相同。一般而言,合金元素对 M_s 温度的影响,按其降低的强烈程度可大致顺序排列为 C,N,Mn,Ni,Cr,Mo,Cu,W,V 和 Ti,其中 W,V,Ti 等强碳化物形成元素在钢中多以碳化物形式存在,淬火加热时一般溶于奥氏体甚少,故对 M_s 点影响不大。

从图 6.14(c)、(d) 可以看出,利用 Steven 和 Haynes 公式及 Andrews 公式计算马氏体时效不锈钢 M_s 温度,一个偏高,一个偏低。因此,以 Steven 和 Haynes 公式及 Andrews 公式为基础,依据马氏体时效不锈钢化学成分特点及实测 M_s 值,进行归纳统计,并结合线性回归结果给出 M_s 计算公式中的各项系数。一般资料均认为合金元素 Si 对 M_s 点的影响较小,所以很多公式中不考虑 Si 的含量对 M_s 点的影响。本书对含 Si 马氏体时效不锈钢的实测 M_s 温度及 Si 含量进行统计分析发现,Si 降低 M_s 点,虽然作用较小,但也不可忽略。

关于纯 Fe 的 M_s 实验值,目前发表的数据颇为分散,从 770 K 到 970 K 不等,这与实验所用材料的纯度、化学成分测试精度、采用的 M_s 测试方法不同以及计算所用模型和热力学数据的偏差有关。最新的研究表明,纯 Fe 的 M_s 温度为 550 ℃,这与多数文献的结果比较接近。

综合上述分析,并结合线性回归结果给出马氏体时效不锈钢的 M_s 温度计算公式如下:

$$M_s/℃ = 550 - 330w(C) - 35w(Mn) - 17w(Ni) - 12w(Cr) - 21w(Mo) -$$
$$10w(Cu) - 5w(W) - 10w(Si) - 0w(Ti) + 10w(Co) + 30w(Al)$$

$$(6.21)$$

图 6.15 是利用式(6.21)计算马氏体时效不锈钢的 M_s 温度与实测 M_s 温度比较。可以看出,本节提出的计算公式精度很高,与实验结果符合较好,误差范围基本在 ±20 ℃ 之间,平均误差仅有 11.22 ℃。一般认为 M_s 计算值与实测值相差 20 ℃ 即可认为理想可靠。

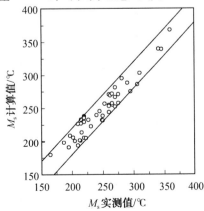

图 6.15 新的经验公式计算马氏体时效不锈钢 M_s 温度与实测值之间比较

6.4.2 马氏体时效不锈钢 M_s 温度预测的模糊模型

前面提出了一个与实测结果符合较好的马氏体时效不锈钢 M_s 温度计算的经验公式。这对分析马氏体时效不锈钢的相变过程,制定热处理工艺等方面有一定的指导意义;但对指导合金设计,其预测精度显得偏低。为此,本节拟利用模糊辨识方法建立 M_s 温度预测的模糊模型。考虑到马氏体时效不锈钢的应用范围较窄,因此将马氏体时效不锈钢归入马氏体不锈钢,建立马氏体不锈钢 M_s 温度预测的模糊模型,这对实际应用更有意义。

1.数据选择与处理

实验数据全部取自文献共110组,其中包括近50组马氏体时效不锈钢。从中随机抽取20组数据用于预测,以检验模型的推广能力,剩余90条数据用于模糊模型的训练。表6.7给出了用于训练的马氏体不锈钢(包括马氏体时效不锈钢)的化学成分分布范围,表6.8为用于预测的马氏体不锈钢的化学成分及 M_s 值。模糊模型的输入为表6.7中的11个元素,即 C,Si,Mn,Cr,Ni,Mo,Cu,W,Co,Al 和 Ti,模型的输出为 M_s 温度。

表 6.7 训练数据化学成分范围　　质量分数,%

范围	C	Si	Mn	Cr	Ni	W	Co	Mo	Cu	Al	Ti
下限	0.006	0	0	10.2	0	0	0	0	0	0	0
上限	0.69	0.89	1.25	16	5.0	5.2	20	2.5	1.8	0.8	0.6

表 6.8 马氏体不锈钢的化学成分与 M_s 值　　质量分数,%

序号	C	Si	Mn	Cr	Ni	Mo	Co	W	Cu	Al	Ti	M_s/℃
1	0.24	0.30	0.42	11.6	0.17	0.10						326
2	0.12	0.40	0.50	12.5								335
3	0.07	0.0	0.04	11.5	6.05	0.06			2.08	0.31	0.20	275
4	0.38	0.50	0.42	12.1	0.21	0.07						265
5	0.04	0.00	1.58	11.7	4.52	1.02			1.10	0.35	0.22	225
6	0.03	0.01	0.01	14.5	6.50							270
7	0.01			9.8	5.9	8.9	7.9				0.49	240
8	0.25	0.37	0.29	13.4	0.13	0.06						275
9	0.02	0.20	0.00	11.6	8.10							265
10	0.01	0.08	0.05	12.5	7.1	2.1						223
11	0.25	0.37	0.29	13.4	0.13	0.00						240
12	0.22	0.05	0.07	12.3	0.00	0.00						295
13	0.07		1.38	12.1	4.86	1.45		0.52		0.34		220

						续表6.8			质量分数,%		
序号	C	Si	Mn	Cr	Ni	Mo	Co	W	Cu	Al	Ti	M_s/℃
14	0.10	1.00	1.00	12.7	1.86	0.00						270
15	0.10	0.02	1.58	11.7	4.52	1.02						225
16	0.01	0.35	0.04	14	6.05	1.92				0.04	0.28	245
17	0.13	0.52	0.33	12.5	0.12	0.00						300
18	0.24	0.32	0.40	13.8	0.12	0.00						250
19	0.07	0.30	0.21	12.3	0.09	0.00						340
20	0.08	0.22	0.43	11.3	0.35	0.05						380

2. 结果分析与讨论

经过90组数据辨识之后,得出模型的基本参数。利用这些数据建立模糊模型,模糊规则数为6。模糊模型训练学习后M_s点的计算结果与实测M_s温度对比如图6.16所示。可以看出,模型计算值与实测值非常接近,算术平均误差仅有0.83 ℃,表明已正确建立化学成分与M_s点的关系。

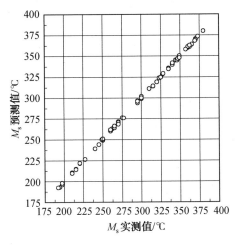

图6.16 模糊模型学习计算结果与实测M_s温度比较

图6.17给出了利用模糊模型计算表6.8中不锈钢M_s点的计算结果与实测值比较。可以看出,预测值与实测值比较接近,最大误差仅4.3 ℃,算术平均误差只有2.28 ℃。可见,利用模糊模型对M_s点进行预测比利用经验公式预测在精确度方面有着很大的提高。其误差基本由三部分组成,即M_s点测量时的实验误差、模糊模型本身的误差以及化学成分分析的误差增殖。

实验结果表明,采用模糊辨识方法,通过化学成分预测钢的M_s点,可

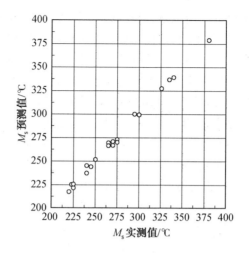

图 6.17 模糊模型预测结果与实测 M_s 温度比较

以很好地表示化学成分与 M_s 点的非线性关系,不同于通过统计方法来推导的经验公式,具有较高的预测精度,最大误差仅 4.3 ℃,平均误差仅有 2.28 ℃,并且实验简便,完全符合要求,为指导合金设计提供了有利的工具。

6.5 马氏体时效不锈钢成分优化设计

前面采用模糊辨识方法建立了马氏体时效不锈钢力学性能及 M_s 温度预测的模糊模型,这为马氏体时效不锈钢的成分优化设计打下了基础。本节利用模糊模型,并结合正交实验法,在保证马氏体时效不锈钢力学性能的基础上,进一步添加提高耐腐蚀性能的合金元素,对马氏体时效不锈钢的成分进行优化设计,以改善马氏体时效不锈钢耐腐蚀性能,以期进一步促进马氏体时效不锈钢的发展与应用。

6.5.1 马氏体时效不锈钢优化设计思想与原则

1. 马氏体时效不锈钢的成分设计思路

添加合金元素可明显影响和改变不锈钢的组织和性能。合金元素对不锈钢组织的影响基本上分为两类,一类是形成(或稳定)奥氏体的元素,如 Ni,Mn,Cu;另一类是封闭(或缩小)奥氏体区形成铁素体的元素,它们是 Cr,Si,Mo,Ti,W,Al 等。这两类元素共存于不锈钢中时,不锈钢的组织就决定于它们互相影响、互相作用的结果。如果稳定奥氏体的元素的作用居于主要方面,不锈钢的组织就以奥氏体为主;如果它们的作用程度还不能使钢的奥氏体保持至室温,这种不稳定的奥氏体在冷却时即发生马氏体转变,钢的组织则为马氏体。不锈钢的组织除了可通过相应的多元平衡图来确定以外,也有不少在实验基础上建立起来的各种相界图及经验公式可供参考。典型的不锈钢组织图如图 6.18 所示,不锈钢组织图是借助于 Schneider 修改过的 Schaeffler 图,从 1 050 ℃ 迅速冷却至室温所获得的组织结构,它不是平衡图。当初,建立这个图是为了估算奥氏体不锈钢焊缝中铁素体的含量,它不是平衡图,但是利用这个组织图近似地确定不锈钢自高温快冷后的组织还是有一定的参考作用,马氏体时效不锈钢位于图 6.18 中的 I 区内。图中所取的各元素的镍当量(Ni_{eq})或铬当量(Cr_e)如下:

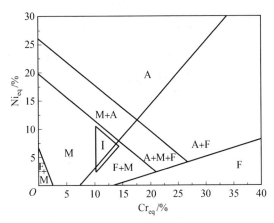

图 6.18　不锈钢组织图

F— 铁素体; M— 马氏体;A— 奥氏体

$$Ni_{eq}/\% = 1w(Ni) + 0.7w(Co) + 0.5w(Mn) + 0.3w(Cu) + 30w(C) + 25w(N) \tag{6.22}$$

$$Cr_{eq}/\% = 1w(Cr) + 1.5w(Si) + 1w(Mo) + 0.75w(W) \tag{6.23}$$

合金元素对不锈钢耐腐蚀性能的影响,可以从以下几个方面来考虑:

① 添加合金元素使钢的表面形成钝化膜。

② 加入合金元素提高钢的电极电位。

③ 加入合金元素减少与清除钢中组织的、化学成分的不均一现象。

对于奥氏体不锈钢或者双相不锈钢,其耐蚀性可用点蚀指数(Pitting Index)即 PI 值来评价,PI 值越高,耐蚀性越好。其数学关系式如下:

$$PI = 1w(Cr) + 3.3\%(w(Mo) + 0.5w(W)) + 16\%w(N) \tag{6.24}$$

对于马氏体不锈钢,如何评价其耐蚀性,即 PI 值和耐蚀性的关系长期以来并不是很清楚。高野等人研究了合金元素对含 N 的马氏体不锈钢耐蚀性的影响。结果表明,马氏体不锈钢淬火后如果不含有 δ - 铁素体,则点蚀电位随着 PI 值的增加而成比例地提高。亦即马氏体不锈钢的耐蚀性与点蚀指数之间存在一定的线性关系。因此,本书在马氏体时效不锈钢的优化设计中使用点蚀指数来评价马氏体时效不锈钢的耐蚀性。

影响马氏体时效不锈钢组织与性能的一个重要参数是钢的马氏体转变开始温度 M_s。M_s 温度的高低往往决定马氏体时效不锈钢在室温时的残余奥氏体数量。M_s 温度足够高,室温时钢内不存在残余奥氏体或者残余奥氏体量很少;如果 M_s 温度过低,室温时马氏体转变没有完成,则钢内会存在大量的残余奥氏体,从而得不到全马氏体组织。残余奥氏体的存在对马氏体时效不锈钢的力学性能有较大的影响。影响钢的 M_s 点的因素很多,如化学成分、淬火冷却速度、奥氏体化温度、形变等。但在正常的奥氏体化状态下淬火冷却,应该说钢的化学成分是影响 M_s 点的主导因素。

事实上,马氏体时效不锈钢的合金设计就是设计其化学成分,使其具有一定的镍当量、铬当量、M_s 点和 PI 值,固溶处理后在室温得到马氏体组织,并通过时效获得预期的显微组织和性能。马氏体时效不锈钢的成分设计如图 6.19 所示。

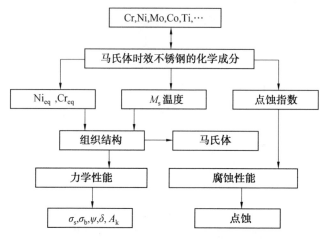

图 6.19 马氏体时效不锈钢的成分设计路线图

2. 镍当量及铬当量的控制

对于马氏体不锈钢,从不锈钢组织图可以看出,由于受铬当量(Cr_{eq})、镍当量(Ni_{eq})的限制,合金元素如 Cr,Ni 等的加入量亦受到限制。铬当量或镍当量过高和过低都可能导致δ-铁素体或残余奥氏体的生成,从而得不到全马氏体组织。从图 6.18 可以看出,单相马氏体不锈钢区最大的铬当量不超过 15%,相应的镍当量大约为 8%。为提高马氏体时效不锈钢的耐蚀性,必然要尽可能添加耐腐蚀合金元素如 Cr,Mo 等,这样铬当量必然要超过 15%。因为不锈钢组织图并不是平衡图,所以马氏体区有扩大的可能。其最大的铬当量和镍当量及其配比能够达到多少是合金设计的关键。

鉴于现有文献中并没有关于马氏体时效不锈钢铬、镍当量控制的资料,故将收集到的马氏体时效不锈钢的化学成分按照式(6.22)及式(6.23)计算其铬、镍当量,计算结果在图 6.20 中给出,这些马氏体时效不锈钢的冷却方式尽管并不相同(空冷或水冷),但在固溶处理后冷却到室温均得到全马氏体组织。同时为确定最大的铬、镍当量及其配比,利用纽扣式熔炼炉熔炼了若干不同铬当量的实验马氏体不锈钢,其铬当量均高于15%,最大达到21%。实验钢固溶处理后首先进行金相观察以及 X 射线衍射测量残余奥氏体含量,并对固溶处理后的试样在不同温度进行时效处理,利用硬度测量得到时效硬化曲线,以确定是否具有马氏体时效钢的时效硬化特性。对于全马氏体组织的马氏体时效不锈钢的铬、镍当量也一并在图 6.20 中给出。

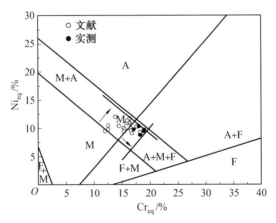

图 6.20　马氏体时效不锈钢组织图

F— 铁素体;M— 马氏体;A— 奥氏体

从图6.20 的马氏体时效不锈钢组织图可以看出,与 Schaeffler 等人的不锈钢组织图相比,马氏体和δ-铁素体的边界线位于高 Cr 当量侧,奥氏体和马氏体的边界线位于高 Ni 当量侧,即马氏体区域扩大。实验结果显示,即使马氏体时效不锈钢的铬当量高于15%,也可以得到马氏体单相组织。其最大铬当量可达到19% ~ 19.5%,相应的镍当量为9.5% ~ 10.8%。

3.马氏体时效不锈钢的设计原则

根据马氏体时效不锈钢的组织、性能、热处理和生产工艺要求,马氏体时效不锈钢的设计原则如下:

① 钢中 C 含量一般小于或等于 0.03%(质量分数),最好是小于 0.01%(质量分数)(这是与马氏体沉淀硬化不锈钢的主要区别之一),使形成的超低碳马氏体基体具有良好的韧性和塑性。同时,极低的碳含量还可以改善马氏体时效不锈钢的耐蚀性、焊接性和加工性。

② 铬含量应大于 12%(质量分数),以保证马氏体时效不锈钢具有满意的不锈性和耐蚀性。

③ 足够含量的奥氏体稳定化元素(Ni,Co 等),一方面为了避免或限制 δ-铁素体的形成,另一方面使钢不会形成过多的残余奥氏体。

④ 添加适量的强化元素,例如 Ni,Al,Ti,Mo,Nb,Be,Cu 等,这些强化元素能形成细小弥散分布的金属间化合物(Ni_3Ti,Ni_3Al,Ni_3Mo,Fe_2Mo,NiTi,NiAl 等),它们分布于马氏体基体的位错线上,从而得到满意的强化效果。

⑤ 合金元素的配比应使马氏体时效不锈钢的马氏体转变开始温度(M_s 点)最低在170 ℃ 左右,马氏体转变基本完成温度(M_f)控制在室温以上 50 ℃ 左右,最低不低于 – 73 ℃,以使固溶处理或简单低温处理能得到完全的板条马氏体组织。

⑥ 按照多元复合合金化原则添加提高抗腐蚀性能元素,如 Mo,Cu,Si,W,Ni 等,以避免某一元素过量添加导致力学性能下降。

⑦ 钢中气体(氢、氧、氮)、夹杂(硫、磷以及氧化物硅酸盐、硫化物等)以及硅、锰等元素的含量应尽量低,以便大幅度改进马氏体时效不锈钢的韧性和可焊性。

6.5.2 马氏体时效不锈钢合金优化设计

1.合金元素及其含量的确定

根据马氏体时效不锈钢的设计原则,以提高马氏体时效不锈钢的耐蚀性为目的,特别是耐海水腐蚀能力,选择加入如下合金元素:

①Cr:控制在12% ~ 14%(质量分数),以保证马氏体时效不锈钢具有满意的不锈性和耐蚀性。

②Mo:Mo 可以增加不锈钢的钝化作用,提高耐腐蚀性能,特别是有效提高不锈钢抗点蚀倾向的能力,Mo 含量应在3% ~ 5%(质量分数)。

③W:提高钢的电极电位,有效提高不锈钢抗海生物腐蚀能力,与 Mo

复合加入效果更好,但过量添加会恶化力学性能,一般不超过 2.5%(质量分数)。

④Ni:提高钢的强韧性,同时改善钢在还原性介质中的耐蚀性。从不锈钢组织图中可以看出,其含量应为6%～9%(质量分数),以添加其他元素。

⑤Co:钴在不锈钢中应用的不多,这是因为钴的价格昂贵。在本研究中,添加钴的目的是提高钢的 M_s 温度,其含量应尽可能低,从控制镍当量考虑,含量不超过5%(质量分数)。

⑥Si:硅对提高铁基、镍基耐蚀合金在强氧化介质中的耐蚀性有明显作用,同时可提高不锈钢耐应力腐蚀能力,在马氏体时效不锈钢中一般不超过 1.25%(质量分数)。

⑦Ti:Ti 与 C 的亲和力比 Cr,Mo,W 大,把 Ti 加入到钢中以后,C 优先结合成 TiC,这样就使钢中的 C 不再与 Cr 形成 CrC,也就不会引起贫铬区,从而起到防止晶间腐蚀的作用,钛的加入量一般是碳含量的5～8倍,在本研究中加入 0.1%(质量分数)的钛。

2.正交实验设计与结果分析

根据上节的分析结果,确定了加入马氏体时效不锈钢中合金元素的含量范围,合金元素 Ti 的含量确定为 0.1%(质量分数),C 含量根据本研究的特点及钢的冶炼水平取为 0.008%(质量分数),这两种元素作为辅加元素为不变量;其余 Cr,Ni,Mo,W,Si 和 Co 六种合金元素作为主加元素。其含量按正交实验 $L_{25}(5^6)$ 安排,即各元素含有五个水平,正交实验因素水平及正交实验合金成分设计见表 6.9 及 6.10。在表 6.10 中同时给出了正交实验设计的马氏体时效不锈钢的铬当量、镍当量、M_s 温度及点蚀指数。

对 25 组合金的成分进行筛选,初步筛选后的合金成分需满足:① 铬当量小于 19.5%;② M_s 温度高于 170 ℃。对于满足条件 ① 但 M_s 温度低于 170 ℃ 的合金成分,适当调整镍当量,例如降低 Ni 含量或提高 Co 含量,使其 M_s 温度高于 170 ℃,另一方面,对于 M_s 温度超过 200 ℃ 的合金成分,适当降低 Co 含量。对于点蚀指数,这里没有加以限制,目的是得到具有不同耐蚀性的马氏体时效不锈钢。筛选后的合金成分以及点蚀指数等见表 6.11。利用 6.3 节建立的马氏体时效不锈钢力学性能预测的模糊模型,计算正交设计的合金力学性能见表 6.12。由表 6.12 可以看出,成分 T1,T2,T3,T6,T10 及 T18 具有较好的强韧性配合。从 PI 的值大小来看,可以分为三类,PI 值在 22%～24%,为成分 T1,T2 和 T10;PI 值在 27% 左右,为成分 T3 和 T6;PI 值最大达到 30%,此为成分 T18。预计这些成分将具有不同的耐蚀性。

表 6.9 正交实验因素水平

水平	因子					
	Cr	Ni	Mo	W	Si	Co
1	12	6.0	3	0.5	0.25	0
2	12.5	6.8	3.5	1.0	0.5	1
3	13	7.5	4	1.5	0.75	2
4	13.5	8.2	4.5	2.0	1.0	3
5	14	9.0	5	2.5	1.25	4

表 6.10 正交实验合金成分及计算结果

编号	化学成分(质量分数)/%											M_s/℃
	Cr	Ni	Mo	W	Si	Co	Ti	C	Cr_{eq}	Ni_{eq}	PI	
T1	12	6	3	0.5	0.25	0	0.1	0.008	15.7	6.24	22.7	233.3
T2	12	6.8	3.5	1	0.5	1	0.1	0.008	17	7.74	25.2	214.2
T3	12	7.5	4	1.5	0.75	2	0.1	0.008	18.2	9.14	27.6	196.8
T4	12	8.2	4.5	2	1	3	0.1	0.008	19.5	10.5	30.1	179.4
T5	12	9	5	2.5	1.25	4	0.1	0.008	20.7	12.0	32.6	160.3
T6	12.5	6	3.5	1.5	1	4	0.1	0.008	18.6	9.0	26.5	244.3
T7	12.5	6.8	4	2	1.25	0	0.1	0.008	19.8	7.0	29	175.2
T8	12.5	7.5	4.5	2.5	0.25	1	0.1	0.008	19.2	8.4	31.4	170.3
T9	12.5	8.2	5	0.5	0.5	2	0.1	0.008	18.6	9.8	29.8	165.4
T10	12.5	9	3	1	0.75	3	0.1	0.008	17.3	11.3	24.0	198.8
T11	13	6	4	2.5	0.5	4	0.1	0.008	19.6	9.0	30.3	227.8
T12	13	6.8	4.5	0.5	0.75	3	0.1	0.008	19	9.1	28.6	201.2
T13	13	7.5	5	1	1	5	0.1	0.008	20.2	11.2	31.1	193.8
T14	13	8.2	3	2	1.25	0	0.1	0.008	19.3	8.4	26.2	166.4
T15	13	9	3.5	2.5	0.25	1	0.1	0.008	18.7	9.9	28.6	159.8
T16	13.5	6	4.5	1	1.25	2	0.1	0.008	20.6	7.6	30	191.3
T17	13.5	6.8	5	1.5	0.25	3	0.1	0.008	20	9.1	32.4	184.7
T18	13.5	7.5	3	2	0.5	4	0.1	0.008	18.7	10.5	26.7	219.8
T19	13.5	8.2	3.5	2.5	0.75	1	0.1	0.008	20	9.1	29.1	162.4
T20	13.5	9	4	0.5	1	2	0.1	0.008	19.3	10.6	27.5	155.8
T21	14	6	5	2	0.75	1	0.1	0.008	21.6	6.9	33.8	164.8
T22	14	6.8	3	2.5	1	2	0.1	0.008	20.3	8.4	28.0	198.2
T23	14	7.5	3.5	0.5	1.25	3	0.1	0.008	19.7	9.8	26.3	193.3
T24	14	8.2	4	1.5	0.25	4	0.1	0.008	19.5	11.2	29.6	185.9
T25	14	9	4.5	2	0.5	0	0.1	0.008	20.7	9.2	32.1	116.8

表 6.11 优化实验成分及计算结果

编号	化学成分(质量分数)/%											M_s/ ℃
	Cr	Ni	Mo	W	Si	Co	Ti	C	Cr_{eq}	Ni_{eq}	PI	
T1	12	9	3	0	0.25	0	0.3	0.008	15.3	9.24	21.9	187.8
T2	12	6.8	3.5	0	0.5	0	0.1	0.008	16.2	7.04	23.5	201.2
T3	12	7.5	4	1.0	0.75	2	0.1	0.008	18.2	9.14	27.6	196.8
T4	12	8.2	4.5	2	1	3	0.1	0.008	19.5	10.54	30.1	179.4
T6	12.5	6	3.5	1.5	1	4	0.1	0.008	18.6	9.04	26.5	231.3
T7	12.5	6.8	4	1.5	1	0	0.1	0.008	19.1	7.04	28.1	187.2
T8	12.5	7.5	4.5	2.5	0.25	1	0.1	0.008	19.2	8.44	31.4	180.3
T9	12.5	8.2	5	0.5	0.5	4	0.1	0.008	18.6	11.24	29.8	189.4
T10	12.5	9	3	1	0.75	3	0.1	0.008	17.3	11.34	24.0	188.8
T11	13	6	4	2.5	0.5	4	0.1	0.008	19.4	9.04	29.8	219.3
T12	13	6.8	4.5	0.5	0.75	3	0.1	0.008	19	9.14	28.6	211.2
T14	13	8.2	3	2	1.25	2	0.1	0.008	19.3	9.84	26.2	180.4
T18	13.5	7.5	4	2	0.5	4	0.1	0.008	19.5	10.54	30	178.8

表 6.12 模糊模型预测力学性能

编号	σ_s/MPa	σ_b/MPa	ψ/%	δ/%	A_k/(J·cm^{-2})
T1	1 630	1 755	57.6	12.7	46.2
T2	1 397	1 526	50.3	11.3	39.2
T3	1 409	1 522	46.7	10.1	35.9
T4	1 479	1 583	43.2	9.1	19.7
T6	1 392	1 507	49.1	10.7	36.5
T7	1 469	1 578	44.5	9.3	21.3
T8	1 473	1 596	41.3	9.1	16.4
T9	1 386	1 510	41.6	9.5	18.1
T10	1 495	1 587	47.7	9.9	34.3
T11	1 367	1 487	42.7	9.1	15.1
T12	1 427	1 519	49.7	10.3	29.1
T14	1 381	1 503	46.3	10.1	26.8
T18	1 427	1 569	49.7	10.6	35.1

注:固溶温度 1 100 ℃,时效 500 ℃,9 h

3.预备实验结果

新型马氏体时效不锈钢成分以及性能见表 6.13。由表 6.13 可以看出,成分 T1,T2,T3,T6,T10 及 T18 具有较好的强韧性配合。为进一步确定这些成分的马氏体时效不锈钢的力学性能以及腐蚀性能,利用纽扣式熔炼炉,按照上述成分配比熔炼了30 g钢锭。

表 **6.13** 　　**新型马氏体时效不锈钢成分以及性能**　　　　质量分数,%

编号	Cr	Ni	Mo	W	Si	Co	Ti	$\sigma_{0.2}$ /MPa	A_k /(J·cm^{-2})	点蚀电位 /mV
T2	12	6.8	3.5	0	0.5	0	0.1	1 397	39.2	219
T6	12.5	6	3.5	1.5	1	4	0.1	1 392	36.5	266
T18	13.5	7.5	4	2	0.5	4	0.1	1 427	35.1	315
T1	12	9	3	0	0.25	0	0.3	1 630	46.2	182
T10	12.5	9	3	1.0	0.75	3	0.1	1 495	34.3	229
T3	12	7.5	4	1.0	0.75	2	0.1	1 400	35.9	239

图6.21给出了6种合金成分在3.5%(质量分数)NaCl溶液中的极化曲线。可以看出,成分T1的点蚀电位最低,仅182 mV,与1Cr18Ni9Ti奥氏体不锈钢的点蚀击穿电位相当(图6.22);成分T18具有较高的点蚀击穿电位,为315 mV,这与其PI值较高有关。图6.23给出了实验钢PI值与点蚀

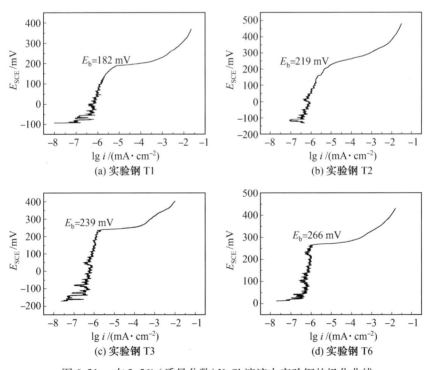

图 6.21　在 3.5%(质量分数)NaCl溶液中实验钢的极化曲线

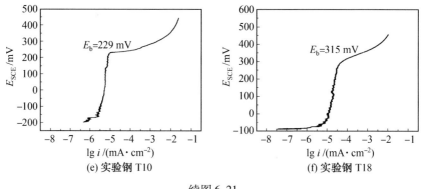

(e) 实验钢 T10   (f) 实验钢 T18

续图 6.21

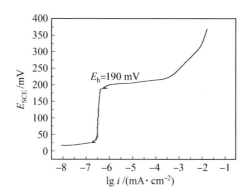

图 6.22　1Cr18Ni9Ti 奥氏体不锈钢在 3.5%(质量分数)NaCl 溶液中的极化曲线

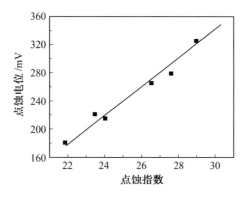

图 6.23　PI 值对点蚀电位的影响

电位的关系,进一步说明在马氏体时效不锈钢中点蚀击穿电位与 PI 值之间存在一定的线性关系。

图 6.24 给出了各成分合金在 1 100 ℃,1 h 固溶后,在 500 ℃ 时效的时效硬化曲线。可以看出,全部合金成分均具有马氏体时效钢的时效特性。其中成分 T1 具有较高的硬度峰值,亦即成分 T1 具有较高的强度。X - 射线衍射测试结果以及金相组织观察结果表明, 各 成 分 合 金 在 1 100 ℃ 固溶处理 1 h 后均得到全马氏体组织。

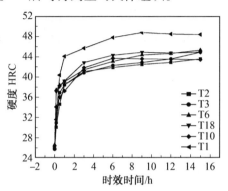

图 6.24　实验钢在 1 100 ℃ 固溶后,500 ℃ 时效硬化曲线

6.6　00Cr13Ni7Co4Mo4W2 马氏体时效不锈钢的组织与力学性能

为了提高马氏体时效不锈钢的耐腐蚀性能,前面利用正交实验方法对合金成分进行了优化设计。根据实验结果,成分 T6,T18 具有良好的耐蚀性和强韧性。因此,以成分 T6,T18 为基础做适当调整,利用中频感应真空熔炼炉熔炼出 15 kg 钢锭。 马氏体时效不锈钢的名义成分为 Fe - 13Cr - 7Ni - 4Mo - 4Co - 2W,实测化学成分见表 6.14。

表 6.14　马氏体时效不锈钢的化学成分　　　　质量分数,%

Cr	Ni	Mo	Co	W	Si	Ti	C	Mn	S	P	Fe
13.44	7.47	4.15	4.21	1.84	0.66	0.12	0.007	30.006	40.008	20.003 8	余

6.6.1　马氏体时效不锈钢相变温度

利用 FORMASTOR—D 热膨胀仪测定马氏体／奥氏体转变温度 M_s。试样首先在 1 200 ℃ 固溶处理 1 h 后,再以 5 ℃/min 的加热速度加热到 900 ℃ 保温 30 min,然后以 10 ℃/min 的冷却速度冷却到室温,测定体积膨胀收缩曲线。

图 6.25 给出了实验钢的相变膨胀曲线。由加热膨胀曲线可见,从室温以 5 ℃/min 的加热速度升温到约 622 ℃ 时热膨胀曲线开始发生剧烈收缩,此为奥氏体发生转变,因此 622 ℃ 为该实验用马氏体时效不锈钢的 A_s 点。在大约 746 ℃ 时,奥氏体转变结束(A_f 点)。由冷却曲线可见,当试样以 10 ℃/min 的冷却速度冷却到大约 175 ℃ 时,奥氏体开始向马氏体转变(M_s 点),马氏体转变终了温度(M_f)约为 73 ℃,室温时马氏体转变已经结束。

所测定的马氏体转变开始温度 M_s 为 175 ℃,这与模糊模型的预测结果 172 ℃ 非常接近。

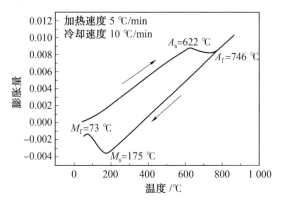

图 6.25　实验钢的相变膨胀曲线

6.6.2　马氏体时效不锈钢固溶态组织与力学性能

根据析出相的热力学计算结果,00Cr13Ni7Co4Mo4W2 马氏体时效不锈钢固溶处理温度应确定在 1 100 ℃。实验钢在 1 100 ℃ 固溶处理 1 h 后,空冷到室温的典型微观组织如图 6.26 所示。由图可见,钢的金相组织由板条马氏体组成,X 射线衍射相结构分析结果表明该实验钢在固溶处理后的组织中没有残余奥氏体相(图 6.27)。

图 6.28 为实验钢在 1 100 ℃ 固溶处理 1 h 后的 TEM 像及其衍射花样。由图 6.28(a)可见,固溶处理后马氏体时效不锈钢的显微组织为位错密度很高的板条状马氏体,未发现残余奥氏体和第二相存在。由图 6.28(b)的衍射花样可见,除马氏体衍射斑点外无其他衍射斑点存在,马氏体衍射斑点均是明锐的圆点状,没有发现衍射斑点分裂现象。表明经固溶处理后冷却到室温下马氏体转变已经完成。

马氏体时效不锈钢在 1 100 ℃,1 h 固溶处理后的力学性能见表6.15,钢的屈服强度和抗拉强度分别为 850 MPa 和 940 MPa;断面收缩率和延伸率分别为 60.2% 和 14.6%；冲击韧性达到 128 J/cm^{-2}。

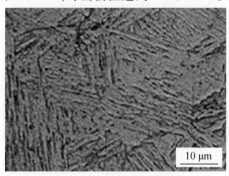

图 6.26 1 100 ℃,1 h 固溶处理试样的光学显微组织

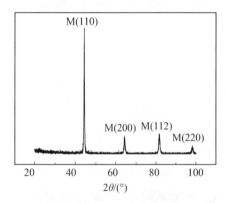

图 6.27 1 100 ℃,1 h 固溶处理试样的 X-ray 衍射谱

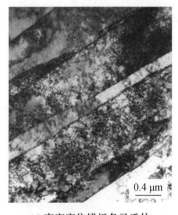

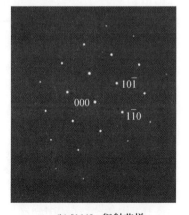

(a) 高密度位错板条马氏体   (b) [111]$_M$ 衍射花样

图 6.28 1 100 ℃,1 h 固溶处理试样的 TEM 像及其衍射花样

表 6.15　马氏体时效不锈钢在 1 100 ℃ ,1 h 固溶处理后的力学性能

屈服强度 σ_s/MPa	抗拉强度 σ_b/MPa	断面收缩 ψ/%	延伸率 δ/%	冲击韧性 A_k/(J·cm⁻²)
850	910	60.2	14.6	128

6.6.3　马氏体时效不锈钢时效态组织与力学性能

1. 马氏体时效不锈钢时效态力学性能

根据析出相的热力学计算结果,00Cr13Ni7Co4Mo4W2 马氏体时效不锈钢时效处理温度应确定在 500 ℃ 左右。图 6.29 给出了马氏体时效不锈钢 500 ℃ 时效硬化曲线,可以看出,在时效处理最初 30 min 内,硬度急剧增加到最大硬度的 80% 左右;随后在达到时效峰值硬度之前,时效硬化速度逐渐下降。达到时效硬度峰值的时间大约为 6 h,峰值时效存在较宽的时间范围。随着时效时间的进一步延长,硬度缓慢下降,但下降幅度不大。

马氏体时效不锈钢在 500 ℃ 时效处理时,其力学性能见表 6.16。当时效 3 h 时,抗拉强度和屈服强度分别为 1 445 MPa 和 1 368 MPa,冲击韧性为 35.7 J/cm²;时效 6 h,抗拉强度和屈服强度分别达到峰值 1 577 MPa 和 1 482 MPa,这与时效硬化曲线的变化一致。在峰时效,马氏体时效不锈钢表现出良好的塑性,其延伸率和断面收缩率分别为 10.5% 和 56.3%,冲击韧性为 35.2 J/cm²。当时效 12 h,其强度略有下降,延伸率和断面收缩率略有提高。在整个时效区间,其屈强比保持在 0.94 左右。

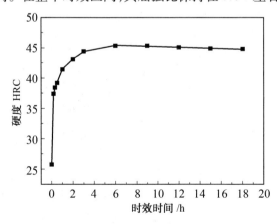

图 6.29　马氏体时效不锈钢 500 ℃ 时效硬化曲线

表 6.16   马氏体时效不锈钢在 500 ℃ 时效处理时力学性能

时效时间 /h	屈服强度 σ_s/MPa	抗拉强度 σ_b/MPa	断面收缩 ψ/%	延伸率 δ/%	冲击韧性 A_k /(J·cm^{-2})
3	1 368	1 445	56.1	10.4	35.7
6	1 482	1 577	56.3	10.5	35.2
12	1 466	1 580	56.3	10.6	36.8

2. 马氏体时效不锈钢时效组织

图 6.30 是 500 ℃ 时效处理 1 h 后的 TEM 像及其衍射花样。从图中可以明显看出,已有大量的微细第二相析出,析出相呈条棒状,长 10 ~ 20 nm。但由于析出相斑点十分微弱,无法进行结构分析。同时可以看出,基体斑点被拉长以及析出相斑点成环状,说明析出相的尺寸为纳米尺度。

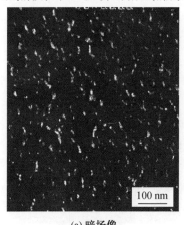

(a) 暗场像   (b) 衍射花样

图 6.30   马氏体时效不锈钢在 500 ℃ 时效处理 1 h 后的 TEM 像及其衍射花样

图 6.31 是 500 ℃ 时效 6 h 后的 TEM 明场像和暗场像。析出相均匀弥散分布在基体中,使合金的时效硬度到达峰值,析出相的形状仍然保持条棒状,其尺寸为 20 ~ 25 nm,不存在析出相的界面偏聚析出现象。

图 6.32 给出了合金在 500 ℃ 时效 46 h 后的 TEM 像及其衍射花样。从图 6.32(a)、(b) 可以看出,合金经 46 h 时效后,析出相有一定程度的长大,但并未发生明显的粗化或溶解,析出相尺寸约为 30 nm,形状仍为条棒状,表明析出相的长大速度并不快,具有一定的抗粗化能力。图 6.32(c) 给出了经 46 h 时效后衍射的标定结果,结果显示马氏体时效不锈钢在 500 ℃ 时效后的组织中,析出的就是 R 相,与前面的热力学计算结果一致。R 相是 Cr-Co-Mo 的金属间化合物,属六方晶系,其晶格常数为 $a = 1.090$ nm, $c = 1.934\ 2$ nm,是马氏体时效不锈钢中最主要的强化相。

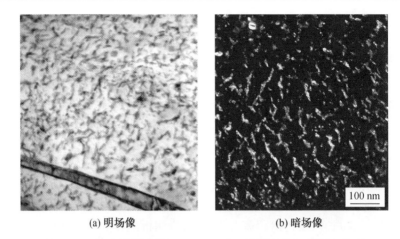

(a) 明场像　　　　　　　　　　　　　(b) 暗场像

图 6.31　马氏体时效不锈钢在 500 ℃ 时效处理 6 h 后的 TEM 像

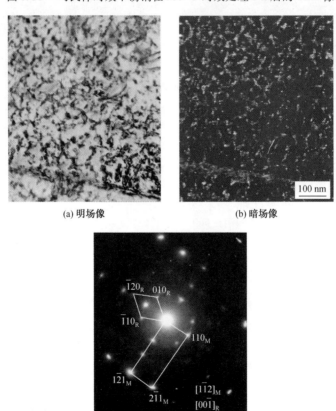

(a) 明场像　　　　　　　　　　　　　(b) 暗场像

(c) [112]$_M$ 衍射花样

图 6.32　马氏体时效不锈钢在 500 ℃ 时效处理 46 h 时的 TEM 像及其衍射花样

在 500 ℃ 时效的前 12 h 内,TEM 实验并未观察到奥氏体的存在,X 射线定量测定奥氏体的含量均在 2%(质量分数)的实验误差范围之内,可以确定此时没有逆转变奥氏体的产生。但试样时效处理 46 h 后,在某些板条间已明显可见逆转变奥氏体。由图 6.33 可见,奥氏体正在吞噬马氏体,奥氏体中比较干净,不存在时效析出相。X 射线定量分析表明逆转变奥氏体含量已达 12%(质量分数),与前面热力学计算结果非常接近。热力学计算结果表明,马氏体时效不锈钢在 500 ℃ 时效,逆转变奥氏体含量可达 15.88%(质量分数)。

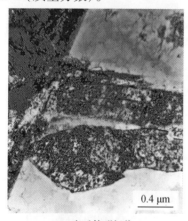 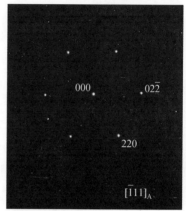

(a) 奥氏体明场像   (b) $[\bar{1}11]_A$ 衍射花样

图 6.33   500 ℃ 时效 46 h 后试样中逆转变奥氏体 TEM 像及其衍射花样

6.6.4　马氏体时效不锈钢时效动力学

1. 时效硬化曲线

图 6.34 是马氏体时效不锈钢在 1 100 ℃,1 h 固溶处理后,在不同时效温度下的时效硬化曲线。由图可见,马氏体时效不锈钢与马氏体时效钢一样,时效硬化速度取决于时效温度。随着时效温度的提高,时效硬化速度加快,出现峰值的时间缩短。时效温度较低时(450 ~ 475 ℃),时效 1 h 硬度达到峰值的 80% 左右;而时效温度较高时(525 ~ 550 ℃),则为 10 min 左右。此外,峰时效时的硬度亦与时效温度有关。时效温度越低,硬度峰值越高,但达到峰时效的时间越长。如在 450 ℃ 时效 24 h 仍未达到峰时效,而在 525 ℃ 时效,6 h 即达到峰时效。

2. 时效硬化指数与激活能

Johnson,Mehl 和 Avrami 分别于 1939 年提出了用于描述扩散控制固态

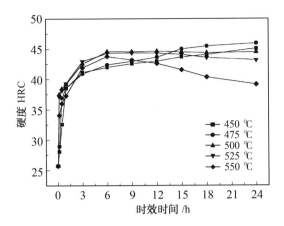

图 6.34　马氏体时效不锈钢在 1 100 ℃,1 h 固溶处理后的时效硬化曲线

相变的转变动力学方程,后来称为 Johnson – Mehl – Avrami 方程,被广泛用来描述金属材料中的固态相变动力学和再结晶。上节讨论的时效硬化曲线,与 JMA 型方程描述的、扩散固态相变中生成相的相对体积分数和相变温度与时间关系在形式上具有同样的规律。因此,上述时效硬化动力学特征可由 Johnson – Mehl – Avrami 方程来描述,即

$$a = 1 - \exp(-kt^n) \tag{6.25}$$

式中,a 为时效硬度转变分数;t 为时效时间;n 为 Avrami 指数,或时效硬化指数,其值取决于钢的化学成分和时效前的热处理历史;k 为常数,受时效温度控制并服从 Arrhenius 方程:

$$k = k_0 \exp(-\frac{Q}{RT}) \tag{6.26}$$

式中,k_0 为取决于钢的化学成分的常数;Q 为时效过程的表观激活能;R 为理想气体常数($8.31 \ \text{J} \cdot \text{K}^{-1} \cdot \text{mol}^{-1}$);$T$ 为时效温度。

时效硬度转变分数 a 可以近似表示为

$$a = (H_t - H_0)/(H_{max} - H_0) \tag{6.27}$$

式中,H_0,H_t,H_{max} 分别表示固溶态硬度(25.7 HRC)、t 时刻时效硬度和最大时效硬度(45.8 HRC)。由于马氏体时效不锈钢中沉淀反应过程非常复杂,因此并不能通过实验方法建立起时效硬度与沉淀反应程度的精确关系,因此式(6.27)只能是沉淀反应程度 a 与硬度之间的近似表达式。除去 H_t 等于 H_{max} 的情况,综合式(6.25)与式(6.26)可得

$$\lg \lg[(H_{max} - H_0)/(H_{max} - H_t)] = n \lg t + \lg k - \lg 2.303 \tag{6.28}$$

此形式可看作 $\lg \lg[(H_{max} - H_0)/(H_{max} - H_t)]$,$\lg t$ 的一次线性方程表

达式,n 为斜率,$(\lg k - \lg 2.303)$ 为截距。因此,由式(6.28)可绘出不同时效温度下 $\lg \lg(1/(1-a))$ 与 $\lg t$ 的关系,如图 6.35 所示。在 475 ℃ 和 500 ℃ 时效时,存在初始预沉淀和正常沉淀两个阶段,475 ℃ 时效时的时效硬化指数分别为 1.10,0.332;500 ℃ 时效时的时效硬化指数分别为 1.36,0.351。当时效温度为 525 ℃,550 ℃ 时,时效硬化指数分别达到 0.365,0.44。可见,低温时效下存在初始预沉淀现象,即存在潜伏期,这在马氏体时效钢中同样存在,当时效温度较高时,潜伏期几乎不存在。时效硬化指数 n 随着时效温度的升高而逐渐增加。由经典的形核长大相变理论可知,合金原子在时效温度下通过空位等缺陷扩散并形核。随着时效温度的升高,原子扩散速度增加,析出相长大所需时间缩短,同时形核速度增加,因而时效硬化指数相应增加。

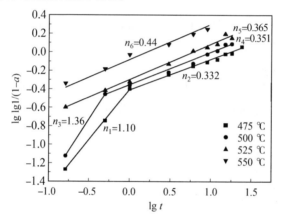

图 6.35 不同时效温度下 $\lg \lg(1/(1-a))$ 与 $\lg t$ 之间的关系图

马氏体时效不锈钢时效析出进程的快慢与其热力学（相变自由能差或相变驱动力）和动力学（原子扩散能力）两个因素均有关,这两个因素又都与温度有关。温度高,相变驱动力小,但原子扩散容易;反之,温度低,虽然相变驱动力大,但原子扩散困难。在时效过程中,时效析出相的形核与长大属于热激活过程,应遵循 Arrhenius 方程。因此,根据 Arrhenius 方程可做出一定时效硬度转变分数下 $\lg t$ 与 $1/T$ 关系图。根据图 6.35 的实验数据,求出当时效硬化转变分数 $a = 0.8$ 时,在 475 ~ 550 ℃ 的 $\lg t$ 与 $1/T$ 关系图,如图 6.36 所示,数据点基本落在直线上,即符合 Arrhenius 方程。通过线性回归计算得到直线的斜率后,即可求出时效激活能,时效激活能为 156.8 kJ·mol^{-1}。时效激活能低于 Cr,Co,Mo 原子在 α - Fe 中的扩散激活能(203 ~ 239 kJ·mol^{-1}),这可能与马氏体时效不锈钢中高密度位错有

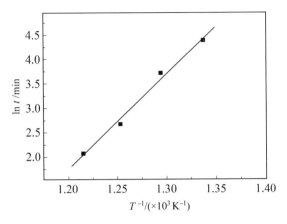

图 6.36　一定时效硬度转变分数下 $\lg t$ 与 $1/T$ 的关系图

关,合金原子可以通过位错管道快速扩散并形核长大;同时,析出相优先在位错线上析出,这也会使时效析出过程的激活能降低。因此,其时效动力学可能受马氏体基体中高密度位错控制。

在马氏体时效不锈钢中,由于合金元素种类多、含量高、内应力大,且在时效反应中析出多种强化相,甚至发生逆转变奥氏体,时效过程非常复杂。因此,很难精确确定其时效反应动力学特征,上述时效动力学研究也只能是定性或半定量的。

6.7　00Cr13Ni7Co4Mo4W2 马氏体时效不锈钢的抗腐蚀性能

提高马氏体时效不锈钢的抗腐蚀性能是高强度不锈钢的研究重点之一。在一般有氧化剂存在的环境中,普通不锈钢由于在表面形成钝化膜而抑制了腐蚀的进行。但有 Cl^- 存在时,由于钝化膜的选择性破坏会引起普通不锈钢的点腐蚀和缝隙腐蚀。本节在电化学和化学加速腐蚀的实验室条件下,研究 00Cr13Ni7Co4Mo4W2 马氏体时效不锈钢的抗点蚀、缝隙腐蚀以及均匀腐蚀性能,作为对比钢选择了 1Cr18Ni9Ti 奥氏体不锈钢,进行系列对比腐蚀实验。同时,也选择了一种马氏体时效不锈钢,进行了部分对比实验。对比用马氏体时效不锈钢的成分是 10Cr7Ni9Co6MoAlTi,其热处理状态为 925 ℃ 固溶 1 h,525 ℃ 时效 4 h;1Cr18Ni9Ti 奥氏体不锈钢的热处理状态为 1 050 ℃ 固溶 0.5 h;00Cr13Ni7Co4Mo4W2 马氏体时效不锈钢的热处理状态为 1 100 ℃ 固溶 1 h,500 ℃ 时效 6 h。

6.7.1 马氏体时效不锈钢耐点蚀性能

$FeCl_3$ 实验法用于检验不锈钢在氧化性的氯化物介质中的耐点蚀性能,这是一种人为控制实验条件而加速的腐蚀实验方法。通过浸泡实验增加环境的苛刻性,力求在较短的时间内确定金属材料发生某种腐蚀的倾向、材料的相对耐蚀性或介质的侵蚀性。

事实上,绝大多数腐蚀过程的本质是电化学性质的,在腐蚀机理研究、腐蚀实验及工业腐蚀监控中,广泛地利用金属/电解质溶液界面(双电层)的电性质。点蚀电位 E_b 是表征金属材料点蚀敏感性的基本电化学参数,测量点蚀电位 E_b 方法很多,通常采用测量极化曲线的方法。本节的点蚀实验按照 GB 4334.7—84 的《不锈钢的三氯化铁腐蚀实验方法》测定点蚀速度。实验介质为 10%(质量分数)$FeCl_3$ + HCl 溶液,实验温度为 (35 ± 1) ℃,实验时间48 h。试样尺寸为 3 mm × 25 mm × 50 mm。每一容器内放 3 片同一材料平行试样,用试片架水平支撑,实验溶液量不少于 20 mL/cm^2。实验后用清水快速冲洗试样,并用刷子去除腐蚀产物。采用失重法计算点蚀速度。公式如下:

$$R = \frac{M - M_t}{ST} \tag{6.29}$$

式中,R 为点蚀速度,g/($m^2 \cdot h$);M 为实验前的试样质量,g;M_t 为实验后的试样质量,g;S 为试样的总表面积,m^2;T 为实验时间,h。

同时按照 GB 4334.9—84 的《不锈钢点蚀电位的测量方法》测定新型马氏体时效不锈钢的点蚀电位。

不锈钢三氯化铁点蚀实验结果见表6.17。可以看出,新型马氏体时效不锈钢具有最好的抗点蚀性能,其次是 1Cr18Ni9Ti 奥氏体不锈钢,对比用马氏体时效不锈钢较差,而且与前两种不锈钢差值很大。这是因为新型马氏体时效不锈钢以及 1Cr18Ni9Ti 奥氏体不锈钢含有较高的 Cr,并且在新型马氏体时效不锈钢中含有 Mo,Mo 元素易富集于膜底,可增强钝化膜的稳定性,所以其抗点蚀性能好。

表 6.17 新型马氏体时效不锈钢与对比钢点蚀实验结果

实验材料	腐蚀率/($g \cdot m^{-2} \cdot h^{-1}$)	点蚀坑数/($个 \cdot cm^{-2}$)
新型马氏体时效不锈钢	10.3	1.9
1Cr18Ni9Ti 不锈钢	25.5	3.2
对比马氏体时效不锈钢	51.2	5.3

电化学极化曲线测试结果如图 6.37 所示,其 E_b 见表 6.18,点蚀坑的

SEM 形貌如图 6.38 所示。由图 6.37 及表 6.18 可见,新型马氏体时效不锈钢的点蚀击穿电位明显高于对比的两种不锈钢,特别是对比用马氏体时效不锈钢。在 3.5%(质量分数)NaCl 的介质中,新型马氏体时效不锈钢具有较高的自然电位 E_{corr} 和点蚀击穿电位 E_b,而其腐蚀电流明显小于对比用不锈钢。从热力学稳定性可知,正电位的金属稳定性好,耐蚀性强。新型马氏体时效不锈钢的抗点蚀性能好于对比不锈钢,这与表 6.17 的结果一致。这一点可从新型马氏体时效不锈钢的点蚀形貌 SEM 照片(图 6.38)看出,新型马氏体时效不锈钢在扫描电子显微镜下观察其点蚀形貌,具有一些小而不规则的侵蚀坑,而对比的不锈钢的 E_{corr} 和 E_b 均较低,尤其是对比用马氏体时效不锈钢的表面被侵蚀成大而深的腐蚀坑,坑的内部黑暗,且有颗粒状的腐蚀产物沉积(图 6.38(d))。

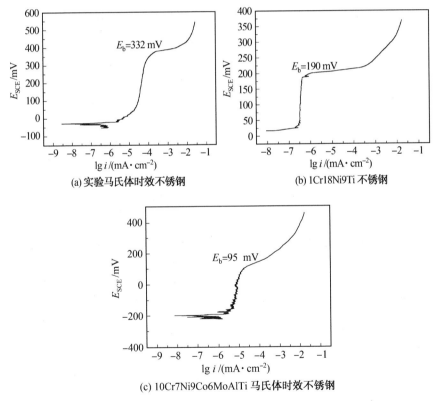

(a) 实验马氏体时效不锈钢

(b) 1Cr18Ni9Ti 不锈钢

(c) 10Cr7Ni9Co6MoAlTi 马氏体时效不锈钢

图 6.37 3.5%(质量分数)NaCl 溶液中新型马氏体时效不锈钢与对比钢的极化曲线

表6.18　马氏体时效不锈钢和对比不锈钢点蚀电位

实验材料	击穿电位 E_b / mV
新型马氏体时效不锈钢	332
1Cr18Ni9Ti 不锈钢	190
对比用马氏体时效不锈钢	95

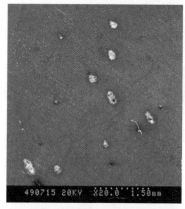
(a) 新型马氏体时效不锈钢微观腐蚀形貌

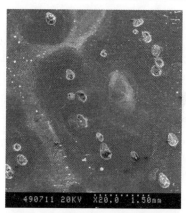
(b) 1Cr18Ni9Ti 不锈钢微观腐蚀形貌

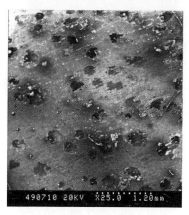
(c) 对比用马氏体时效不锈钢微观腐蚀形貌

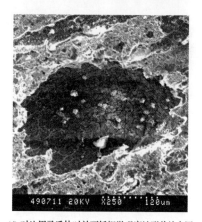
(d) 对比用马氏体时效不锈钢微观腐蚀形貌放大图

图6.38　新型马氏体时效不锈钢与对比钢点蚀形貌

6.7.2　耐缝隙腐蚀性能

缝隙腐蚀实验按 GB 101277—88《不锈钢的三氯化铁缝隙腐蚀实验方法》进行。不锈钢缝隙腐蚀试样装配如图 6.39 所示。实验介质为 10%（质量分数）FeCl$_3$ + HCl 溶液,实验温度为（35 ±1）℃,实验时间为

48 h。试样尺寸为 3 mm × 30 mm × 50 mm。实验溶液量不少于 20 mL/cm²。实验后用清水快速冲洗试样,并用刷子去除腐蚀产物。采用失重法计算点蚀速度,计算公式同式(6.29)。

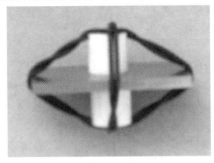

图 6.39　不锈钢缝隙腐蚀试样装配图

耐缝隙腐蚀的实验结果见表 6.19。由表 6.19 可知,新型马氏体时效不锈钢的耐缝隙腐蚀率仅为 1Cr18Ni9Ti 不锈钢的 1/3,是对比用马氏体时效不锈钢的 1/7。

表 6.19　新型马氏体时效不锈钢与对比钢缝隙腐蚀实验结果

$(g \cdot (m^2 \cdot h)^{-1})$

	新型马氏体时效不锈钢	1Cr18Ni9Ti 不锈钢	对比用马氏体时效不锈钢
腐蚀率	8.95	26.8	56.6

金属材料的缝隙腐蚀敏感性也可以使用电化学参数来表征。Wilde 在研究用于海水的 Fe – Cr – Ni 合金的缝隙腐蚀性能时,发现不同材料显示出不同的滞后环。滞后环的面积与缝隙腐蚀失重较好地成比例,Wilde 据此提出用点蚀击穿电位 E_b 和保护电位 E_p 的差值($E_b - E_p$)来表征材料的缝隙腐蚀敏感性,即此值越大,材料的缝隙腐蚀敏感性越大。图 6.40 给出了实验三种不锈钢的循环极化曲线图。三种不锈钢的极化曲线均无活化 – 钝化转变而直接进入钝化,即发生自钝化。电化学参数见表 6.20,新型马氏体时效不锈钢的点蚀击穿电位 E_b 和保护电位 E_p 的差值($E_b - E_p$)最小,其次是 1Cr18Ni9Ti 不锈钢,对比用马氏体时效不锈钢没有封闭的滞后环,表明该不锈钢在 3.5%(质量分数)NaCl 溶液中不能形成完整致密的钝化膜,或钝化膜极易被破坏。因而对比用马氏体时效不锈钢的缝隙腐蚀敏感性最大,新型马氏体时效不锈钢的缝隙腐蚀敏感性最小,这与表 6.19 的缝隙腐蚀实验结果一致。

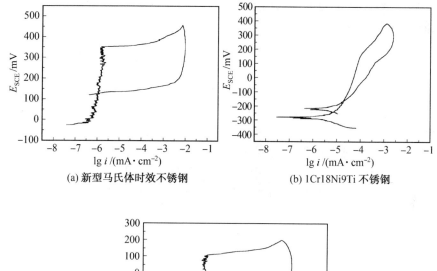

(a) 新型马氏体时效不锈钢 　　　　(b) 1Cr18Ni9Ti 不锈钢

(c) 对比马氏体时效不锈钢

图 6.40　不锈钢在 3.5%（质量分数）NaCl 溶液中的循环极化曲线

表 6.20　实验不锈钢和对比不锈钢点蚀特性参数

实验材料	击穿电位 E_b/mV	保护电位 E_p/mV	$(E_b - E_p)$/mV
新型马氏体时效不锈钢	351	126	225
1Cr18Ni9Ti 不锈钢	173	-162	335
对比用马氏体时效不锈钢	104		> 500

6.7.3　均匀腐蚀性能

实验按 GB 10124—88《金属材料实验室均匀腐蚀全浸实验方法》进行。实验溶液分别为 3.5%（质量分数）NaCl,10%（质量分数）HCl,10%（质量分数）H_2SO_4。

将时效处理后的各试样加工成尺寸为 3 mm × 25 mm × 50 mm 的试片,经脱脂、烘干、称重,每三片为一组,放入装有腐蚀液的锥形瓶中进行全浸

实验,实验时间为 72 h,采用失重法计算各实验钢的均匀腐蚀速度。腐蚀速度的计算公式为

$$R = \frac{8.76 \times 10^7 \times (M - M_t)}{STD} \tag{6.30}$$

式中,R 为腐蚀速度,mm/a;M 为实验前的试样质量,g;M_t 为实验后的试样质量,g;S 为试样的总表面积,cm²;T 为实验时间,h;D 为材料的密度,kg/m³。

实验结果见表 6.21。由表 6.21 可以看出,新型马氏体时效不锈钢在 H_2SO_4,HCl 和 NaCl 腐蚀介质中的耐腐蚀性能最好,但与 1Cr18Ni9Ti 奥氏体不锈钢相差幅度不大;对比用马氏体时效不锈钢的耐腐蚀性最差,其腐蚀速度是新型马氏体时效不锈钢的 5 ~ 10 倍。在介质条件相同的条件下,新型马氏体时效不锈钢具有较高的抗均匀腐蚀性能,分析其原因,主要是钢中适宜的合金元素配比及其复合钝化,明显提高了新型马氏体时效不锈钢的均匀腐蚀稳定性。

表 6.21　新型马氏体时效不锈钢与对比钢均匀腐蚀结果(200 h)　(g·m⁻²·h⁻¹)

腐蚀介质	新型马氏体时效不锈钢	1Cr18Ni9Ti 不锈钢	对比用马氏体时效不锈钢
50%(质量分数)H_2SO_4	2.35	4.07	15.36
30%(质量分数)HCl	1.72	2.65	9.62
5%(质量分数)NaCl	1.16×10^{-3}	4.24×10^{-3}	1.07×10^{-2}

6.8　马氏体时效不锈钢钝化膜 XPS 研究

不锈钢的不锈性是由于在不锈钢表面层形成保护膜即钝化膜,不锈钢的耐蚀性就取决于这层钝化膜的稳定性。在不同的腐蚀介质和环境条件下形成的钝化膜的成分和组态会直接影响其耐蚀性。钝化膜的耐蚀机理研究的一个重要方面是钝化膜的化学特性,但由于钝化膜的厚度仅有纳米尺度,研究钝化膜的化学特性包括元素的组成、阴离子和阳离子的化学状态及其在表面和深度方面的分布需要很高的技术。所以,尽管对金属或合金的钝化膜进行了大量的研究,但钝化膜的组成和性能与其耐蚀性的关系仍是一个有争议性的问题。

作为超高强度不锈钢,以往的研究都是针对如何提高马氏体时效不锈钢的强韧性,而对其腐蚀性能的研究一直没有引起足够的重视,对马氏体时效不锈钢腐蚀行为的研究还少见报道。较多的工作是针对不锈钢,但由于马氏体时效不锈钢与一般不锈钢在化学成分、组织结构等方面的差异,

它们的腐蚀行为不尽相同。本文采用 X 射线光电子能谱法（XPS）研究了马氏体时效不锈钢在酸性溶液中钝化膜的结构与组成。马氏体时效不锈钢的钝化处理采用化学钝化（钝化液为 10%（质量分数）KNO_3 + 1%（质量分数）HF），钝化前试样经机械抛光处理。

采用 ESCALAB MKII 型光电子能谱表面分析仪（XPS）检测马氏体时效不锈钢钝化膜的组成。聚焦电压为 3 kV，能量电压为 3 kV。用镁靶做 X 射线光源，光源功率为 160 W。能量分析器通过能为 50 eV。氩气分压为 1×10^{-4} Pa。真空溅射时真空度为 0.5×10^{-6} Pa。氩离子溅射枪与样品表面成 45°。

6.8.1 X 射线光电子能谱（XPS）

在对材料的研究和应用中，了解其表面特性是很重要的。而要获得材料的表面特性，就需要一些特殊的仪器，对各种材料从成分和结构上进行表面表征。其中，X 射线光电子能谱（XPS）由于其对材料表面化学特性的高度识别能力，成为材料表面分析的一种重要技术手段。不仅适合于有关涉及表面元素定性和定量分析方面的应用，同样也可以应用于元素化学价态的研究。此外，配合离子束剥离技术和变角 XPS 技术，还可以进行薄膜材料的深度分析和界面分析。

1. 方法原理

X 射线光电子能谱基于光电离作用，当一束光子辐照到样品表面时，光子可以被样品中某一元素的原子轨道上的电子所吸收，使得该电子脱离原子核的束缚，以一定的动能从原子内部发射出来，变成自由的光电子，而原子本身则变成一个激发态的离子。在光电离过程中，固体物质的结合能可以用下面的方程表示：

$$E_k = h\nu - E_a - \phi_s \tag{6.31}$$

式中，E_k 为出射的光电子的动能，eV；$h\nu$ 为 X 射线源光子的能量，eV；E_a 为特定原子轨道上的结合能，eV；ϕ_s 为 XPS 谱仪的功函，eV。

XPS 谱仪的功函主要由 XPS 谱仪材料和状态决定，对同一台 XPS 谱仪基本是一个常数，与样品无关，其平均值为 3 ~ 4 eV。

在 XPS 分析中，由于采用的 X 射线激发源的能量较高，不仅可以激发出原子价轨道中的价电子，还可以激发出芯能级上的内层轨道电子，其出射光电子的能量仅与入射光子的能量及原子轨道结合能有关。因此，对于特定的单色激发源和特定的原子轨道，其光电子的能量是特定的。当固定激发源能量时，其光电子的能量仅与元素的种类和所电离激发的原子轨道有关。因此,可以根据光电子的结合能定性分析物质的元素种类。

在普通的 XPS 谱仪中,一般采用的 Mg K_α 和 Al K_α X 射线作为激发源,光子的能量足够促使除氢、氦以外的所有元素发生光电离作用,产生特征光电子。由此可见,XPS 技术是一种可以对所有元素进行一次全分析的方法,这对于未知物的定性分析是非常有效的。

经 X 射线辐照后,从样品表面出射的光电子的强度与样品中该原子的浓度有线性关系,可以利用它进行元素的半定量分析。鉴于光电子的强度不仅与原子的浓度有关,还与光电子的平均自由程、样品的表面光洁度、元素所处的化学状态、X 射线源强度以及仪器的状态有关,因此,XPS 技术一般不能给出所分析元素的绝对含量,仅能提供各元素的相对含量。由于元素的灵敏度因子不仅与元素种类有关,还与元素在物质中的存在状态、仪器的状态有一定的关系,因此不经校准测得的相对含量也会存在很大的误差。还须指出的是,XPS 是一种表面灵敏的分析方法,具有很高的表面检测灵敏度,可以达到 10^{-3} 原子单层,但对于体相检测灵敏度仅为0.1% 左右。XPS 是一种表面灵敏的分析技术,其表面采样深度为 2.0 ～ 5.0 nm,它提供的仅是表面上的元素含量,与体相成分会有很大的差别。而它的采样深度与材料性质、光电子的能量有关,也同样品表面和分析器的角度有关。

虽然出射的光电子的结合能主要由元素的种类和激发轨道所决定,但由于原子外层电子的屏蔽效应,芯能级轨道上的电子的结合能在不同的化学环境中是不一样的,有一些微小的差异。这种结合能上的微小差异就是元素的化学位移,它取决于元素在样品中所处的化学环境。一般,元素获得额外电子时,化学价态为负,该元素的结合能降低;反之,当该元素失去电子时,化学价为正,XPS 的结合能增加。利用这种化学位移可以分析元素在该物种中的化学价态和存在形式。元素的化学价态分析是 XPS 分析的最重要的应用之一。

2. 仪器结构和工作原理

虽然 XPS 方法的原理比较简单,但其仪器结构却非常复杂。图 6.41 是 X 射线光电子能谱仪结构框图。从图可见,X 射线光电子能谱仪由进样室、超高真空系统、X 射线激发源、离子源、能量分析系统及计算机数据采集和处理系统等组成。下面对主要部件进行简单的介绍。

(1)超高真空系统

在 X 射线光电子能谱仪中必须采用超高真空系统,主要是出于两方面的原因。首先,XPS 是一种表面分析技术,如果分析室的真空度很差,在很

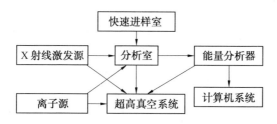

图6.41　X 射线光电子能谱仪结构框图

短的时间内试样的清洁表面就可以被真空中的残余气体分子所覆盖。其次,由于光电子的信号和能量都非常弱,如果真空度较差,光电子很容易与真空中的残余气体分子发生碰撞作用而损失能量,最后不能到达检测器。在 X 射线光电子能谱仪中,为了使分析室的真空度能达到3×10^{-8} Pa,一般采用三级真空泵系统。前级泵一般采用旋转机械泵或分子筛吸附泵,极限真空度能达到10^{-2} Pa;采用油扩散泵或分子泵,可获得高真空,极限真空度能达到10^{-8} Pa;而采用溅射离子泵和钛升华泵,可获得超高真空,极限真空度能达到10^{-9} Pa。这几种真空泵的性能各有优缺点,可以根据各自的需要进行组合。现在的新型 X 射线光电子能谱仪,普遍采用机械泵-分子泵-溅射离子泵-钛升华泵系列,这样可以防止扩散泵油污染清洁的超高真空分析室。

（2）快速进样室

X 射线光电子能谱仪多配备有快速进样室,其目的是在不破坏分析室超高真空的情况下能进行快速进样。快速进样室的体积很小,以便能在$5 \sim 10$ min 内达到10^{-3} Pa 的高真空。有一些谱仪,把快速进样室设计成样品预处理室,可以对样品进行加热、蒸镀和刻蚀等操作。

（3）X 射线激发源

在普通的 XPS 谱仪中,一般采用双阳极靶激发源。常用的激发源有Mg K_α X 射线（光子能量为 1 253.6 eV）和 Al K_α X 射线（光子能量为1 486.6 eV）。没经单色化的 X 射线的线宽可达到0.8 eV,而经单色化处理以后,线宽可降低到0.2 eV,并可以消除 X 射线中的杂线和韧致辐射。但经单色化处理后,X 射线的强度大幅度下降。

（4）离子源

在 XPS 中配备离子源的目的是对样品表面进行清洁或对样品表面进行定量剥离。在 XPS 谱仪中,常采用 Ar 离子源。Ar 离子源又可分为固定式和扫描式。固定式 Ar 离子源由于不能进行扫描剥离,对样品表面刻蚀的均匀性较差,仅用作表面清洁。对于进行深度分析用的离子源,应采用扫描式 Ar 离子源。

（5）能量分析器

X 射线光电子的能量分析器有两种类型,半球型分析器和筒镜型能量分析器。半球型能量分析器由于对光电子的传输效率高和能量分辨率好等特点,多用在 XPS 谱仪上。而筒镜型能量分析器由于对俄歇电子的传输效率高,主要用在俄歇电子能谱仪上。对于一些多功能电子能谱仪,由于考虑到 XPS 和 AES 的共用性和使用的侧重点,选用能量分析器主要依据哪一种分析方法为主:以 XPS 为主的采用半球型能量分析器,而以俄歇为主的则采用筒镜型能量分析器。

（6）计算机系统

由于 X 射线电子能谱仪的数据采集和控制十分复杂,商用谱仪均采用计算机系统来控制谱仪和采集数据。由于 XPS 数据的复杂性,谱图的计算机处理也是一个重要的部分,如元素的自动标识、半定量计算、谱峰的拟合和去卷积等。

3. 实验技术

（1）样品的制备技术

X 射线能谱仪对分析的样品有特殊的要求,在通常情况下只能对固体样品进行分析。由于涉及样品在真空中的传递和放置,待分析的样品一般都需要经过一定的预处理,分述如下:

① 样品的大小。由于在实验过程中样品必须通过传递杆,穿过超高真空隔离阀,送进样品分析室。因此,样品的尺寸必须符合一定的大小规范,以利于真空进样。对于块状样品和薄膜样品,其长宽最好小于 10 mm, 高度小于 5 mm。对于体积较大的样品则必须通过适当方法制备成合适大小的样品。但在制备过程中,必须考虑处理过程可能对表面成分和状态的影响。

② 粉体样品。对于粉体样品有两种常用的制样方法。一种是用双面胶带直接把粉体固定在样品台上;另一种是把粉体样品压成薄片,然后再固定在样品台上。前者的优点是制样方便,样品用量少,预抽到高真空的时间较短;缺点是可能会引进胶带的成分。后者的优点是可以在真空中对样品进行处理,如加热、表面反应等,其信号强度也要比胶带法高得多;缺点是样品用量太大,抽到超高真空的时间太长。在普通的实验过程中,一般采用胶带法制样。

③ 含有挥发性物质的样品。对于含有挥发性物质的样品,在样品进入真空系统前必须清除掉挥发性物质。一般可以通过对样品加热或用溶剂

清洗等方法。

④表面有污染的样品。对于表面有油等有机物污染的样品,在进入真空系统前必须用油溶性溶剂如环己烷、丙酮等清洗掉样品表面的油污,最后再用乙醇清洗掉有机溶剂,为了保证样品表面不被氧化,一般采用自然干燥。

⑤带有微弱磁性的样品。由于光电子带有负电荷,在微弱的磁场作用下,也可以发生偏转。当样品具有磁性时,由样品表面出射的光电子就会在磁场的作用下偏离接收角,最后不能到达分析器,因此,得不到正确的XPS谱。此外,当样品的磁性很强时,还有可能发生分析器头及样品架磁化的危险,因此,绝对禁止带有磁性的样品进入分析室。一般对于具有弱磁性的样品,可以通过退磁的方法去掉样品的微弱磁性,然后就可以像正常样品一样分析。

(2)离子束溅射技术

在 X 射线光电子能谱分析中,为了清洁被污染的固体表面,常常利用离子枪发出的离子束对样品表面进行溅射剥离,清洁表面。然而,离子束更重要的应用则是样品表面组分的深度分析。利用离子束可定量地剥离一定厚度的表面层,然后再用 XPS 分析表面成分,这样就可以获得元素成分沿深度方向的分布图。作为深度分析的离子枪,一般采用0.5 ~ 5 keV的 Ar 离子源。扫描离子束的束斑直径一般为 1 ~ 10 mm,溅射速度为0.1 ~ 50 nm/min。为了提高深度分辨率,一般应采用间断溅射的方式。为了减少离子束的坑边效应,应增加离子束的直径。为了降低离子束的择优溅射效应及基底效应,应提高溅射速度和降低每次溅射的时间。在 XPS分析中,离子束的溅射还原作用可以改变元素的存在状态,许多氧化物可以被还原成较低价态的氧化物,如 Ti,Mo,Ta 等。在研究溅射过的样品表面元素的化学价态时,应注意这种溅射还原效应的影响。此外,离子束的溅射速度不仅与离子束的能量和束流密度有关,还与溅射材料的性质有关。一般的深度分析所给出的深度值均是相对于某种标准物质的相对溅射速度。

(3)样品荷电的校准

对于绝缘体样品或导电性能不好的样品,经 X 射线辐照后,其表面会产生一定的电荷积累,主要是荷正电荷。样品表面荷电相当于给从表面出射的自由的光电子增加了一定的额外电压,使得测得的结合能比正常的要高。样品荷电问题非常复杂,一般难以用某一种方法彻底消除。在实际的 XPS 分析中,一般采用内标法进行校准。最常用的方法是用真空系统中最常见的有机物污染碳的 C 1 s 的结合能为 284.6 eV,进行校准。

(4)XPS 的采样深度

X 射线光电子能谱的采样深度与光电子的能量和材料的性质有关。一般定义 X 射线光电子能谱的采样深度为光电子平均自由程的 3 倍。根据平均自由程的数据可以大致估计各种材料的采样深度。一般对于金属样品为 0.5 ~ 2 nm,对于无机化合物为 1 ~ 3 nm,而对于有机物则为 3 ~ 10 nm。

(5)XPS 谱图分析技术

① 表面元素定性分析。这是一种常规分析方法,一般利用 XPS 谱仪的宽扫描程序。为了提高定性分析的灵敏度,一般应加大分析器的通能(pass energy),提高信噪比。图6.42是典型的 XPS 定性分析图。通常 XPS 谱图的横坐标为结合能,纵坐标为光电子的计数率。在分析谱图时,首先必须考虑的是消除荷电位移。对于金属和半导体样品由于不会荷电,因此不用校准。但对于绝缘样品,则必须进行校准。因为当荷电较大时,会导致结合能位置有较大的偏移,导致错误判断。使用计算机自动标峰时,同样会产生这种情况。一般来说,只要该元素存在,其所有的强峰都应存在,否则应考虑是否为其他元素的干扰峰。激发出来的光电子依据激发轨道的名称进行标记。如从 C 原子的1 s 轨道激发出来的光电子用 C 1s 标记。由于 X 射线激发源的光子能量较高,可以同时激发出多个原子轨道的光电子,因此在 XPS 谱图上会出现多组谱峰。大部分元素都可以激发出多组光电子峰,可以利用这些峰排除能量相近峰的干扰,以利于元素的定性标定。由于相近原子序数的元素激发出的光电子的结合能有较大的差异,因此相邻元素间的干扰作用很小。

由于光电子激发过程的复杂性,在 XPS 谱图上不仅存在各原子轨道的光电子峰,同时还存在部分轨道的自旋裂分峰,$K_{\alpha 2}$ 产生的卫星峰、携上峰以及 X 射线激发的俄歇峰等伴峰,在定性分析时必须予以注意。现在,定性标记的工作可由计算机进行,但经常会发生标记错误,应加以注意。对于不导电样品,由于荷电效应,经常会使结合能发生变化,导致定性分析得出不正确的结果。

从图 6.42 可见,在薄膜表面主要有 Ti, N, C, O 和 Al 元素存在。Ti,N 的信号较弱,而 O 的信号很强。这个结果表明形成的薄膜主要是氧化物,氧的存在会影响 Ti(CN)$_x$ 薄膜的形成。

② 表面元素的半定量分析。首先应当明确的是 XPS 并不是一种很好的定量分析方法。它给出的仅是一种半定量的分析结果,即相对含量而不

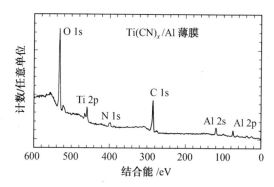

图 6.42　高纯 Al 基片上沉积的 Ti(CN)$_x$ 薄膜的 XPS 谱图
（激发源为 Mg K$_\alpha$）

是绝对含量。由 XPS 提供的定量数据是以原子百分比含量表示的,而不是平常所使用的质量百分比。这种比例关系可以通过下列公式换算:

$$c_i^{wt} = \frac{c_i \times A_i}{\sum\limits_{i=1}^{i=n} c_i \times A_i} \tag{6.32}$$

式中,c_i^{wt} 为第 i 种元素的质量分数;c_i 为第 i 种元素的 XPS 摩尔分数;A_i 为第 i 种元素的相对原子质量。

　　在定量分析中必须注意的是,XPS 给出的相对含量也与谱仪的状况有关。因为不仅各元素的灵敏度因子是不同的,XPS 谱仪对不同能量的光电子的传输效率也是不同的,并随谱仪受污染程度而改变。XPS 仅提供表面 3 ~ 5 nm 厚的表面信息,其组成不能反映体相成分。样品表面的 C,O 污染以及吸附物的存在也会大大影响其定量分析的可靠性。

　　③ 表面元素的化学价态分析。表面元素化学价态分析是 XPS 的最重要的一种分析功能,也是 XPS 谱图解析最难、比较容易发生错误的部分。在进行元素化学价态分析前,首先必须对结合能进行正确的校准。因为结合能随化学环境的变化较小,而当荷电校准误差较大时,很容易标错元素的化学价态。此外,有一些化合物的标准数据依据不同的作者和仪器状态存在很大的差异,在这种情况下这些标准数据仅能作为参考,最好是自己制备标准样,这样才能获得正确的结果。有一些化合物的元素不存在标准数据,要判断其价态,必须用自制的标样进行对比。还有一些元素的化学位移很小,用 XPS 的结合能不能有效地进行化学价态分析,在这种情况下,可以从线形及伴峰结构进行分析,同样也可以获得化学价态的信息。从图 6.43 中可见,在 PZT 薄膜表面,C 1s 的结合能为 285.0 eV 和 281.5eV,分别

对应于有机碳和金属碳化物。有机碳是主要成分,可能是由表面污染所产生的。随着溅射深度的增加,有机碳的信号减弱,而金属碳化物的峰增强。这个结果说明在 PZT 薄膜内部的碳主要以金属碳化物存在。

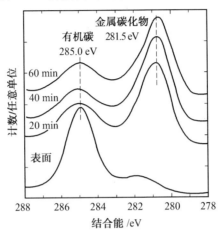

图 6.43　PZT 薄膜中碳的化学价态谱

④ 元素沿深度方向的分布分析。XPS 可以通过多种方法实现元素沿深度方向分布的分析,常用的两种方法分别是 Ar 离子剥离深度分析和变角 XPS 深度分析。这里仅介绍 Ar 离子剥离深度分析法。

Ar 离子剥离深度分析方法是一种使用最广泛的深度剖析的方法,是一种破坏性分析方法,会引起样品表面晶格的损伤、择优溅射和表面原子混合等现象。其优点是可以分析表面层较厚的体系,深度分析的速度较快。其分析原理是先把表面一定厚度的元素溅射掉,然后再用 XPS 分析剥离后的表面元素含量,这样就可以获得元素沿样品深度方向的分布。由于普通的 X 光枪的束斑面积较大,离子束的束斑面积也相应较大,因此,其剥离速度很慢,深度分辨率也不是很好,其深度分析功能一般很少使用。此外,由于离子束剥离作用时间较长,样品元素的离子束溅射还原会相当严重。为了避免离子束的溅射坑效应,离子束的面积应比 X 光枪束斑面积大 4 倍以上。对于新一代的 XPS 谱仪,由于采用了小束斑 X 光源(微米量级),XPS 深度分析变得较为现实和常用。

⑤XPS 伴峰分析技术。在 XPS 谱中最常见的伴峰包括携上峰、X 射线激发俄歇峰(XAES)以及 XPS 价带峰。这些伴峰一般不太常用,但在不少体系中可以用来鉴定化学价态,研究成键形式和电子结构,是 XPS 常规分析的一种重要补充。

a. XPS 的携上峰分析。在光电离后,由于内层电子的发射引起价电子从已占有轨道向较高的未占轨道的跃迁,这个跃迁过程就被称为携上过程。在 XPS 主峰的高结合能端出现的能量损失峰即为携上峰。携上峰是一种比较普遍的现象,特别是对于共轭体系会产生较多的携上峰。在有机体系中,携上峰一般由 $\pi - \pi^*$ 跃迁所产生,也即由价电子从最高占有轨道(HOMO)向最低未占轨道(LUMO)的跃迁所产生。某些过渡金属和稀土金属,由于在 3d 轨道或 4f 轨道中有未成对电子,也常常表现出很强的携上效应。

图 6.44 是几种碳材料的 C 1s 谱。从图上可见,C 1s 的结合能在不同的碳物种中有一定的差别。在石墨和碳纳米管材料中,其结合能均为 284.6 eV;而在 C_{60} 材料中,其结合能为 284.75 eV。由于 C 1s 峰的结合能变化很小,难以从 C 1s 峰的结合能来鉴别这些纳米碳材料。但由图可见,其携上峰的结构有很大的差别,因此也可以从 C 1s 的携上伴峰的特征结构进行物种鉴别。在石墨中,由于 C 原子以 sp^2 杂化存在,并在平面方向形成共轭 π 键。这些共轭 π 键的存在可以在 C 1s 峰的高能端产生携上伴峰。这个峰是石墨的共轭 π 键的指纹特征峰,可以用来鉴别石墨碳。从图上还可见,碳纳米管材料的携上峰基本和石墨的一致,这说明碳纳米管材料具有与石墨相近的电子结构,这与碳纳米管的研究结果是一致的。在碳纳米管中,碳原子主要以 sp^2 杂化并形成圆柱形层状结构。C_{60} 材料携上峰的结构与石墨和碳纳米管材料的有很大的区别,可分解为 5 个峰,这些峰是由 C_{60} 的分子结构决定的。在 C_{60} 分子中,不仅存在共轭 π 键,还存在 σ 键,因此,在携上峰中还包含了 σ 键的信息。综上所述,我们不仅可以用 C 1s 的结合能表征碳的存在状态,也可以用它的携上指纹峰研究其化学状态。

b. X 射线激发俄歇电子能谱(XAES)分析。在 X 射线电离后的激发态离子是不稳定的,可以通过多种途径产生退激发。其中一种最常见的退激发过程就是产生俄歇电子跃迁的过程,因此 X 射线激发俄歇谱是光电子谱的必然伴峰。其原理与电子束激发的俄歇谱相同,仅是激发源不同。与电子束激发俄歇谱相比,XAES 具有能量分辨率高、信背比高、样品破坏性小及定量精度高等优点。同 XPS 一样,XAES 的俄歇动能也与元素所处的化学环境有密切关系,同样可以通过俄歇化学位移来研究其化学价态。由于俄歇过程涉及三电子过程,其化学位移往往比 XPS 的要大得多。这对于元素的化学状态鉴别非常有效。对于有些元素,XPS 的化学位移非常小,不能用来研究化学状态的变化。不仅可以用俄歇化学位移来研究元素的化学状态,其线形也可以用来进行化学状态的鉴别。

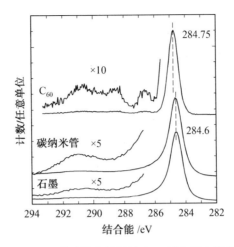

图 6.44　几种碳纳米材料的 C 1s 峰和携上峰谱图

从图 6.45 中可见,俄歇动能不同,其线形有较大的差别。天然金刚石的 C KLL 俄歇动能是 263.4 eV, 石墨的是 267.0 eV, 碳纳米管的是 268.5 eV,而 C_{60} 的则为 266.8 eV。 这些俄歇动能与碳原子在这些材料中的电子结构和杂化成键有关。天然金刚石是以 sp^3 杂化成键的,石墨则是以 sp^2 杂化轨道形成离域的平面 π 键,碳纳米管主要也是以 sp^2 杂化轨道形成离域的圆柱形 π 键,而在 C_{60} 分子中,主要以 sp^2 杂化轨道形成离域的球形 π 键,并有 σ 键存在。 因此, 在金刚石的 C KLL 谱上存在 240.0 eV 和 246.0 eV 的两个伴峰,这两个伴峰是金刚石 sp^3 杂化轨道的特征峰。在石

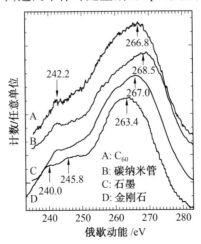

图 6.45　几种纳米碳材料的 XAES 谱

墨、碳纳米管及 C_{60} 的 C KLL 谱上仅有一个伴峰,动能为 242.2 eV,这是 sp^2 杂化轨道的特征峰。因此,可以用这个伴峰结构判断碳材料中的成键情况。

c. XPS 价带谱分析。XPS 价带谱反映了固体价带结构的信息,由于 XPS 价带谱与固体的能带结构有关,因此可以提供固体材料的电子结构信息。由于 XPS 价带谱不能直接反映能带结构,还必须经过复杂的理论处理和计算。因此,在 XPS 价带谱的研究中,一般采用 XPS 价带谱结构的比较进行研究,而理论分析相应较少。

图 6.46 是几种纳米碳材料的 XPS 价带谱。从图中可见,在石墨、碳纳米管和 C_{60} 分子的价带谱上都有三个基本峰。这三个峰均是由共轭π键所产生的。在 C_{60} 分子中,由于π键的共轭度较小,其三个分裂峰的强度较强;而在碳纳米管和石墨中由于共轭度较大,特征结构不明显。从图上还可见,在 C_{60} 分子的价带谱上还存在其他三个分裂峰,这些是由 C_{60} 分子中的σ键所形成的。由此可见,从价带谱上也可以获得材料电子结构的信息。

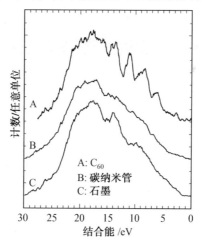

图 6.46 几种纳米碳材料的 XPS 价带谱

6.8.2 马氏体时效不锈钢的钝化

不锈钢常用的钝化工艺方法一般有两种,一种是化学钝化,另一种是电化学方法,即阳极极化方法。化学钝化和阳极极化之间没有本质上的区别,因为两种方法得到的结果都是使溶解着的金属表面发生了突变,使金属的阳极溶解过程不再服从塔菲尔规律,其溶解速度随之急剧下降。

1. 钝化膜表面形貌

图 6.47 是马氏体时效不锈钢钝化前后的 SEM 形貌图。从图中可以看出,未经钝化处理的试样,表面存在形貌上的不完整,机械抛光的痕迹明显,有许多大小不一的缺陷斑点,容易造成侵蚀性介质在凹坑处优先吸附富集,表现为局部腐蚀优先萌生;而经过钝化处理后,表面变得平整,表面被灰白色的表面膜覆盖,物理缺陷大大减少,且与基体金属结合牢固,这是钝化处理后的不锈钢耐腐蚀的基础。

(a) 钝化前   (b) 钝化后

图 6.47　马氏体时效不锈钢钝化前后的 SEM 形貌图

2. 极化曲线

图 6.37(a) 为未经过钝化处理新型马氏体时效不锈钢试样在 3.5%(质量分数)NaCl 溶液中的极化曲线,钝化后新型马氏体时效不锈钢在 3.5%(质量分数)NaCl 溶液中的极化曲线如图 6.48 所示。实验结果表

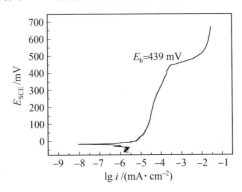

图 6.48　钝化后新型马氏体时效不锈钢在 3.5%(质量分数)NaCl 溶液中的极化曲线

明,钝化前后,马氏体时效不锈钢在 3.5%(质量分数)NaCl 溶液中都是自钝化(无活化 – 钝化转变行为)。经过钝化处理,试样在 3.5%(质量分数)NaCl 溶液中的点蚀电位从钝化处理前的 332 mV 提高到钝化处理后的 439 mV,钝化处理显著改善了马氏体不锈钢的耐点蚀性能。

6.8.3 马氏体时效不锈钢钝化膜全扫描图

图 6.49 为钝化处理后,试样表面的 XPS 扫描谱线图。由图可知,表面膜的主要成分为 O,C,Cr,Fe,Ni,Mo 等。溅射前,O,C,Fe,Cr 峰很强,说明膜的化学组成主要为 Fe 及 Cr 的氧化物或化合物。比较溅射前后的 XPS 谱图可知试样表面溅射前有较严重的碳污染,碳主要来源于大气的污染及膜中的杂质。溅射后的 Ni,Cr,Mo 和 Fe 峰都比溅射前的强。经分析主要为 Ni,Mo 的金属元素及其氧化物,只有少量的铁化物。

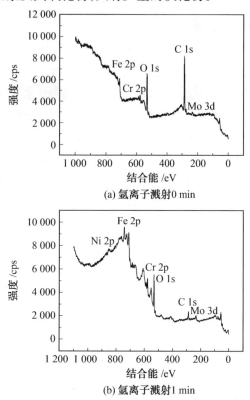

(a) 氩离子溅射 0 min

(b) 氩离子溅射 1 min

图 6.49 马氏体时效不锈钢钝化膜的 XPS 扫描图

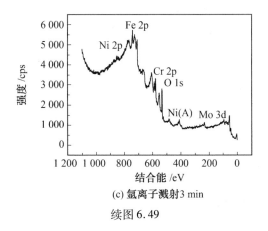

(c) 氩离子溅射3 min

续图6.49

6.8.4　马氏体时效不锈钢钝化膜中各元素的分扫描图

1. 表面膜中氧元素的分扫描图

氧元素在马氏体时效不锈钢钝化膜中不同溅射时间的 XPS 谱图如图 6.50 所示。对于钝化膜最表层的情况,氧元素的峰对应的结合能较宽,为 530.2 ~ 531.3 eV,与文献报道一致,530.47 eV 为 MO 金属氧化物的特征峰,对应于 O^{2-},531.56 eV 为 MOH 或 $M(OH)_2$ 化合物的特征峰,表明钝化膜的最外层由一些金属的氢氧化物或金属水化物、高价态金属的氢氧化物组成,如 CrOOH(即为 $Cr_2O_3 \cdot H_2O$),FeOOH 和 $MoO_2(OH)_2$ 等;溅射后,O 1 s 谱图发生了变化,溅射 1 min 时的峰值对应的结合能为 530.36 eV,溅射 3 min 时的峰值对应的结合能为 530.44 eV,而 530.47 eV 为 MO 金属氧化物的特征峰,对应于 O^{2-},表明在钝化膜的次表层或内层,主要存在金属氧化物。

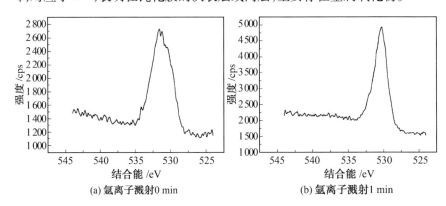

(a) 氩离子溅射0 min　　　　　(b) 氩离子溅射1 min

图 6.50　氧元素在马氏体时效不锈钢钝化膜中不同溅射时间的 XPS 谱图

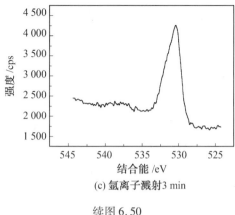

(c) 氩离子溅射3 min

续图 6.50

2. 表面膜中铁元素的分扫描图

图 6.51 为铁元素在钝化膜中不同溅射时间的 XPS 能谱。溅射前，Fe $2p_{3/2}$ 的峰值对应的结合能为710.13 ~ 711.30 eV,文献报道的 Fe_2O_3 和 $\gamma - FeOOH$ 或 $Fe(OH)_3$ 对应的结合能分别为710.4 eV 和711.3 eV,表明钝化膜表层的 Fe 是以 Fe_2O_3,$\gamma - FeOOH$ 和 $Fe(OH)_3$ 形式存在的。溅射后，Fe $2p_{3/2}$ 的峰值对应的结合能为707.4 ~ 709.81 eV,Fe 的金属元素对应的结合能为(707.0 ± 0.1)eV,而 Fe^{2+} 的氧化物峰值对应的结合能为(9.5 ± 0.1)eV,表明在马氏体时效不锈钢钝化膜内层 Fe 主要以金属元素形式存在,此外还有少量的 Fe^{2+}。

3. 表面膜中铬元素的分扫描图

图 6.52 表示铬元素在钝化膜中不同溅射时间的 XPS 能谱。溅射前，Cr $2p_{3/2}$ 的峰值对应的结合能为577.22 ~ 578.06 eV,根据文献,和 CrO_3 对

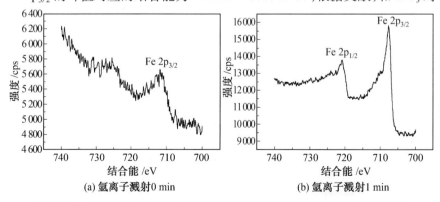

图 6.51 铁元素在马氏体时效不锈钢钝化膜中不同溅射时间的 XPS 谱图

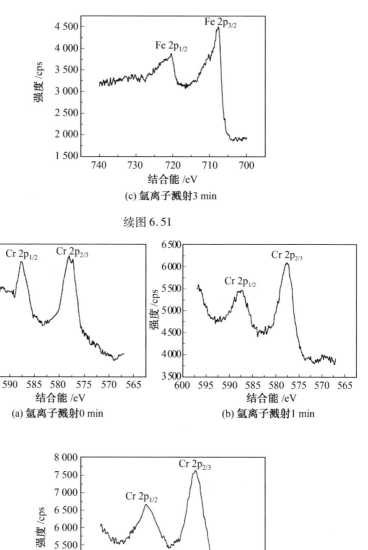

图 6.52　铬元素在马氏体时效不锈钢钝化膜中不同溅射时间的 XPS 谱图

应的结合能分别为 578.1 eV,577.3 eV,可见钝化膜表层的 Cr 是以 CrOOH,CrO$_3$ 和 Cr(OH)$_3$ 形式存在的;溅射 1 min 后,Cr 2p$_{3/2}$ 的峰值对应的结合能为 575.67 ~ 576.66 eV,表明在不锈钢钝化膜次表层 Cr 是以 Cr$_2$O$_3$,CrOOH 或 Cr(OH)$_3$ 形式存在的;溅射 3 min 后,Cr 2p$_{3/2}$ 的峰值对应的结合能为 576.47 eV,Cr$_2$O$_3$ 的峰值对应的结合能为 576.4 eV,表明在钝化膜内层 Cr 以 Cr$_2$O$_3$ 的形式存在,即钝化膜内层 Cr 以 Cr^{+3} 在形式存在。钝化膜中 Cr$_2$O$_3$ 和 CrO$_3$ 的共存对于维持不锈钢钝化膜的稳定性起到极为重要的作用。三价铬化合物难溶于水,强度高,在钝化膜中起骨架作用,六价化合物易溶于水、微软,依附三价化合物而成膜。同时,不同价态铬氧化物共存使得氧化物成键更加灵活和稳定,能够形成非晶态氧化物,使得钝化膜的内层结构的稳定性更强。表层内侧的 Cr$_2$O$_3$ 形成较致密的膜层,受络合物的吸附、络合、溶解的影响较小,对基体有较好的保护作用。

4. 表面膜中镍元素的分扫描图

图 6.53 表示镍元素在钝化膜中不同溅射时间的 XPS 能谱。由图 6.53(a)

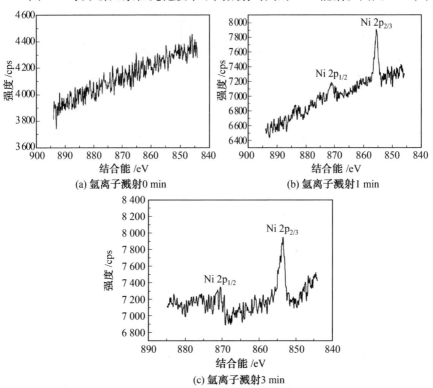

(a) 氩离子溅射0 min

(b) 氩离子溅射1 min

(c) 氩离子溅射3 min

图 6.53　镍元素在马氏体时效不锈钢钝化膜中不同溅射时间的 XPS 谱图

可见,溅射前钝化膜的表层不存在 Ni 的氧化物或化合物;溅射1 min 后,Ni $2p_{3/2}$ 的峰值对应的结合能为855.41 eV,文献报道 Ni 的金属元素对应的结合能为 $(853.0 \pm 0.1)eV$,Ni^{3+} 的氧化物峰值对应的结合能为 $(855.45 \pm 0.1)eV$,这表明钝化膜的次表层有少量 Ni_2O_3 氧化物存在;溅射 3 min 后,Ni $2p_{3/2}$ 的峰值对应的结合能为 $(853.0 \pm 0.1)eV$,表明不锈钢钝化膜内层无 Ni 的氧化物存在,而是以 Ni 元素形式存在,膜下金属富集了较难氧化的 Ni,可以避免钝化膜的还原,从而增加了钝化膜的稳定性,改善了马氏体时效不锈钢的耐蚀性。

5. 表面膜中钼元素的分扫描图

图6.54 为钼元素在钝化膜中不同溅射时间的 XPS 能谱。 由图 6.54(a) 可以看出,溅射前,Mo $3d_{5/2}$ 的峰值对应的结合能为 232.5 eV,文献报道 Mo 的金属元素峰对应的结合能为 229.8 eV,Mo^{+6} 的氧化物峰对应

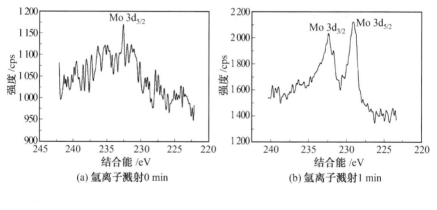

(a) 氩离子溅射0 min

(b) 氩离子溅射1 min

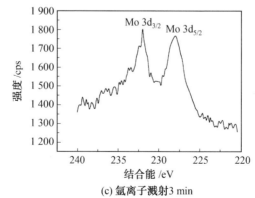

(c) 氩离子溅射3 min

图6.54　钼元素在马氏体时效不锈钢钝化膜中不同溅射时间的 XPS 谱

的结合能为 232.6 eV,表明钝化膜的表层 Mo 以 MoO_3 的氧化物形式存在;溅射 1 min 后,Mo 3d 峰由 Mo $3d_{3/2}$ 和 Mo $3d_{5/2}$ 两个特征峰组成,峰值对应的结合能分别为 232.34 eV 和 229.17 eV,Mo 是以 MoO_3 和 MoO_2 的形式存在;溅射 3 min 后,Mo $3d_{3/2}$ 的峰值对应的结合能为 231.98 ~ 232.47 eV,根据文献可知,Mo 以 MoO_3 的形式存在,Mo $3d_{5/2}$ 的峰值对应的结合能为 227.98 eV,由 Mo 元素的峰值对应的结合能为 227.7 eV 可知,不锈钢钝化膜内层即有 Mo 的氧化物存在,也在膜下金属富集了较难氧化的 Mo。钼出现多种价态,外层为 Mo^{+6} 和 Mo^{+4},内层为 Mo^{+6}。Mo 的氧化能力介于 Cr,Ni 之间,加入 Mo 后,可生成一种不易溶解的氧化膜,改变了表面膜的性质,其次,Mo 有较高的点蚀电位,促进钝化,降低在介质中的腐蚀速度。钝化膜中含有高价氧化态的 Mo,尤其是在钝化膜的最表面,高价氧化态 Mo 的存在,有效提高了钝化膜的耐局部腐蚀能力。

6.8.5 钝化膜组成与结构分析

马氏体时效不锈钢在酸性氧化性介质中形成的钝化膜的 XPS 研究,初步揭示了钝化膜主要组成元素的化学存在状态。钝化膜从外到内,铬在表层为 Cr^{6+},Cr^{3+},内层为 Cr^{3+};铁为 Fe^{3+},内层有少量 Fe^{2+} 和 Fe^0;镍在次表层主要为 Ni^{3+},内层 Ni^0 较多;钼出现两种价态,主要为 Mo^{6+},次表层存在 Mo^{4+};氧为二价,外层有一部分 OH^-,内层为 O^{2-}。这些结果表明,钝化膜的最外层由一些高价态金属的氢氧化物组成,如 CrOOH,FeOOH 和 $MoO_2(OH)_2$ 等。氢氧的存在,使金属元素有可能以结合水的形式存在钝化膜的表层,氢氧的结合可能组成以氢键相结合的交联溶胶式结构,提高了膜的再钝化能力,其过程是,当钝化膜表面层由于某种原因溶解破坏,金属离子从内部迁移到膜表面易与周围的结合水形成金属氢氧化合物,即新膜的生成,从而抑制了金属离子继续溶解,阻止了膜的破坏和点腐蚀的发生。

钝化膜的内层为氧化物,接近氧化物／金属界面,除 Cr_2O_3,MoO_3 和 FeO 外,其他如 Ni,Mo 元素在膜底富集。由于膜下 Ni,Mo 的富集,可以避免氧化膜的还原,从而提高膜的稳定性;有利于合金保持较宽的钝化范围,从而有助于延长发生因 Cl^- 而引起的点蚀核的诱导时间。

文献研究表明,在镍铬不锈钢中,Mo 与 Cr 的交互氧化作用形成了复杂的铬钼氧化物,而这种氧化物的形成是由于 Mo 在腐蚀介质中的优先溶解,促成了 Cr 的富集,强化了铬钼的交互作用。Cr,Mo 的交互作用使钝化膜更加完整致密。

钝化膜中的 Cr,Fe,Ni 分别以 Cr_2O_3,FeO,NiO 等氧化物形式存在。氧化膜的完整性是氧化膜是否具有保护性的必要条件。Pilling - Bedworth 原理认为,氧化膜是否完整决定于氧化物的体积(V_{MO})要大于金属的体积(V_M),即(V_{MO})/(V_M) > 1。如果(V_{MO})/(V_M) < 1,氧化膜不完整,保护性差,氧化膜就不能够用来覆盖整个金属表面,结果就会成为多孔疏松的膜。(V_{MO})/(V_M)的比值称为金属的 P - B 比。研究表明,金属氧化膜在 $1 < (V_{MO})/(V_M) < 2.5$ 时,具有较好的保护作用。Cr_2O_3,FeO,NiO 的 P - B 比分别是 $1.99,1.77$ 和 1.52,因而 Cr_2O_3,FeO,NiO 作为钝化膜的主要成分,能有效地起到保护层的作用。

6.9 新型马氏体时效不锈钢的耐腐蚀机理分析

在介质条件相同的情况下,新型马氏体时效不锈钢耐 Cl^- 腐蚀性能优于对比马氏体时效不锈钢($Fe - 11Cr - 7Ni - 10Co - 5.5Mo - 0.3Al - 0.2Ti$)和 1Cr18Ni9Ti 奥氏体不锈钢。分析其原因,主要是钢中适宜的合金元素配比及其复合钝化,提高了新型马氏体时效不锈钢的耐 Cl^- 腐蚀性能。其耐 Cl^- 腐蚀分析如下:

①Cl^- 对膜的破坏是从点蚀开始的。钝化电流在足够高的电位下首先击穿钝化膜有缺陷的部位(如杂质、贫 Cr 区等),露出的金属便是活化 - 钝化原电池的阳极,从而促成点腐蚀。从成分看,新型马氏体时效不锈钢中的杂质元素 C,S,P 等的含量均比 1Cr18Ni9Ti 不锈钢低 $1 \sim 2$ 个数量级,纯净度较高,是其耐 Cl^- 腐蚀能力较高的原因之一。

② 新型马氏体时效不锈钢的成分中,Ni,Mo 含量与对比用马氏体时效不锈钢的含量相当,Cr 含量高于对比用马氏体时效不锈钢,并添加了 2%(质量分数)W;与 1Cr18Ni9Ti 不锈钢相比,虽然新型马氏体时效不锈钢的 Cr 含量偏低,但添加了 Mo 和 W,Mo 和 W 使 Fe 的点蚀电位 E_b 正移,扩大稳定钝化区,具有明显的阻止点腐蚀的倾向;在 Fe - Cr - Ni 合金中添加 Mo,可促使合金钢在还原性介质中的钝化能力增强并改善其耐点蚀能力。同时,合金中加入 Mo 可以形成含 Mo 的氧化膜,这种氧化膜具有更高的稳定性,在许多强腐蚀介质中都不易腐蚀,并可以防止 Cl^- 对膜的破坏,有效地提高了耐点蚀能力,对改善缝隙腐蚀性能有显著效果。对 17Cr - 16Ni - 4Mo - W 奥氏体不锈钢的研究表明,W 的良好合金化效果通过与 Mo 的复合加入表现得更明显;研究表明在奥氏体不锈钢中加入

3%(质量分数)的 W,极大地提高了抗 Cl^- 引起的点蚀能力,从而提高了合金抗 Cl^- 腐蚀的能力。Mo 与 W 的复合钝化是新型马氏体时效不锈钢耐 Cl^- 腐蚀能力较强的又一个重要原因。

③ 从新型马氏体时效不锈钢在酸性氧化性介质中形成的钝化膜结构来看,新型马氏体时效不锈钢钝化膜中的 Cr 是以 Cr_2O_3,CrOOH 或 $Cr(OH)_3$ 等多种形态存在的。其中以 Cr_2O_3 尤为重要,因为 Cr_2O_3 较致密,对基体有一定的保护作用,并且在膜较深的部位存在,它受吸附物、络合物的吸附络合和溶解作用影响较小。

④ 从新型马氏体时效不锈钢在酸性氧化性介质中形成的钝化膜结构来看,由于膜下 Ni、Mo 的富集,可以避免氧化膜的还原,从而提高膜的稳定性。有利于合金保持较宽的钝化范围,从而有助于延长发生因 Cl^- 而引起的点蚀核的诱导时间。

⑤ 钝化膜中的 Cr,Fe,Ni 分别以 Cr_2O_3,FeO,NiO 等氧化物形式存在。Cr_2O_3,FeO,NiO 作为钝化膜的主要成分,能有效地起到保护层的作用。

第7章　马氏体时效不锈钢
耐海水腐蚀性能研究

随着海洋开发、石油化工以及航空航天工业的迅速发展,增加了对高强高韧、具有较高耐蚀性、易加工成型和焊接以及综合性能良好的高强度不锈钢的需求。

高强度不锈钢尚无统一的定义,一般泛指强度高于通用奥氏体铬镍不锈钢,特别是强度高于双相不锈钢的不锈钢。高强度不锈钢一般包括沉淀硬化不锈钢、马氏体时效不锈钢、铁素体时效不锈钢三类。沉淀硬化不锈钢的强度高(σ_b可达1 375 MPa),耐蚀性一般不低于18Cr-8Ni不锈钢,但韧性及冷成型性较差。马氏体时效不锈钢的冷热加工性、低温韧性以及强韧性配合均较好,但耐蚀性较差。铁素体时效不锈钢具有较高的耐蚀性,但强度一般不超过1 000 MPa。因此改善马氏体时效不锈钢的耐蚀性,是发展高强度不锈钢的重要方向。

作为超高强度材料,以往的研究都是针对如何提高马氏体时效不锈钢的强韧性,而对马氏体时效不锈钢的耐蚀性能研究一直没有引起足够的重视,从材料科学的角度来评价,有许多基本问题尚不十分清楚。例如,对马氏体时效不锈钢腐蚀机理、腐蚀疲劳机理等的研究并没有取得实质性突破。海洋开发、宇宙开发对不锈钢的使用可靠性日益要求严格,同时也对马氏体时效不锈钢的耐蚀性提出了更高的要求。因此,深入研究马氏体时效不锈钢的腐蚀行为,无论是在理论方面还是在马氏体时效不锈钢的实际应用方面,都具有十分重要的意义。

7.1　00Cr13Ni7Co5Mo4W 马氏体时效不锈钢的组织与性能

00Cr13Ni7Co5Mo4W 马氏体时效不锈钢采用工业纯 Fe 和高纯度 Cr,Ni,Co,Mo 和 W 等,经过真空感应熔炼而成,锭重 10 kg,化学成分见表7.1。

表 7.1　00Cr13Ni7Co5Mo4W 马氏体时效不锈钢的化学成分

合金元素	C	Cr	Ni	Co	Mo	W
质量分数 /%	0.007	13.231	7.018	5.061	3.717	0.963

7.1.1　马氏体时效不锈钢热处理工艺优化

应用热力学计算软件 Thermo – Calc,分析 00Cr13Ni7Co5Mo4W 马氏体时效不锈钢在固溶和时效过程中的组织变化,以确定马氏体时效不锈钢的热处理工艺。

图 7.1 为固溶析出的热力学计算结果,在固溶处理过程中,钢的基体组织为奥氏体,同时有 Laves 相析出,当固溶温度达到 950 ℃ 时,Laves 相全部溶解到奥氏体中。

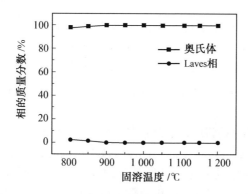

图 7.1　00Cr13Ni7Co5Mo4W 马氏体时效不锈钢各相析出量与固溶温度的计算曲线

图 7.2 为时效析出的热力学计算结果,由图 7.2(a) 可见,在所取的时效温度范围内,马氏体时效不锈钢的基体组织是马氏体,同时有逆转变奥氏体产生,并随着时效温度的升高而增加。由图 7.2(b) 可见,400 ℃ 时效处理时,马氏体时效不锈钢中析出了金属间化合物 R 相、MoNi 相以及极少量的 $M_{23}C_6$ 碳化物(质量分数约为 0.21%);时效温度升高,R 相的含量逐渐升高,MoNi 相的含量逐渐降低,而 $M_{23}C_6$ 碳化物的含量未见变化,说明 $M_{23}C_6$ 碳化物已经全部析出。当时效温度达到 430 ℃ 时,R 相析出量达到最大,MoNi 相全部溶解。时效温度继续升高,R 相开始回溶,含量逐渐减少。根据析出相随时效温度的变化规律可知,00Cr13Ni7Co5Mo4W 马氏体时效不锈钢时效析出强化相为 R 相,R 相是 Cr – Co – Mo 的金属间化合物,属六方晶系,其晶格常数为 $a = 1.090$ nm,$c = 1.934\ 2$ nm,是马氏体时效不锈钢中最主要的强化相。

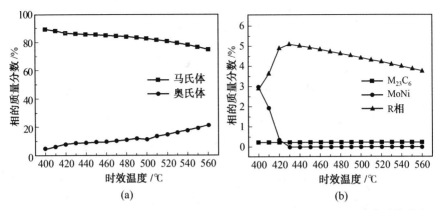

图 7.2 00Cr13Ni7Co5Mo4W 马氏体时效不锈钢各相析出量与时效温度的计算曲线

　　根据热力学计算结果可知,00Cr13Ni7Co5Mo4W 马氏体时效不锈钢固溶处理的温度不能低于 950 ℃,应该在 1 000 ℃ 以上。固溶处理温度高,强化合金元素溶解充分,为时效析出金属间化合物做好准备,但温度过高,奥氏体晶粒将粗化,并且可能会出现孪晶马氏体,使马氏体时效不锈钢的强韧性降低。

　　马氏体时效不锈钢时效处理后,其基体组织是马氏体,在基体上析出 R相,同时有逆转变奥氏体产生。马氏体时效不锈钢的强韧性就取决于 R 相与奥氏体、马氏体的数量配比。从图 7.2 的计算结果看,时效温度应选择在 450 ~510 ℃,在此温度区间,各相的数量配比比较合理,可保证基体为马氏体组织,同时 R 相(质量分数为 4.7% 左右)和奥氏体(质量分数为 12% ~ 14 %)数量都保持在合理的范围内。为使 R 相细小、弥散分布,时效温度选择可以更低,在 490 ℃ 左右,可使马氏体时效不锈钢获得良好的强韧性配合。因此,马氏体时效不锈钢的热处理工艺应确定在 1 100 ℃ 固溶,490 ℃ 左右时效。

7.1.2　马氏体时效不锈钢的力学性能

1.时效硬化曲线

　　马氏体时效不锈钢经 1 100 ℃,1 h 固溶处理后,再经不同温度时效处理的时效硬化曲线如图 7.3 所示。由图可以看出,时效初期马氏体时效不锈钢硬化速度很快,时效硬度峰值基本出现在 8 ~ 12 h。时效温度对钢的硬度影响较大,硬度最高值出现在 490 ℃ 和 510 ℃ 时效,洛氏硬度为 45 HRC,但 490 ℃ 时效出现峰值时间短;硬度最低值出现在 430 ℃ 和 450 ℃

时效,洛氏硬度仅为 40 HRC。从力学性能的角度来看,最佳的热处理工艺应为 1 100 ℃,1 h 固溶 + 510 ℃,10 h 时效。

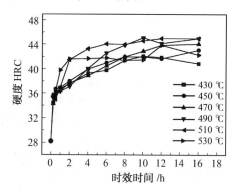

图 7.3　00Cr13Ni7Co5Mo4W 马氏体时效不锈钢时效硬化曲线

2. 马氏体时效不锈钢固溶态力学性能

00Cr13Ni7Co5Mo4W 马氏体时效不锈钢经 1 100 ℃ 固溶处理后,其屈服强度 σ_s 为 860 MPa、抗拉强度 σ_b 为 946 MPa、延伸率 δ 为 12.6%。图 7.4 为拉伸试样断口形貌,其宏观断口形貌表现出良好的颈缩,且剪切唇较深,由微观断口形貌可见断裂机制为韧窝型断裂,韧窝较深且大小比较均匀,说明马氏体时效不锈钢具有良好的塑、韧性。

(a) 宏观断口形貌

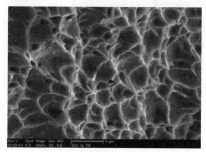

(b) 微观断口形貌

图 7.4　00Cr13Ni7Co5Mo4W 马氏体时效不锈钢经 1 100 ℃,1 h
固溶处理后的拉伸断口形貌

3. 00Cr13Ni7Co5Mo4W 马氏体时效不锈钢时效态力学性能

马氏体时效不锈钢经 1 100 ℃,1 h 固溶和 490 ℃,10 h 时效处理后,其屈服强度 σ_s 为 1 316 MPa、抗拉强度 σ_b 为 1 450 MPa、延伸率 δ 为 10.8%,具有良好的强韧性配合。由图 7.5 拉伸试样的断口形貌来看,时效态拉伸断口为典型的杯锥状,表现出良好的颈缩,具有较强的变形能力。从微观断口形貌可见,断口呈现出较深的韧窝,在裂纹扩展过程中伴随较大的塑性变形和撕裂行为,吸收了较大的能量。这与马氏体时效不锈钢在高强度下仍然保持较高韧性是一致的。

(a) 宏观断口形貌   (b) 微观断口形貌

图 7.5   00Cr13Ni7Co5Mo4W 马氏体时效不锈钢时效处理后的拉伸断口形貌

7.1.3 马氏体时效不锈钢组织结构

1. 马氏体时效不锈钢固溶态组织结构

图 7.6 为 1 100 ℃ 固溶处理后的马氏体时效不锈钢的 TEM 组织及其 SAD 图,可以看出,组织结构为高位错密度的板条状马氏体,板条宽度约为 0.5 μm,在透射电子显微镜观察下未发现残余奥氏体和析出相。马氏体衍射斑点是明锐的圆点状,没有出现衍射斑点分裂现象与条纹,表明固溶处理后的马氏体时效不锈钢由纯净的板条马氏体组成。X 射线衍射相结构分析结果也可以证明这一点(图 7.7)。

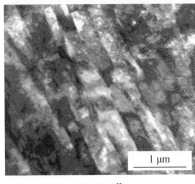
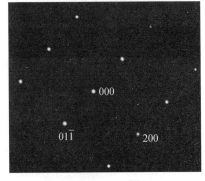

(a) TEM 像   (b) $[001]_M$ SAD 图

图 7.6   马氏体时效不锈钢经 1 100 ℃,1 h 固溶处理后的 TEM 像及其 SAD 图

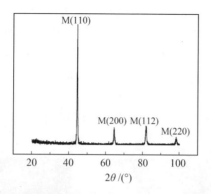

图 7.7　马氏体时效不锈钢经 1 100 ℃ ,1 h 固溶处理后的 X-ray 衍射谱

2. 马氏体时效不锈钢时效态组织结构

图 7.8 是马氏体时效不锈钢经 490 ℃ ,10 h 时效后的组织形貌。由图 7.8(a) 可见,其显微组织为均匀细小的板条马氏体。马氏体板条束位向清晰可见,呈现出典型的板条状马氏体组织形貌特征。时效处理过程中,00Cr13Ni7Co5Mo4W 马氏体时效不锈钢发生沉淀强化(图7.8(b)),由图7.8(c) 衍射花样的标定结果可知时效析出 R 相,证实了热力学计算结果。

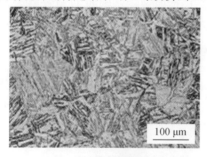

(a) 金相组织

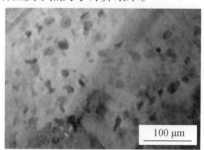

(b) TEM 像

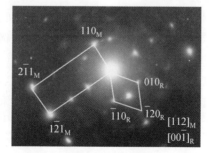

(c) [112]$_M$ SAD 图

图 7.8　时效处理后 00Cr13Ni7Co5Mo4W 马氏体时效不锈钢的组织

在 490 ℃ 时效 10 h 后,TEM 实验观察发现在某些板条间已明显可见逆转变奥氏体。由图 7.9 可见,逆转变奥氏体沿板条马氏体束之间周围呈薄片状分布,这对改善材料的韧性十分有利,不仅可阻止裂纹在马氏体板条间的扩展,还可以减缓板条间密集排列时位错前端引起的应力集中。G. Thomas 在对 Fe – Cr – C 系马氏体钢研究中也观察到断裂韧性与残余奥氏体膜有关,认为稳定的残余奥氏体薄膜存在于板条马氏体之间,对韧性有利。

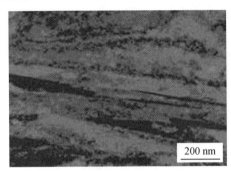 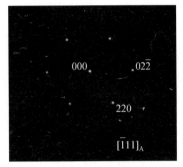

(a) 逆转变奥氏体的 TEM 像　　　　(b) 逆转变奥氏体的 SAD 像

图 7.9　490 ℃,10 h 中逆转变奥氏体 TEM 像及其 SAD 图

7.1.4　马氏体时效不锈钢腐蚀性能

从力学性能角度来看,00Cr13Ni7Co5Mo4W 马氏体时效不锈钢最佳热处理工艺为 1 100 ℃,1 h 固溶 + 490 ℃,10 h 时效,热处理后其屈服强度 σ_s 为 1 316 MPa、抗拉强度 σ_b 为 1 450 MPa、延伸率 δ 为 10.8%,具有良好的强韧性配合。

1. 动电位极化曲线

电化学测试所用仪器为 Model 273 型恒电位仪,实验采用标准三电极体系:辅助电极采用铂电极,参比电极采用饱和甘汞电极,研究电极为经不同工艺热处理的不锈钢试样,实验介质为 3.15%(质量分数)NaCl 水溶液。实验以腐蚀电位 – 200 mV 开始,极化时电位的扫描速度为 20 mV/min,当阳极电流达到 1 000 μA/cm² 时实验结束。

热处理后的马氏体时效不锈钢试样的动电位极化曲线如图 7.10 所示。固溶态和时效态试样的极化曲线均出现明显的钝化区,说明不锈钢在人工海水中能形成致密的钝化膜。相应的腐蚀电位 E_{corr} 和击穿电位 (E_b) 数据见表 7.2。时效态试样的击穿电位为 230 mV,比固溶态低

90 mV,说明时效会降低试样的抗点蚀能力。

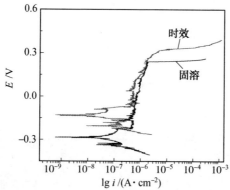

图7.10 热处理后马氏体时效不锈钢试样的动电位极化曲线

表7.2 马氏体时效不锈钢点蚀特性参数

热处理工艺	腐蚀电位 E_{corr}/mV	击穿电位 E_b/mV	腐蚀电流 $i_{corr}/\mu A$
1 100 ℃,1 h	− 130	320	0.53
1 100 ℃,1 h + 490 ℃,10 h	− 290	230	0.42

图 7.11 是热处理后不锈钢试样的循环极化曲线。由图可见,试样均出现了保护电位 E_p 和封闭的滞后环,当电位低于 E_p 时,点蚀孔能够重新钝化。但时效态试样的滞后环明显小于固溶态的滞后环,前者的击穿电位与保护电位的差值较小,不到330 mV,远小于后者的差值约为480 mV。因此,时效态的点蚀敏感性大于固溶态,耐点蚀能力相对较差,但钝化膜修复能力较强。这是由于马氏体时效不锈钢经过固溶处理后获得单相马氏体组织,提高了组织结构的均匀性,增强了抗点蚀能力。而时效处理过程中马氏体时效不锈钢会析出 R 相,在 R 相的周围形成贫 Cr、贫 Mo 区,造成组织的不均匀,从而使各部分存在电位差,电位差会产生微电池作用,加快合金的腐蚀速度,并使某些部位(晶界、滑移面等)优先发生腐蚀,从而降低试样的抗点蚀能力。

2. 化学浸泡实验

均匀腐蚀全浸实验试样规格为 $\Phi30$ mm × 3 mm 圆片,实验介质为人工海水,其化学成分见表7.3。每种状态至少3个试样,实验周期为90 d。利用电子精密天平称量腐蚀前后的质量,浸泡后的试样去除表面腐蚀产物,经超声清洗、干燥后称重,根据失重法计算年腐蚀速度。腐蚀速度的计算公式如下:

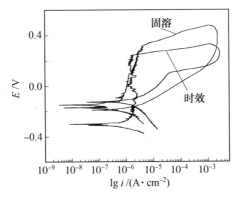

图 7.11　热处理后马氏体时效不锈钢循环极化曲线

$$R = \frac{8.76 \times 10^7 \times (M - M_t)}{STD} \qquad (7.1)$$

式中,R 为腐蚀速度,mm/s;M 为实验前的试样质量,g;M_t 为实验后的试样质量,g;S 为试样的总面积,cm²;T 为实验时间,h;D 为材料的密度,kg/m³。

　　表 7.4 为马氏体时效不锈钢圆片试样在人工海水中浸泡了 90 d 后的腐蚀数据。 由表可知, 固溶处理后的试样年平均腐蚀速度为 1.087 2 μm/a,时效处理后试样的年平均腐蚀速度为 1.509 1 μm/a,具有较好的耐海水腐蚀性能。

表 7.3　人工海水化学成分

化合物	质量浓度 /(g·L⁻¹)	化合物	质量浓度 /(g·L⁻¹)
NaCl	24.53	NaHCO₃	0.201
MgCl₂	5.20	KBr	0.101
Na₂SO₄	4.09	H₃BO₃	0.027
CaCl₂	1.16	SrCl₂	0.025
KCl	0.695	NaF	0.003

表 7.4　马氏体时效不锈钢在人工海水中的年腐蚀速度

热处理工艺	腐蚀速度 /(μm·a⁻¹)
1 100 ℃,1 h	1.087 2
1 100 ℃,1 h + 490 ℃,8 h	1.509 1

3. 腐蚀 SEM 形貌

　　马氏体时效不锈钢点蚀形貌如图 7.12 所示。由图 7.12(a) 宏观腐蚀形貌可以看出,固溶处理试样表面腐蚀轻微,仍保持金属光泽,但由微观腐蚀形貌可以看出(图 7.12(b)),试样局部发生点腐蚀,点蚀孔直径仅在几个微米。由图 7.12(c)可以看出,经时效处理后的试样表面具有一些不规则的点蚀孔,点蚀孔分布比较分散且小而浅,直径基本为 20 ~ 100 μm。从图 7.12(d)中可看出,点蚀孔形状为圆形的开口蚀坑,为典型的亚稳态蚀孔形貌,除圆形点蚀孔外,也存在条形腐蚀孔,基本发生在加工缺陷处。

(a) 固溶态宏观腐蚀形貌

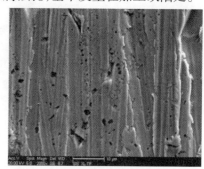
(b) 固溶态微观腐蚀形貌

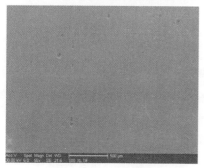
(c) 时效态宏观腐蚀形貌

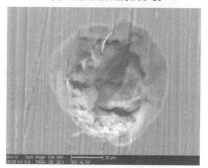
(d) 时效态微观腐蚀形貌

图 7.12 马氏体时效不锈钢点蚀形貌

图 7.13 为 00Cr13Ni7Co5Mo4W 不锈钢点蚀孔底部腐蚀产物的 SEM 形貌和能谱图。分析能谱图可知,在蚀孔底部的腐蚀产物中 Fe,Cr,Ni 的含量都比基体明显降低,O 含量增加。说明在蚀孔底部,Fe,Cr,Ni 可能溶解并生成含 O 的化合物。蚀孔一旦形成,在蚀孔内由于氢离子和氯离子的积累使其浓度比蚀孔外部大得多,进一步促进基体的溶解最终造成 Fe,Cr,Ni 含量大幅减少,从而构成闭塞电池。

综合上述分析,00Cr13Ni7Co5Mo4W 马氏体时效不锈钢最佳热处理工艺为 1 100 ℃,1 h 固溶 + 490 ℃,10 h 时效,热处理后其屈服强度 σ_s 为 1 316 MPa、抗拉强度 σ_b 为 1 450 MPa、延伸率 δ 为 10.8%,具有良好的强韧性配合。同时具有良好耐海水腐蚀性能,人工海水浸泡 90 d 后,腐蚀速度为 1.259 0 μm/a,点蚀击穿电位为 230 mV。

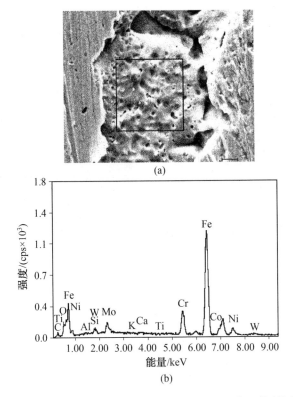

(a)

(b)

图 7.13 不锈钢点蚀孔底部腐蚀产物扫描图像和能谱图

7.2 固溶温度对马氏体时效不锈钢耐海水腐蚀性能的影响

7.2.1 固溶温度对不锈钢组织结构的影响

图 7.14、图 7.15 分别为 00Cr13Ni7Co5Mo4W 马氏体时效不锈钢不同温度固溶处理后的金相组织和 TEM 组织。由图可见,经不同温度固溶处理后的基体组织均为高密度位错板条马氏体;且随着固溶温度的升高,晶粒尺寸增大,板条马氏体束变粗宽化。由图 7.15(b) 的衍射花样可见,除马氏体衍射斑点外无其他衍射斑点存在,说明在 1 050 ℃ 及 1 050 ℃ 以上温度固溶处理时,马氏体时效不锈钢冷却到室温时由纯净的马氏体组成,且基体中未发现残余奥氏体和第二相析出物,图 7.16 的 XRD 衍射图可以

证明这一点。但在 1 150 ℃ 固溶处理时发现有少量孪晶马氏体的存在,如图7.17所示。马氏体亚结构随着相变温度的降低而演化,较高温度形成位错型马氏体,在较低的温度,会转变为孪晶马氏体,这与应变能的变化密切相关。固溶温度越高,溶入奥氏体中的合金元素越多,导致钢的 M_s 点下降。马氏体转变温度越低,体积应变能越大,所以在钢中出现孪晶马氏体。

(a) 1 050 ℃　　　　　　(b) 1 100 ℃

(c) 1 150 ℃

图 7.14　不同固溶温度处理的 00Cr13Ni7Co5Mo4W 马氏体时效不锈钢的金相组织

7.2.2　均匀腐蚀全浸实验

固溶处理后的试样在人工海水中浸泡 90 d 后,根据公式(7.1) 来计算马氏体不锈钢的年腐蚀速度(见表7.5)。可以看出, 1 100 ℃ 固溶处理后的试样年腐蚀速度最小,仅为 1.087 2 μm/a,抗点蚀的能力最强;1 150 ℃ 固溶处理的年腐蚀速度最大,为14.916 0 μm/a,抗点蚀的能力最低。由图 7.18 的微观腐蚀形貌 SEM 图像也可以看出, 1 150 ℃ 固溶处理后的试样与 1 100 ℃,1 050 ℃ 固溶处理后的试样相比,点蚀坑数量多、尺寸大,腐蚀比较严重。

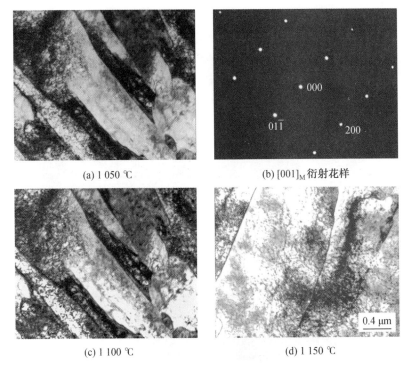

(a) 1 050 ℃

(b) [001]$_M$ 衍射花样

(c) 1 100 ℃

(d) 1 150 ℃

图 7.15　00Cr13Ni7Co5Mo4W 马氏体时效不锈钢固溶处理后的组织 TEM 像及其衍射花样

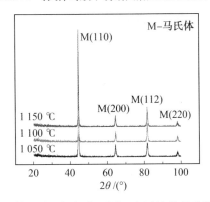

图 7.16　马氏体时效不锈钢在不同温度固溶处理后的 XRD 衍射图

表 7.5　固溶温度对马氏体时效不锈钢在人工海水中的年腐蚀速度的影响

固溶温度 /℃	1 050	1 100	1 150
年腐蚀速度 /(μm·a^{-1})	1.938 0	1.087 2	14.916 0

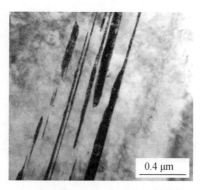

图 7.17　00Cr13Ni7Co5Mo4W 马氏体时效不锈钢 1150 ℃
固溶处理后孪晶马氏体的 TEM 像

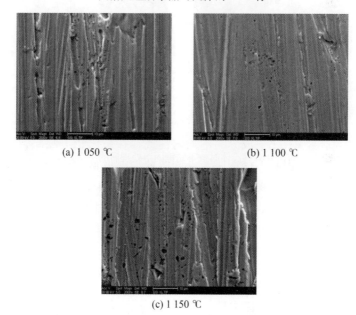

(a) 1 050 ℃　　　　　　　　(b) 1 100 ℃

(c) 1 150 ℃

图 7.18　00Cr13Ni7Co5Mo4W 马氏体时效不锈钢不同温度固溶处理后
经人工海水浸泡 90 d 后的微观腐蚀形貌

7.2.3　电化学腐蚀实验

图 7.19 给出了 00Cr13Ni7Co5Mo4W 马氏体时效不锈钢经不同温度固溶处理后各试样的动电位极化曲线。由图可见,1 150 ℃ 固溶处理的马氏体时效不锈钢试样没有出现钝化区,表明在人工海水中不能形成致密的钝化膜或钝化膜易被破坏,耐腐蚀性能最差。1 100 ℃,1 050 ℃ 固溶处理后

的试样出现明显的钝化区,但1 100 ℃固溶处理后试样的击穿电位值为
300 mV,明显高于1 050 ℃固溶处理后的试样,点蚀敏感性较低,在人工海
水中耐腐蚀性能好,与化学浸泡结果一致。

　　不同温度固溶后不锈钢的化学浸泡和电化学实验结果表明,1 100 ℃
固溶的试样耐点蚀性能最好,其次是1 050 ℃和1 150 ℃固溶处理。这与
不同温度固溶处理后组织的均匀性以及晶粒尺寸有关。

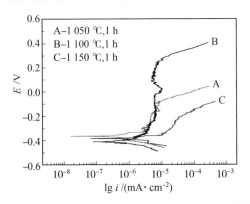

图7.19　不同固溶温度的马氏体时效不锈钢的动电位极化曲线

　　由于基体组织、化学成分的不均匀性或存在析出相等缺陷,使各部分
存在电位差,从而引起不锈钢腐蚀。固溶处理温度低,合金元素扩散不均
匀,导致最后组织的微观不均匀性增加,耐蚀性较差;而固溶处理温度过高
又会破坏钢的内部组织,如孪晶马氏体的产生,也会降低耐腐蚀性能,并且
比固溶温度低所导致的耐腐蚀性能差,降低的程度更严重。

　　另外,由图7.14可知,随固溶处理温度的增加,晶粒尺寸增大。由于
晶界处晶体缺陷密度大,电位较晶粒内部要低,因此构成晶粒 – 晶界腐蚀
微电池,晶界作为腐蚀微电池的阳极而优先发生腐蚀,对于同种材料,晶粒
尺寸小,晶界能较高,故其均匀腐蚀较大,晶粒细化会加速试样的均匀腐
蚀。

　　综上所述,固溶温度对马氏体时效不锈钢的耐腐蚀性能具有一定的影
响,00Cr13Ni7Co5Mo4W马氏体时效不锈钢适宜的固溶温度为1 100 ℃;
经1 100 ℃,1 h固溶处理后,其年腐蚀速度为1.087 2 μm/a,击穿电位为
300 mV。

7.3 时效温度对马氏体时效不锈钢 耐海水腐蚀性能的影响

7.3.1 00Cr13Ni7Co5Mo4W 马氏体时效不锈钢时效组织

图 7.20 是 00Cr13Ni7Co5Mo4W 马氏体时效不锈钢在 1 100 ℃ 固溶处理后，经不同温度时效处理后的金相组织，在所取的时效温度范围内，马氏体时效不锈钢的基体组织均为典型的板条状马氏体和少量逆转变奥氏体。X 射线定量分析表明(图 7.21)，随着时效温度的升高，逆转变奥氏体数量逐渐增加，如 450 ℃ 时效处理的试样逆转变奥氏体含量大约为 7%(质量分数)，510 ℃ 时效处理后的试样逆转变奥氏体含量大约为 16%(质量分数)。时效处理过程中，00Cr13Ni7Co5Mo4W 马氏体时效不锈钢发生沉淀强化，由图 7.22 可见，随着时效温度的升高，析出相发生粗化，数量有所增加；由图 7.22(d) 衍射花样的标定结果可知时效析出 R 相。R 相是 Cr – Co – Mo 金属间化合物，是马氏体时效不锈钢中最主要的强化相。

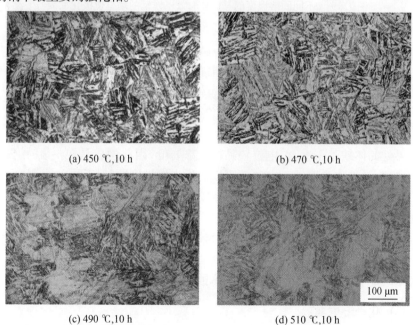

(a) 450 ℃,10 h   (b) 470 ℃,10 h

(c) 490 ℃,10 h   (d) 510 ℃,10 h

图 7.20 不同温度时效处理后 00Cr13Ni7Co5Mo4W 马氏体时效不锈钢的金相组织

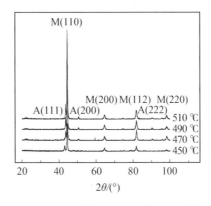

图 7.21 马氏体时效不锈钢在不同温度时效处理后的 XRD 衍射图

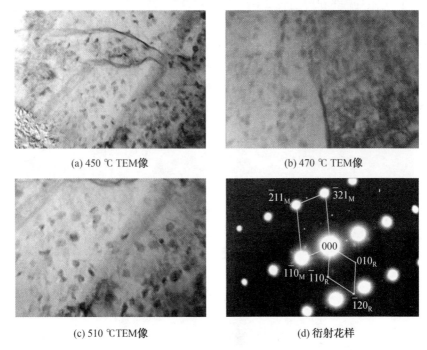

图 7.22 时效处理后 00Cr13Ni7Co5Mo4W 马氏体时效不锈钢的 TEM 组织及衍射花样

7.3.2 时效温度对马氏体时效不锈钢腐蚀性能的影响

1. 化学浸泡实验

表 7.6 为马氏体时效不锈钢 1 100 ℃,1 h 固溶处理,经不同温度时效处理后,在人工海水中浸泡了 90 d 后的腐蚀数据。由表中可知,经 450 ℃

时效处理后的试样耐海水腐蚀性能最差,470 ℃时效处理后的试样耐腐蚀性最好,510 ℃,490 ℃时效处理后的试样耐腐蚀性能介于二者之间。

表7.6 00Cr13Ni7Co5Mo4W 马氏体时效不锈钢在人工海水中的年平均腐蚀速度

热处理工艺	年平均腐蚀速度/($\mu m \cdot a^{-1}$)
450 ℃,8 h	2.020 3
470 ℃,8 h	1.259 0
490 ℃,8 h	1.509 1
510 ℃,8 h	1.645 7

2. 动电位极化曲线

对经过不同温度时效处理的马氏体时效不锈钢进行了动电位极化曲线测试,极化曲线如图7.23所示,相应的击穿电位(E_b)数据见表7.7。马氏体时效不锈钢试样的极化曲线均出现明显的钝化区,说明不锈钢在人工海水中能形成致密的钝化膜。从图7.23和表7.7可以看出,470 ℃时效处理后的试样点蚀敏感性最低,其耐腐蚀性能最好,450 ℃时效后的马氏体时效不锈钢有快速腐蚀的区域,其耐蚀性相对最差,击穿电位由高到低的顺序为$E_{470℃} > E_{490℃} > E_{510℃} > E_{450℃}$。这与人工海水浸泡实验结果相同。

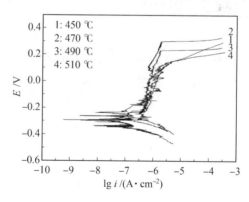

图7.23 不同时效温度的马氏体时效不锈钢的动电位极化曲线

表7.7 00Cr13Ni7Co5Mo4W 马氏体时效不锈钢点蚀击穿电位

热处理工艺	击穿电位 E_b/mV
450 ℃,8 h	101
470 ℃,8 h	252
490 ℃,8 h	229
510 ℃,8 h	132

时效处理过程中,马氏体时效不锈钢组织转变是比较复杂的,既有沉淀相的析出、长大,又有逆转变奥氏体的生成。R 相是 Co – Cr – Mo 金属间化合物,R 相的析出将在沉淀相周围形成贫 Cr、贫 Mo 区,必然导致贫化区表面的阳极电流密度高于基体表面的平均阳极极化电流密度,在含有 Cl^- 的介质中,Cl^- 在迁移过程中优先在阳极电流密度高的区域表面富集,当贫化区表面 Cl^- 达到一定浓度时,该处的钝化膜溶解,发生点蚀,沉淀相周围形成的贫 Cr、贫 Mo 区是点蚀的起源。随着时效温度的升高,沉淀析出相增多,组织不均匀性增加,导致耐腐蚀性能下降,表现为击穿电位 $E_{470\ ℃} > E_{490\ ℃} > E_{510\ ℃}$。另一方面,时效处理过程中,发生马氏体向奥氏体的逆转变,此过程形成的奥氏体的量是时效时间和温度的函数,时效时间越长或时效温度越高,逆转变奥氏体的量越多。有研究表明,奥氏体电位较马氏体高,此外,逆转变奥氏体中还富含奥氏体稳定元素 Ni,Ni 可以提高马氏体时效不锈钢的钝化倾向,改善其耐腐蚀性能。所以逆转变奥氏体的产生对其耐腐蚀性能的提高产生了积极的影响,部分抵消组织不均匀性带来的负面作用,导致经 470 ℃ 时效处理的试样耐腐蚀性能优于 450 ℃ 时效处理的试样,所以击穿电位 $E_{470\ ℃} > E_{450\ ℃}$。

综上所述,从耐海水腐蚀性能来看,00Cr13Ni7Co5Mo4W 马氏体时效不锈钢的最佳热处理工艺为 1 100 ℃,1 h 固溶 + 470 ℃,8 h 时效,热处理后其点蚀击穿电位为 252 mV,年腐蚀速度为 1.259 0 $\mu m/a$,具有较好的耐海水腐蚀性能。在时效处理过程中,R 相的析出和逆转变奥氏体产生是决定马氏体时效不锈钢耐腐蚀性能的主要因素。

附 录 M_s 温度预测模糊模型源程序

```
% 基于模糊辨识预测 Ms 温度方法
% 1-马氏体时效不锈钢 Ms 温度预测
n=4；  % 用于辨识的所测得的实验数据组数
r=11；  % 输入变量数
c=2；  % 聚类数(即输入空间模糊划分数或模糊规则数)
          %  C   Si   Mn   Cr    Ni   Mo   Co   Cu   Ti   Al   W   Ms
BAT=[0.07 0.00 0.00 11.48 4.86 0.00 0.00 2.08 0.20 0.31 0.00  300
     0.06 0.00 1.46 11.42 4.86 0.92 0.00 1.10 0.21 0.32 0.00  300
     0.10 0.00 1.58 11.72 4.52 1.02 0.00 1.00 0.22 0.35 0.00  300
     0.07 0.00 2.38 12.01 4.86 1.45 0.00 0.00 0.21 0.34 0.00  300]；
% 阵列定义：定义一个新的阵列 Z(n,r)
X=zeros (n, r)；
Y=zeros (n, 1)；
for k=1：n
    X (k, 1) = BAT (k, 1)；
    X (k, 2) = BAT (k, 2)；
    X (k, 3) = BAT (k, 3)；
    X (k, 4) = BAT (k, 4)；
    X (k, 5) = BAT (k, 5)；
    X (k, 6) = BAT (k, 6)；
    X (k, 7) = BAT (k, 7)；
    X (k, 8) = BAT (k, 8)；
    X (k, 9) = BAT (k, 9)；
    X (k, 10) = BAT (k, 10)；
    X (k, 11) = BAT (k, 11)；
    Y (k, 1) = BAT (k, 12)；
end
Z=X；
% 2-初始化聚类中心向量(随机)
z0=zeros(c, r)；
Zmax=max (Z)；
```

```
Zmin = min (Z);
dz = Zmax-Zmin;
z1 = rand(c, r);
for i = 1 : c
    for j = 1 : r
        z0(i,j) = Zmin(1,j)+dz(1,j) * z1(i,j);
    end
end
z0 = sort (z0);
%3-计算输入向量初始隶属度
U1 = zeros (n, c);
for k = 1 : n
    for i = 1 : c
            d1 = Z (k, :)-z0 (i, :);
            d2 = norm (d1, 2);
            d5 = 0;
            for i1 = 1 : c
                d3 = Z (k, :)-z0 (i1, :);
                d4 = norm (d3, 2);
                d5 = d5+ (d2/d4) ^2;
            end
            U1 (k,i) = 1/d5;
    end
end
%4-计算聚类中心向量
dd = 0.1;
L = 0;
while dd <= 0
    L = L+1
% for h = 1 : 10
U2 = U1;
for i = 1 : c
    w = 0; wx = zeros (1, r);
    for k = 1 : n
```

```
            w = w+ (U1 (k, i)) ^2;
            wx = wx+ (U1 (k, i) ^2) * Z (k, ：);
        end
        z0 (i, ：) = wx/w;
    end
% 5-更新向量隶属度
for k = 1：n
    for i = 1：c
            d1 = Z (k, ：)-z0 (i, ：);
            d2 = norm (d1, 2);
            d5 = 0;
            for i1 = 1：c
                d3 = Z (k, ：)-z0 (i1, ：);
                d4 = norm (d3, 2);
                d5 = d5+ (d2/d4) ^2;
            end
            U1 (k, i) = 1/d5;
    end
end
U3 = U2-U1;
dd = norm (U3, 2);
end
z0
dd
U1;
% 6-T-S 模糊模型采用 RLS 方法进行结论参数辨识
P = zeros((r+1) * c,1); % 最后要确定的结论参数矩阵
yp = zeros(n,1);
e = zeros (n, 1);
v = U1;
% 先形成 XX 矩阵
XX = zeros (n, (r+1) * c);
for k = 1：n
    for i = 1：c
```

```
        XX（k，i）= v（k，i）；
    end
    for j = 1：r
        for i = 1：c
            XX（k，j * c+i）= v（k，i）* Z（k，j）；
        end
    end
end
a = 10000；
S = a * eye（（r+1）* c，（r+1）* c）；
I = eye（（r+1）* c，（r+1）* c）；
K = zeros（n，1）；
x = zeros（n，（r+1）* c）；
% 采用 RLS 方法确定参数矩阵 P
for k = 1：n
    x = XX（k，：）；
    x1 = x′；
    P = P+（S * x1 *（Y（k）-x * P））/（1+x * S * x1）；    % 卡尔曼滤波法
    S = S-（S * x1 * x * S）/（1+x * S * x1）；
end
P；
yp = XX * P；
ep = Y-yp；
ne = abs（ep）
sne = sum（ne）
pe = sne/n
MSE =（（norm（ep，2））^2）/n
% 仿真图形
t = 1：1：n；
yr = Y（t）；
y1 = yp（t）；
e1 = ep（t）；
figure（1）
plot（t，yr，′r-′，t，y1，′--′），grid on
```

figure（2）

plot（t, e1,'b-'）,grid on

%根据辨识出的模糊模型对下列数据进行预测

YC=[0.24 0.30 0.42 11.6 0.17 0.10 0.00 0.01 0.20 0.30 0.00　326

　　0.12 0.40 0.50 12.5 0.00 0.00 0.00 0.20 0.36 0.35 1.00　335

　　0.32 0.30 0.30 13.0 0.20 0.06 0.00 0.20 0.30 0.21 1.00　275

　　0.38 0.50 0.42 12.1 0.21 0.07 0.00 0.20 0.25 0.12 1.00　265];

t11=4;

n=t11;

X11=zeros（t11, r）;

Y11=zeros（t11, 1）;

for k=1：t12

　　X11(k, 1)=YC（k, 1）;

　　X11(k, 2)=YC（k, 2）;

　　X11(k, 3)=YC（k, 3）;

　　X11(k, 4)=YC（k, 4）;

　　X11(k, 5)=YC（k, 5）;

　　X11(k, 6)=YC（k, 6）;

　　X11(k, 7)=YC（k, 7）;

　　X11(k, 8)=YC（k, 8）;

　　X11(k, 9)=YC（k, 9）;

　　X11(k, 10)=YC（k, 10）;

　　X11(k, 11)=YC（k, 11）;

　　Y11（k, 1）=YC（k, 11）;

end

Z=X11;

%5-更新向量隶属度

for k=1：n

　　for i=1：c

　　　　d1=Z（k, ：）-z0（i, ：）;

　　　　d2=norm（d1, 2）;

　　　　d5=0;

　　　　for i1=1：c

　　　　　　d3=Z（k, ：）-z0（i1, ：）;

```
            d4 = norm（d3, 2）;
            d5 = d5+（d2/d4）^2;
        end
        U1（k, i）= 1/d5;
    end
end
v = U1;
% 先形成 XX 矩阵
XX = zeros（n,（r+1）* c）;
for k = 1：n
    for i = 1：c
        XX（k, i）= v（k, i）;
    end
    for j = 1：r
        for i = 1：c
            XX（k, j * c+i）= v（k, i）* Z（k, j）;
        end
    end
end
yp  = XX * P;
ep = Y11 − yp;
ne  = abs（ep）
sne  = sum（ne）
pe  = sne/n
MSE =（（norm（ep, 2））^2）/n
% 仿真图形
t = 1：1：n;
yr  = Y11（t）;
y1 = yp（t）;
e1 = ep（t）;
figure（3）
plot（t, yr,'r−', t, y1,'−−'）, grid on
figure（4）
plot（t, e1,'b−'）, grid on
```

参 考 文 献

[1] 刘天模,张喜燕,黄维刚. 材料学基础[M]. 北京:机械工业出版社, 2004.

[2] 王昆林. 材料工程基础[M]. 北京:清华大学出版社, 2003.

[3] 张树松,仝爱莲. 钢的强韧化机理与技术途径[M]. 北京:兵器工业出版社,1995.

[4] 梁成浩. 金属腐蚀学导论[M]. 北京:机械工业出版社,1999.

[5] 姜越,尹钟大,朱景川,等. 超高强度马氏体时效钢的发展与应用[J]. 特殊钢,2004,25(2):1-5.

[6] 姜越,尹钟大. 无钴马氏体时效钢的研究现状[J]. 材料科学与工艺, 2004, 12(1): 108-112.

[7] 姜越,尹钟大,朱景川,等. 马氏体时效不锈钢的研究进展[J]. 特殊钢, 2003,24(3): 1-5.

[8] 姜越. 新型高强高韧马氏体时效不锈钢组织结构与性能[D]. 哈尔滨: 哈尔滨理工大学,2009.

[9] 徐瑞. 材料科学中数值模拟与计算[M]. 哈尔滨:哈尔滨工业大学出版社,2005.

[10] 姜越. 马氏体时效不锈钢高温析出相的热力学计算[J]. 特殊钢, 2007,28(3):38-40.

[11] JIANG Yue,AI Yingying,WANG Qiting. Precipitation behavior of maraging stainless steel [J]. Advanced Materials Research,2012,567: 92-95.

[12] 姜越. 马氏体时效不锈钢热处理工艺优化[J]. 材料科学与工艺, 2000,18(4):571-574.

[13] 姜越,周蓓蓓,艾莹莹,等. 循环相变对00Cr13Ni7Co5Mo4Ti马氏体时效不锈钢晶粒细化和力学性能的影响[J]. 特殊钢,2012.33(3):41-43.

[14] 姜越,周蓓蓓,艾莹莹,等. 变温循环相变细化00Cr13Ni7Co5Mo4Ti马氏体时效不锈钢的组织与性能[J]. 机械工程材料,2012.36(10):1-5.

[15] 楼顺天,胡昌华,张伟. 基于MATLAB的系统分析与设计——模糊系统[M]. 西安:西安电子科技大学出版社,2001.

[16] JIANG Yue,YIN Zhongda,KANG Pengchao,et al. Predicting the mar-

tensite transformation start-temperature of low alloy steel based on fuzzy identification[J]. Journal of University of Science and Technology Beijing,2004, 11(5): 462-468.

[17] JIANG Yue, YIN Zhongda, KANG Pengchao, et al. Fuzzy modeling of prediction M_s temperature for martensitic stainless steel[J]. Journal of Wuhan University of Technology (Materials Science Edition), 2004,4: 106-109.

[18] 姜越,康鹏超,尹钟大,等. 模糊辨识方法预测马氏体不锈钢的 M_s 温度[J].材料热处理学报,2004, 25(3): 85-88.

[19] 姜越,尹钟大,康鹏超.基于模糊辨识预测马氏体时效不锈钢的力学性能[J].特殊钢,2004, 25(4): 6-8.

[20] JIANG Yue, YIN Zhongda, KANG Pengchao, et al. Fuzzy modeling of mechanical properties of cobalt-free maraging steel[J]. Journal Materials Science Forum 2005, 475-479(1): 3311-3314.

[21] 姜越,尹钟大,朱景川,等.马氏体时效不锈钢 M_s 温度的定量分析[J].特殊钢,2003, 24(6): 9-12.

[22] 姜越.新型马氏体时效不锈钢合金成分优化设计及组织结构与性能[D].哈尔滨:哈尔滨工业大学,2014.

[23] 姜越,甄彩霞,李彩霞.00Cr13Ni7Mo4Co4W2 马氏体时效钢的时效动力学研究[J].特殊钢,2009,30(1):4-7.

[24] 姜越,艾莹莹,周蓓蓓,等.马氏体时效不锈钢钝化膜 XPS 研究[J].腐蚀与防护,2012,33(10):856-870.

[25] 陈培榕,邓勃.现代仪器分析实验与技术[M].北京:清华大学出版社,1999.

[26] 姜越,贾强,黎士强.超低碳马氏体时效不锈钢 00Cr13Ni7Co5Mo4W 的组织和性能[J].特殊钢,2014,35(5):64-67.

[27] JIANG Yue, AI Yingying, WANG Qiting. Study on corrosion resistance of 00Cr13Ni7Co5Mo4W maraging stainless steel in seawater[J]. Applied Mechanics and Materials,2013,274:402-405.

[28] 姜越,黎士强,张月,等.固溶温度对 00Cr13Ni7Co5Mo4W 马氏体时效不锈钢耐点蚀性能的影响[J].特殊钢,2015,36(6):18-20.

[29] JIANG Yue, AI Yingying, WANG Qiting. Effect of aging temperature on corrosion behaviors of maraging stainless steel in seawater[J]. Applied Mechanics and Materials,2013,274:419-422.

名 词 索 引